C++解说微积分

张跃军 著

科学技术文献出版社
SCIENTIFIC AND TECHNICAL DOCUMENTATION PRESS
·北京·

图书在版编目（CIP）数据

C++解说微积分 / 张跃军著. —北京：科学技术文献出版社，2020.4（2024.11重印）
ISBN 978-7-5189-6670-7

Ⅰ.①C… Ⅱ.①张… Ⅲ.①C++语言—程序设计 Ⅳ.①TP312.8

中国版本图书馆CIP数据核字（2020）第064769号

C++解说微积分

策划编辑：孙江莉　　　责任编辑：赵　斌　　　责任校对：张永霞　　　责任出版：张志平

出 版 者	科学技术文献出版社
地　　址	北京市复兴路15号　邮编　100038
编 务 部	（010）58882938，58882087（传真）
发 行 部	（010）58882868，58882870（传真）
邮 购 部	（010）58882873
官 方 网 址	www.stdp.com.cn
发 行 者	科学技术文献出版社发行　全国各地新华书店经销
印 刷 者	北京虎彩文化传播有限公司
版　　次	2020年4月第1版　2024年11月第6次印刷
开　　本	787×1092　1/16
字　　数	443千
印　　张	19.25
书　　号	ISBN 978-7-5189-6670-7
定　　价	88.00元

前　言

　　C++语言既保留了C语言的有效性、灵活性、便于移植等全部精华和特点,又添加了面向对象编程的支持,具有强大的编程功能,同时还有界面开发的功能,应用非常广泛。C++语言可方便地构造出模拟现实问题的实体和操作;编写出的程序具有结构清晰、易于扩充等优良特性,适合用于各种应用软件、系统软件的程序设计。用C++编写的程序可读性好,生成的代码质量高,运行效率仅比汇编语言慢10%~20%。同时,掌握好C++语言,能快速掌握其他编程语言。

　　高等数学是理工科院校一门重要的基础学科,也是非数学专业理工科专业学生的必修数学课。高等数学作为一门基础科学,具有高度的抽象性、严密的逻辑性和广泛的应用性。数学也是一种思想方法,学习数学的过程就是思维训练的过程。人类社会的进步,与数学这门科学的广泛应用是分不开的。尤其是到了现代,计算机及编程语言的出现和普及使得数学的应用领域更加广阔,现代数学正成为科技发展的强大动力,同时也广泛和深入地渗透到了社会科学领域。微积分在高等数学中具有重要意义,高职院校和本科院校的理工类学生都应该学习。

　　本书结合微积分与C++语言的特性,在最新的Visual Studio 2019编程环境下,按照微积分的知识结构,用C++语言对微积分相关知识点和实例进行解说。

　　本书通过C++角度解说了微积分绝大部分的性质、实例等。先从解说计算机数学开始,然后解说了函数、导数、导数应用、积分。每个部分首先简单介绍了相关定义、定理、性质等,然后举例说明,最后逐一进行程序解说,并且每一个程序都详细描述了代码的编写过程及内容。C++解说程序所包括的知识点有if语句、switch语句、while循环、for循环、数组、全局变量、嵌套函数调用、递归循环、MFC控件、画图等知识点。通过本书的程序可以使读者逐渐掌握编程常用的知识点,对以后的编程有一定的帮助。

　　本书采用完整的实例源代码解说,每个部分都先从数学的知识点入手,再用C++程序进行解说,最终实现用C++来解决数学问题,充分体现了C++解决数学问题的优越性。本书并未讲解如何设计程序，而直接用源代码展示，这样更利于初学者快速熟练编程，熟练程序后，反过来再让读者悟出编程的思维。这样有助于提高阅读代码能力，对实际工作有较大的帮助。

本书特色：

①理论结构强，完全按照微积分结构编写。

②实例丰富，每一个知识点都有对应的数学实例。

③实例源代码解说，每一个实例都有对应的程序与之对应实现。

④简单易懂，每一个源代码都有详细的操作步骤，上手非常简单。

⑤错误分析，针对出现的问题有调试分析，能提升读者分析问题的能力。

⑥解释详细，虽然没有程序设计介绍，但是源代码里面有很多文字解释说明，大大提高了程序的可读性。

⑦预防错误，在撰写函数的时候，对各种可能出现的错误进行预判，增强了程序的健壮性。

⑧设计技术广，本书不仅涉及了 C++多个知识点，还提供了多种算法，如嵌套、递归、二分法等。

⑨可视化编程，除了采用 C++编写外，还采用了 MFC 技术，包括单文档结构、对话框、多种控件、图形技术等知识。

⑩代码已验证，所有代码都在 Visual Studio 2019 编译通过，并展示了运行结果。

本书既可以作为高职院校及本科院校理工类学生、教师的参考用书，又可以作为有关需要用微积分方法进行编程的科研人员和软件开发人员的参考书。

本书作者为北京政法职业学院教师张跃军，拥有中国科学院计算机工程专业技术职务证书，具有多年企业软件开发及高校教学工作经验。

由于时间仓促，作者水平有限，书中难免存在疏漏和不足，恳请读者批评指正。

作 者

2020 年 2 月

目　录

第一章　解说计算机数学

用程序解说问题,先从解说几个计算机数学问题入手。

1.1　解说几个进制数之间的转换

1.1.1　解说二进制数转换成十进制数

计算机是以二进制存储的,转换成十进制的时候,需要采用位权展开法求和,以十进制累加。

实例 1-1

例 1-1　将二进制数$(1011)_2$转换成十进制数。

解:

$(1011)_2 = 1 \times 2^3 + 0 \times 2^2 + 1 \times 2^1 + 1 \times 2^0 = (11)_{10}$。

◉ 程序解说 1-1

针对上面的例题,可以用程序解说。我们采用目前最新的 Visual Studio 2019 开发工具来完成,采用强大的 C++ 语言来编写程序。软件的安装请参考其他资料。

第 1 步,启动软件。点击 Visual Studio 2019,软件将会启动,启动界面如图 1-1 所示。

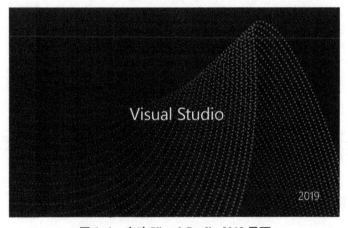

图 1-1　启动 Visual Studio 2019 界面

第 2 步,选择编程。启动 Visual Studio 2019 软件后,将会显示如图 1-2 所示界面,选择"创建新项目"。

图 1-2　选择"创建新项目"

第 3 步,选择编程语言及类型等。点击"创建新项目"后,弹出界面如图 1-3 所示,在第一个选项中,我们选择"C++",第二个选择"Windows",第三个选择"控制台",然后点击"下一步"。这样,我们将会建立一个在 Windows 平台下,用 C++语言编写的控制台程序,默认打印"Hello World"。

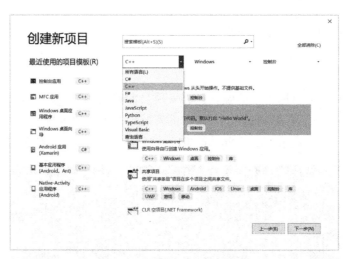

图 1-3　选择语言、平台、类型

第 4 步,配置新项目。上述操作完成后,将会弹出"配置新项目"界面如图 1-4 所示,在这里填写项目名称"Program1-1",当然也可以另外取一个你自己喜欢的名字。下面的"位置"是项目保存的地方,可以选择默认也可以重新选择。现在选择默认的地址"C：\Users\bugsh\source\repos",然后点击"创建"按钮。

图 1-4　配置新项目

第 5 步,看到初始主代码。在第 4 步后,我们就会看到心仪的代码界面了,如图 1-5 所示。我们可以在这个界面修改代码,编写我们的程序。

图 1-5　自动生成的一个简单的"Hello World"

第 6 步,查看代码。通过软件可以看到初始主代码如下:

```
// Program1-1.cpp:此文件包含"main"函数。程序执行将在此处开始并结束
//
#include<iostream>
int main( )
{
    std::cout<<"Hello World！ \n";
}
// 运行程序:Ctrl+F5 或调试>"开始执行(不调试)"菜单
// 调试程序:F5 或调试>"开始调试"菜单
// 入门使用技巧:
//   1.使用解决方案资源管理器窗口添加/管理文件
//   2.使用团队资源管理器窗口连接到源代码管理
//   3.使用输出窗口查看生成输出和其他消息
```

//　4.使用错误列表窗口查看错误

//　5.转到"项目">"添加新项"以创建新的代码文件,或者转到"项目">"添加现有项"以将现有代码文件添加到项目

//　6.将来若要再次打开此项目,请转到"文件">"打开">"项目"并选择.sln文件

第7步,理解代码。分析代码,我们需要对代码进行如下说明:

①//后面当前行的内容为程序的解释部分,程序不会执行。

②#开头的说明是要引入的库,当前代码是引入的"iostream"库的内容,因为程序中需要用到"std::cout",所以需要引用,保证程序能够执行。

③main( )是说明程序从这里开始执行。

第8步,程序调试运行。在计算机处于图1-5状态时,直接按"F5",程序代码就会调试运行,最后弹出结果,如图1-6所示。

图1-6　程序运行结果

以上我们通过一系列的操作,初步掌握了用Visual Studio 2019软件编写一个最简单的C++"Hello World"程序的过程。我们如果想编写自己设计的程序,只需要按照上面的步骤完成自己的程序,并在代码中修改即可。

针对例1-1,可以把代码修改如下:

```
#include <iostream>
#include <bitset> //定义二进制需要调用的库
using namespace std;//使用标准库时,需要加上这段代码
int main( )
{
    int b = 0b1011; //以二进制数形式定义变量b的值是1011
    int n = b;//把二进制数b赋值给整形变量n
    std::cout << "二进制数:" << bitset<4>(b)<< " \n";//在控制台的屏幕中把变量b的值以二进制形式显示出来,长度为4位
    std::cout <<"转换成十进制数是:"<< n << " \n" ;//在控制台的屏幕中把变量n的值以整形的格式显示出来
    std::cout << "再见! \n";//表示程序运行结束
}
```

注:在代码修改过程中,输入法软件在设置的时候除了输入中文时为中文输入,其他所有

符号都应是英文输入,否则程序编译就会出错,程序不能运行。

　　完成代码修改后,请同时按住键盘的"Ctrl"和"F7"键,即可以编译程序 Program1-1。编译通过后,我们可以直接按键盘的"F5"键来对程序进行调试运行。如果有问题,仔细核对以上代码,如果没有问题,调试通过,运行程序后我们可以看到运行的结果如图 1-7 所示。

图 1-7　程序 Program1-1 运行结果(例 1-1)

1.1.2　解说十进制数转换成二进制数

　　十进制数与二进制数的转换,通常要区分数的整数部分和小数部分,并分别按除 2 取余数部分和乘 2 取整数部分两种不同的方法来完成。

实例 1-2

　　十进制数整数部分转换成二进制数的方法与步骤:对整数部分,要用除 2 取余数的方法完成十进制到二进制的转换,其规则如下。

　　第 1 步,用 2 除十进制数的整数部分,取其余数为转换后的二进制数整数部分的低位数字。

　　第 2 步,用 2 去除第一步所得的商,取其余数为转换后的二进制数高一位的数字。

　　重复执行第 2 步的操作,直到商为 0 时结束转换过程。

　　例 1-2　将十进制数 $(58)_{10}$ 转换成二进制数。

```
             余数
2|58          0      ↑  低位
2|29          1      │
2|14          0      │
 2|7          1      │
 2|3          1      │
 2|1          1      │  高位
  0
```

　　余数部分即转换后的结果,为 $(111010)_2$。

⊕ 程序解说 1-2

针对上面的例题，可以用程序解说。前面的步骤请参照程序解说1-1。在第4步，首先填写项目名称"Program1-2"，然后依次完成，最后在代码中修改。

针对例1-2，可以把代码修改如下：

```cpp
#include <iostream>
#include <bitset> //定义进制需要调用的库
using namespace std;//使用标准库时,需要加上这段代码
int main( )
{
    int n = 58;//把变量 n 赋值十进制数 58
    std::cout << "十进制数:" << dec << n << endl;//在控制台的屏幕中把变量 n 的值以十进制形式显示出来
    std::cout << "转换成二进制数是:" << bitset<8>(n)<< endl;//在控制台的屏幕中把变量 n 的值以二进制形式显示出来,长度为 8 位
    std::cout << "程序退出!";//表示程序运行结束
}
```

完成代码修改后，请同时按住键盘的"Ctrl"和"F7"键，即可以编译程序 Program1-2。编译通过后，我们可以直接按键盘的"F5"键来对程序进行调试运行。如果有问题，仔细核对以上代码，如果没有问题，调试通过，运行程序后我们可以看到运行的结果如图1-8所示。

图 1-8 程序 Program1-2 运行结果(例 1-2)

经过以上一系列程序代码的修改和运行，我们能够看到实例与程序运行结果吻合，程序验证了实例的正确性。

1.1.3 解说二进制数与八进制数的转换

由表1-1可以得出，每3个二进制位对应1个八进制位，因此得出以下规律。

整数部分：由低位向高位每3位一组，高位不足3位用0补足3位，然后每组分别按权展开求和即可。

小数部分:由高位向低位每 3 位一组,低位不足 3 位用 0 补足 3 位,然后每组分别按权展开求和即可。

表 1-1　各进制对照

序号	二进制	十进制	八进制	十六进制
1	0	0	0	0
2	1	1	1	1
3	10	2	2	2
4	11	3	3	3
5	100	4	4	4
6	101	5	5	5
7	110	6	6	6
8	111	7	7	7
9	1000	8	10	8
10	1001	9	11	9
11	1010	10	12	A
12	1011	11	13	B
13	1100	12	14	C
14	1101	13	15	D
15	1110	14	16	E
16	1111	15	17	F

同理,由表 1-1 可以得出,每 4 个二进制位对应 1 个十六进制位,因此得出以下规律。

整数部分:由低位向高位每 4 位一组,高位不足 4 位用 0 补足 4 位,然后每组分别按权展开求和即可。

小数部分:由高位向低位每 4 位一组,低位不足 4 位用 0 补足 4 位,然后每组分别按权展开求和即可。

实例 1-3

例 1-3　将八进制数 $(712)_8$ 转换成二进制数。

解:

通过表 1-1 查到:

$(7)_8$ 对应的二进制数是 $(111)_2$;

(1)$_8$ 对应的二进制数是(1)$_2$；

(2)$_8$ 对应的二进制数是(10)$_2$。

所以(712)$_8$ =(111 001 010)$_2$ =(0001 1100 1010)$_2$。

程序解说 1-3

针对上面的例题,可以用程序解说。前面的步骤请参照程序解说 1-1。在第 4 步,首先填写项目名称"Program1-3",然后依次完成,最后在代码中修改。

针对例 1-3,可以把代码修改如下:

```
#include <iostream>
#include <bitset> //定义进制需要调用的库
using namespace std;//使用标准库时,需要加上这段代码
int main( )
{
    int n = 0712;//把变量 n 赋值八进制数 0712
    std::cout << "八进制数:" << oct << n << endl;//在控制台的屏幕中把变量 n 的值以八进制形式显示出来
    std::cout << "转换成二进制数是:" << bitset<12>(n)<< endl;//在控制台的屏幕中把变量 n 的值以二进制形式显示出来,长度为 12 位
    std::cout << "程序退出!";//表示程序运行结束
}
```

完成代码修改后,请同时按住键盘的"Ctrl"和"F7"键,即可以编译程序 Program1-3。编译通过后,我们可以直接按键盘的"F5"键来对程序进行调试运行。如果有问题,仔细核对以上代码,如果没有问题,调试通过,运行程序后我们可以看到运行的结果如图 1-9 所示。

图 1-9　程序 Program1-3 运行结果(例 1-3)

经过以上一系列程序代码的修改和运行,我们能够看到实例与程序运行结果吻合,程序验证了实例的正确性。

1.2　解说二进制数的算术和逻辑运算

1.2.1　解说二进制算术运算极限

（1）二进制数算术运算的加法规则

$0+0=0,0+1=1,1+0=1,1+1=10$（本位为 0 且向高位有进位）。

（2）二进制数算术运算的减法规则

$1-0=1,1-1=0,0-0=0,0-1=1$（本位为 1 且向高位有借位）。

（3）二进制数算术运算的乘法规则

$0\times0=0,0\times1=0,1\times0=0,1\times1=1$。

（4）二进制数算术运算的除法规则

$1\div1=1$。

实例 1-4

例 1-4　求 $(1001)_2+(1001)_2$。

解：

$$\begin{array}{r} 1001 \\ +1001 \\ \hline 10010 \end{array}$$

所以，$(1001)_2+(1001)_2=(10010)_2$。

⊙ 程序解说 1-4

针对上面的例题，可以用程序解说。前面的步骤请参照程序解说 1-1。在第 4 步，首先填写项目名称"Program1-4"，然后依次完成，最后在代码中修改。

针对例 1-4，可以把代码修改如下：

```
#include <iostream>
#include <bitset> //定义进制需要调用的库
using namespace std;//使用标准库时,需要加上这段代码
int main( )
{
    int b1 = 0b1001; //以二进制数形式定义变量 b1 的值是 1001
    int b2 = 0b1001; //以二进制数形式定义变量 b2 的值是 1001
    int b3 = b1 + b2;
    std::cout << "二进制加法运算:" << bitset<4>(b1); //在控制台的屏幕中把变量 b1 的值以二
进制形式显示出来,长度为 4 位
    std::cout << "+" << bitset<4>(b2);//在控制台的屏幕中把变量 b2 的值以二进制形式显示出
```

来,长度为4位

    std::cout << " =" << bitset<8>(b3)<< endl;//在控制台的屏幕中把变量b3的值以二进制形式显示出来,长度为8位

    std::cout << "程序退出!";//表示程序运行结束

  }

完成代码修改后,请同时按住键盘的"Ctrl"和"F7"键,即可以编译程序 Program1-4。编译通过后,我们可以直接按键盘的"F5"键来对程序进行调试运行。如果有问题,仔细核对以上代码,如果没有问题,调试通过,运行程序后我们可以看到运行的结果如图1-10所示。

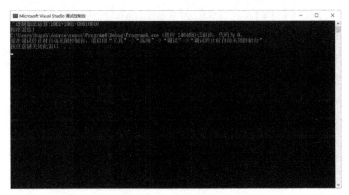

图 1-10   程序 Program1-4 运行结果(例1-4)

经过以上一系列程序代码的修改和运行,我们能够看到实例与程序运行结果吻合,程序验证了实例的正确性。

1.2.2 解说二进制数的逻辑运算

(1)二进制数逻辑运算的逻辑"与"运算规则

$0\&0=0, 0\&1=1, 1\&0=0, 1\&1=1$。

(2)二进制数逻辑运算的逻辑"或"运算规则

$0|0=0, 0|1=1, 1|0=0, 1|1=1$。

(3)二进制数逻辑运算的逻辑"非"运算规则

$!0=1, !1=0$。

实例 1-5

例1-5   求$(1001)_2\&(1010)_2$。

解:

$$\begin{array}{r} 1001 \\ \underline{\&1010} \\ 1000 \end{array}$$

所以,$(1001)_2\&(1010)_2=(1000)_2$。

◉ 程序解说 1-5

针对上面的例题,可以用程序解说。前面的步骤请参照程序解说 1-1。在第 4 步,首先填写项目名称"Program1-5",然后依次完成,最后在代码中修改。

针对例 1-5,可以把代码修改如下:

```cpp
#include <iostream>
#include <bitset> //定义进制需要调用的库
using namespace std;//使用标准库时,需要加上这段代码
int main( )
{
    int b1 = 0b1001; //以二进制数形式定义变量 b1 的值是 1001
    int b2 = 0b1010; //以二进制数形式定义变量 b2 的值是 1001
    int b3 = b1 & b2;
    std::cout << "二进制逻辑"与"运算:" << bitset<4>(b1); //在控制台的屏幕中把变量 b1 的值以二进制形式显示出来,长度为 4 位
    std::cout << "&" << bitset<4>(b2); //在控制台的屏幕中把变量 b2 的值以二进制形式显示出来,长度为 4 位
    std::cout << "=" << bitset<4>(b3) << endl; //在控制台的屏幕中把变量 b3 的值以二进制形式显示出来,长度为 4 位
    std::cout << "程序退出!"; //表示程序运行结束
}
```

完成代码修改后,请同时按住键盘的"Ctrl"和"F7"键,即可以编译程序 Program1-5。编译通过后,我们可以直接按键盘的"F5"键来对程序进行调试运行。如果有问题,仔细核对以上代码,如果没有问题,调试通过,运行程序后我们可以看到运行的结果如图 1-11 所示。

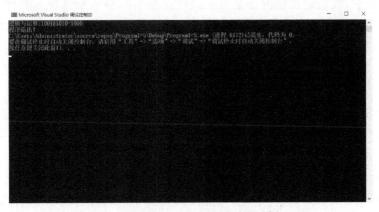

图 1-11 程序 Program1-5 运行结果(例 1-5)

经过以上一系列程序代码的修改和运行,我们能够看到实例与程序运行结果吻合,程序验证了实例的正确性。

第二章 解说函数

在高等数学中,函数是研究的基础,只有把函数研究透彻,才能更好地学习其他知识点。极限是用来研究函数的重要知识点,极限研究好了,以后微积分的学习难度将会大大降低,对其理解也能更加清楚。所以,函数及其极限是我们必须掌握的知识点,而通过程序解说函数为相关学习提供了一种新的思路。

2.1 解说函数

2.1.1 解说常量与变量

在给定的过程中,保持相同值的数量称为常量,可以采用不同值的数量称为变量。

实例 2-1

例 2-1 圆形周长公式为 $C=2\pi r$,其中,π 是固定数量且是常数;r 和 C 是变量。

在实际问题中,数量是恒定的还是可变的取决于当时分析的情况。具体问题要具体分析,灵活对待。当精度不高时,可以将重力加速度在整个地球上视为一个常数。但是当需要精度时,如在地球物理探测的时候,重力加速度就是变量,并且同一位置的重力加速度可以视为常数;如果考虑由地层运动引起的重力加速度变化,则同一位置的重力加速度也是变量。

在例 2-1 的圆形周长公式中,当半径 r 在 $(0,+\infty)$ 的范围内变化时,周长 C 根据该公式对应于某个值,这两个变量之间的依赖关系称为函数。

程序解说 2-1

针对上面的例题,可以用程序解说。前面的步骤请参照程序解说 1-1。在第 4 步,首先填写项目名称" Program2-1",如图 2-1 所示,然后依次完成,最后在代码中修改。

针对例 2-1,我们在程序中可以用一个函数来实现,然后通过主函数来调用它。在主函数中,可以修改变量半径,但是常量 PI 不可以修改,需要在程序前面定义一个常量 PI。通过分析,可以这样修改代码:

图 2-1　新建项目"Program2-1"界面

```
// Program2-1.cpp：此文件包含"main"函数。程序执行将在此处开始并结束
//
#include <iostream>
using namespace std;//使用标准库时,需要加上这段代码
const float PI = 3.1415;//定义 PI 为常量
//获得半径是变量 fRadius 的圆的周长
float GetCircumference(float fRadius)
{
    float fZhouChang = 0;//定义临时变量周长
    fZhouChang = 2 * PI * fRadius;//计算出周长
    return fZhouChang;//返回周长的值
}
int main()
{
    float fRadius = 0;//定义变量 fRadius 为半径,设定类型为浮点型
    float fCircumference = 0;//定义圆的周长为浮点类型
    fRadius = 4.5;//在这里可以调整变量的值
    fCircumference = GetCircumference(fRadius);//求出圆的周长
    std::cout << "半径长为" << fRadius << "的圆的周长是" << fCircumference << endl;
}
```

以上代码修改后,在编程软件中显示如图 2-2 所示。

完成代码修改后,请同时按住键盘的"Ctrl"和"F7"键,即可以编译程序 Program2-1。编译通过后,我们可以直接按键盘的"F5"键来对程序进行调试运行。如果有问题,仔细核对以上代码,如果没有问题,调试通过,运行程序后我们可以看到运行的结果如图 2-3 所示。

图 2-2　Program2-1 在编程软件中的显示

图 2-3　程序 Program2-1 运行结果(例 2-1)

经过以上一系列程序代码的修改和运行,我们能够看到常量与变量在程序中是如何实现的。在上面的程序中,可以尝试改变变量的值,能够看到函数值会发生相应的变化。程序验证了实例的正确性。

2.1.2　解说函数的概念

假设 x 和 y 是同一过程的两个变量。如果在非空数据集 D 中存在对于任何 x,则根据特定规则 f,对应数据集 M 中将存在唯一且确定的值。那么,我们可以说 f 是被称为在 D 中定义的函数,并写为 $y=f(x)$。

实例 2-2

例 2-2　大型购物中心出售"中国声音"牌音响。每套的售价为 18 000 元,在不打广告的情况下,1000 套内可以完全售罄。但是超过 1000 套后,需要通过打广告来销售,通过广告打折服务促销 1000 套后,价格调整为 16 000 元,可以再销售 2000 套。假设广告费是 50 000 元。尝试将"中国声音"牌音响销售收入 y 表示为销量 x 的函数。

解:

分析以上内容可以看出,销售收入与销量 x 有关系,并且在销量 x 小于或等于 1000 套的时候是一个规则,销量 x 大于 1000 套且小于 3000 套的时候对应的另外一个规则。根据分析,可以列出下列函数式子:

$$y = \begin{cases} 18\,000x, x \leqslant 1000, \\ 180\,000 + 16\,000(x-1000) - 50\,000, 1000 < x < 3000。 \end{cases}$$

◉ 程序解说 2-2

针对上面的例题,可以用程序解说。前面的步骤请参照程序解说 1-1。在第 4 步,首先填写项目名称" Program2-2",然后依次完成,最后在代码中修改。

针对例 2-2,我们容易看出此函数是个分段函数,在编程的时候,需要分情况来处理,每一种情况可以写一个函数来实现,然后通过 if 语句分别调用对应的函数来完成。可以这样修改代码:

```cpp
// Program2-2.cpp：此文件包含 "main" 函数。程序执行将在此处开始并结束
//
#include <iostream>
using namespace std;//使用标准库时,需要加上这段代码
//当销售套数小于或等于 1000 套时采用本规则计算销售收入
int GetSalesValue1(int nSet)
{
    return nSet * 18000;
}
//当销售套数大于 1000 套时采用本规则计算销售收入
int GetSalesValue2(int nSet)
{
    if(nSet < 1000)
    {
        std::cout << "程序在 GetSalesValu2 函数调用出错";
        return 0;
    }
    return   180000 + 16000 * (nSet - 1000) - 50000;
}
int main()
{
    int nSalesValue = 0;
    int nSalesVolume = 0;
    std::cout << "请输入销售量的套数:";
    std::cin >> nSalesVolume;
    while(nSalesVolume > 3000 || nSalesVolume < 0)
    {//判断输入的数字是否符合要求,直到符合再进入下一步的计算
        std::cout << "请输入正确销售量的套数,在 0 到 3000 之间";
        std::cin >> nSalesVolume;
    }
    if(nSalesVolume < 1001)
```

```
    {
        nSalesValue = GetSalesValue1(nSalesVolume);
    }
    else
    {
        nSalesValue = GetSalesValue2(nSalesVolume);
    }
    std::cout << "销售收入为:"<<nSalesValue<<"元"<<endl;
}
```

完成代码修改后,请同时按住键盘的"Ctrl"和"F7"键,即可以编译程序 Program2-2,编译通过后,我们可以直接按键盘的"F5"键来对程序进行调试运行。如果有问题,仔细核对以上代码,如果没有问题,调试通过,运行程序后我们可以看到运行的结果如图 2-4 所示。

图 2-4　程序 Program2-2 运行结果(例 2-2)

经过以上一系列程序代码的修改和运行,我们能够看到输入不同的数值,最后得到不同的销售收入,并且会根据销售量的值,选择不同的算法。同时对输入的值也做了预判,如果不符合要求,程序会要求输入合适的值。程序验证了实例的正确性。

2.1.3　解说函数的表示法

在数学中,函数的表示法常见较多的有两种:第一种是解析法;第二种是图像法。

解析法就是以平时比较常见的数学公式或方程式的方式来描绘变量之间的关系。图像法使用坐标系中的图形来描绘变量之间的关系。函数的图形既可以在直角坐标系中描述,又可以在极坐标系中描述。

实例 2-3

例 2-3　解析函数 $y=2+\sin x$。

解:

函数作图如图 2-5 所示。

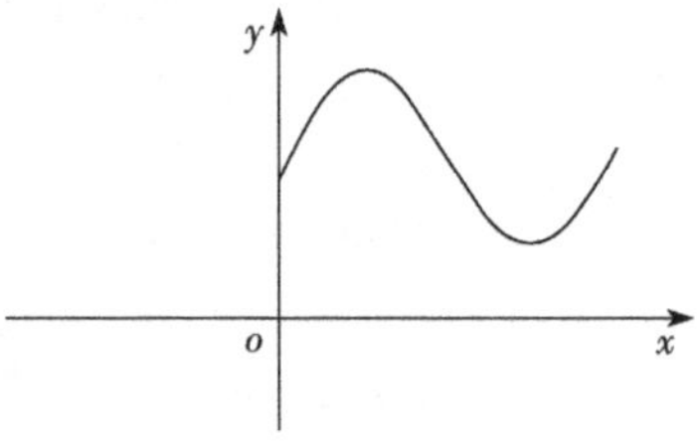

图 2-5　函数 $y=2+\sin x$ 的图形

⚫ 程序解说 2-3

　　当前函数的图形要用 C++来实现,打开 Visual Studio 2019 选择"创建新项目",双击左边的"MFC 应用"(如果没有,需要安装),新建一个 MFC 应用项目,如图 2-6 所示。在出现"配置新项目"页面后,在"项目名称"一栏输入"MFC Program2-3",如图 2-7 所示。点击"创建",弹出"MFC 应用程序类型"选项页面,在"应用程序类型"一栏选择"单个文档",如图 2-8 所示,点击"完成"即可。弹出程序主界面,如图 2-9 所示,在当前页面直接按"F5",程序代码就会调试运行,但是如果计算机中装有杀毒软件,如 360 杀毒软件,有可能被杀毒软件误判为病毒程序,将被拦截,可能会出现如图 2-10 所示的提醒页面,在这里需要点击"添加信任",再重新运行就可以了。运行结果如图 2-11 所示。到这里,说明你已经成功编写了一个最基本的 MFC 单个文档的应用程序。如果要完成某些特定的功能,只需要修改里面的代码即可。

图 2-6　新建一个 MFC 应用项目

图 2-7　配置新项目 MFC Program2-3

图 2-8　创建单个文档 MFC 应用程序类型

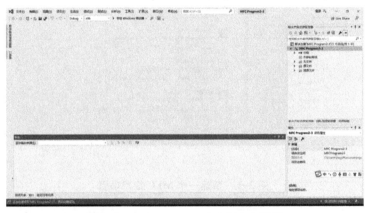

图 2-9　MFC Program2-3 程序主界面

图 2-10　MFC Program2-3 程序被误判

图 2-11 MFC Program2-3 程序运行界面

针对例2-3,需要对刚才完成的程序做进一步修改,把 Visual Studio 2019 调整到"MFC Program2-3 程序主界面"(图2-9)的状态。然后双击右上角的"源文件",在下拉菜单中找到并双击"MFC Program2-3View.cpp",这样就在主界面打开了"MFC Program2-3View.cpp"的内容,在这个文件中找到"void CMFCProgram23View::OnDraw(CDC * /* pDC */)",然后对这个函数内容进行修改,修改为如下内容(请注意,函数的参数也需要修改):

```
void CMFCProgram23View::OnDraw(CDC * pDC)
{
    CMFCProgram23Doc * pDoc = GetDocument();
    ASSERT_VALID(pDoc);
    if(! pDoc)
        return;
    // TODO:在此处为本机数据添加绘制代码
    int i = 0;//设定临时变量
    int nXYSpread = 0;//设定直角坐标的范围
    int nXYSpan = 60;//设定图形的宽度
    int nArrow = 5;//画箭头的偏移量
    //建立程序画笔
    CPen cpenXY, cpenPaint;
    cpenPaint.CreatePen(PS_SOLID, 4, RGB(0, 0, 0));//设定程序画图形的画笔特性
    cpenXY.CreatePen(PS_SOLID, 2, RGB(0, 0, 255));//设定程序直角坐标的画笔特性
    pDC->SelectObject(&cpenXY);
    //指定直角坐标的原点
    pDC->SetViewportOrg(100, 250);
    pDC->SetTextColor(RGB(0, 0, 255));
    CString csYVal;//设定纵坐标上面的坐标标记值
    //绘制直角坐标的纵坐标
    pDC->MoveTo(0, 0);//程序画笔回到原点
    for(i = -3, nXYSpread = 0; nXYSpread <= 240; i++, nXYSpread += nXYSpan)
    {
        pDC->LineTo(0, nXYSpan * i);//计算机在屏幕上面画一段纵坐标
        pDC->LineTo(5, nXYSpan * i);//计算机在屏幕上面画纵坐标上面的标记
```

```
        pDC->MoveTo(0, nXYSpan * i);//程序画笔回到横坐标上
        csYVal. Format("%d", -i);
        pDC->TextOut(10, nXYSpan * i, csYVal);
    }
    //计算机在屏幕上面画纵坐标的箭头
    pDC->MoveTo(0, nXYSpan *(-3));//程序画笔回到纵坐标上
    pDC->LineTo(0, nXYSpan *(-4));//计算机在屏幕上面画一段纵坐标
    pDC->MoveTo(0, nXYSpan *(-4));//程序画笔回到纵坐标上
    pDC->LineTo(5, nXYSpan *(-4)+ nArrow);//计算机在屏幕上面画一段斜线
    pDC->MoveTo(0, nXYSpan *(-4));//程序画笔回到纵坐标上
    pDC->LineTo(-5, nXYSpan *(-4)+ nArrow);//计算机在屏幕上面画一段斜线
    pDC->TextOut(10, nXYSpan *(-4), "y");
    //绘制直角坐标的横坐标
    pDC->MoveTo(0, 0);//程序画笔回到原点
    CString csXcoordinateText[] = { "-1/2π","","1/2π","π","3/2π","2π" };
    for(i = -1, nXYSpread = 0; nXYSpread <= 300; i++, nXYSpread += nXYSpan)
    {
        pDC->LineTo(nXYSpan * i, 0);//计算机在屏幕上面画一段横坐标
        pDC->LineTo(nXYSpan * i, -nArrow);//计算机在屏幕上面画横坐标上面的标记
        pDC->MoveTo(nXYSpan * i, 0);//程序画笔回到横坐标上
        pDC->TextOut(nXYSpan * i - csXcoordinateText[i + 1]. GetLength() * 3, 16,
csXcoordinateText[i + 1]);//写横坐标上面数据
    }
    //计算机在屏幕上面画横坐标的箭头
    pDC->MoveTo(nXYSpan * 4, 0);//程序画笔回到横坐标上
    pDC->LineTo(nXYSpan * nArrow, 0);//计算机在屏幕上面画一段横坐标
    pDC->MoveTo(nXYSpan * nArrow, 0);//程序画笔回到横坐标上
    pDC->LineTo(nXYSpan * 5 - nArrow, nArrow);//计算机在屏幕上面画一段斜线
    pDC->MoveTo(nXYSpan * 5, 0);//程序画笔回到横坐标上
    pDC->LineTo(nXYSpan * 5 - nArrow, -1 * nArrow);//计算机在屏幕上面画一段斜线
    pDC->TextOut(nXYSpan * 5, 0, "x");
    pDC->MoveTo(0, 0);//程序画笔回到原点
    double y, dXRadian;
    pDC->SelectObject(&cpenPaint);
    for(int x = 0; x < 240; x++)
    {
        //X 坐标的弧度的值等于 X 坐标除以曲线宽度 * 角系数 * π
        //Y 坐标的值等于-2 * 曲线宽度 * sin(弧度)* 曲线宽度,屏幕纵坐标的初始值在最上面,
与数学坐标的方向相反,所以用负号,这里 y 的值为 2+sinx
        dXRadian = x /((double)2 * nXYSpan) * PI;
        y = -2 * nXYSpan  - sin(dXRadian) * nXYSpan;
        pDC->MoveTo((int)x,(int)y);
        pDC->LineTo((int)x,(int)y);
```

```
    }
    cpenXY. DeleteObject( ) ;
    cpenPaint. DeleteObject( ) ;
}
```

　　完成代码修改后,请同时按住键盘的"Ctrl"和"F7"键,即可以编译程序 MFC Program2-3。编译通过后,我们可以直接按键盘的"F5"键来对程序进行调试运行。如果有问题,仔细核对以上代码,如果没有问题,调试通过,运行程序后我们可以看到运行的结果如图 2-12 所示。

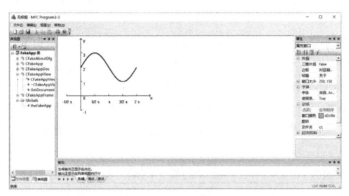

图 2-12　程序 MFC Program2-3 运行结果

　　经过以上一系列程序代码的修改和运行,我们能够通过程序绘制函数的图形并显示在屏幕上。本程序解说了计算机程序辅助数学的学习。

2.1.4　解说函数的几个特性

　　有些函数具有一些特殊的性质,利用这些特性可方便对这些函数的研究,这样的函数在某些工程领域得到广泛的应用。

　　(1)函数的单调性

　　函数的单调性也称为函数的增加或减少,可以定性地描述指间隔内函数值更改与自变量更改之间的关系。当函数 $f(x)$ 的自变量在其定义范围内增大(或减小)时,该函数的值也增大(或减小),则该函数在增大时被称为单调增加,而减小时被称为单调减少。

　　(2)函数的有界性

　　假设某个函数 $f(x)$ 对应它的值域中,对应所有的值都能找到一个数且这些值都不大于这个数,则我们认为这个函数有界。如果能找到一个最小的这样的数,这个数就是这个函数的上界。

　　(3)函数的奇偶性

　　奇函数在对称间隔 $[m,n]$ 和 $[-n,-m]$ 中具有相同的单调性,即若知道是奇函数且是递增函数,那么这个函数在区间 $[m,n]$ 和 $[-n,-m]$ 中都是递增函数;而偶函数在对称间隔 $[m,n]$ 和 $[-n,-m]$ 中具有相反的单调性,也就是说,若知道是偶函数,在间隔 $[m,n]$ 是递增函数,那么这个函数在间隔 $[-n,-m]$ 中是递减函数。

（4）函数的周期性

函数的周期定义：如果存在一个不是 0 的常数 T，对于任何 x 在它的定义域中使得函数 $f(x)$ 的值恒等于 $f(x+T)$ 的值，则函数 $f(x)$ 是周期函数，并且把 T 称为该函数的周期。

实例 2-4

例 2-4-1　判断函数 $f(x)=14+3x$ 的单调性。在定义域 $(-\infty,+\infty)$ 上，我们取 x 的值分别为 0 和 1，很容易求出 $f(0)=14$，而 $f(1)=17$，这样就有 $f(1)>f(0)$。为此能够判断函数 $f(x)=14+3x$ 是单调递增的。

例 2-4-2　判断函数 $y=13+3\sin x$ 的有界性。很容易看出，三角函数 $\sin x$ 值的范围是 $[-1,1]$，所以 y 的范围为 $[10,16]$，则 x 在定义域 $(-\infty,+\infty)$ 上，有 $y\leqslant16$，16 为本函数的上限。为此，能够判断此函数是有界的。

例 2-4-3　判断函数 $f(x)=x^3$ 和 $g(x)=x^4$ 的奇偶性。对于函数 $f(x)=x^3$，因为 $f(-x)=-f(x)$，所以函数 $f(x)=x^3$ 是奇函数；而对于函数 $g(x)=x^4$，因为 $g(-x)=g(x)$，所以函数 $g(x)=x^4$ 是偶函数。

例 2-4-4　求函数 $f(x)=3\sin x+4\cos x$ 的最小周期。显然是 2π。

程序解说 2-4

针对上面的例题，可以用程序解说。前面的步骤请参照程序解说 1-1。在第 4 步，首先填写项目名称"Program2-4"，然后依次完成，最后在代码中修改。

针对例 2-4-1，可以把代码修改如下：

```
// Program2-4.cpp：此文件包含"main"函数。程序执行将在此处开始并结束
//
#include <iostream>
using namespace std;//使用标准库时，需要加上这段代码
//获得函数 f(x)=14+3x 的值
int Get2141FunValue(int nX)
{
    return 14 + 3 * nX;
}
int main()
{
    int nY1 = 0;
    int nY2 = 0;
    int nX1 = 0;
    int nX2 = 0;
    std::cout << "请输入 X 的取值范围,第二个数要比第一个数大。\n";
    std::cout << "X1=";
    std::cin >> nX1;
    std::cout << "X2=";
    std::cin >> nX2;
```

```
while( ! ( nX2 > nX1 ) )
{
    std::cout << "请重新输入要比较的两个 X 的数,第二个数要比第一个数大!!! \n";
    std::cout << "X1 = ";
    std::cin >> nX1;
    std::cout << "X2 = ";
    std::cin >> nX2;
}
nY1 = Get2141FunValue( nX1 );
nY2 = Get2141FunValue( nX2 );
if( nY1 < nY2 )
{
    std::cout << "此函数是递增函数! \n";
}
else
{
    std::cout << "此函数是递减函数! \n";
}
}
```

完成代码修改后,请同时按住键盘的"Ctrl"和"F7"键,即可以编译程序 Program2-4。编译通过后,我们可以直接按键盘的"F5"键来对程序进行调试运行。如果有问题,仔细核对以上代码,如果没有问题,调试通过,运行程序后我们可以看到运行的结果如图 2-13 所示。

图 2-13　程序 Program2-4 运行结果(例 2-4-1)

经过以上一系列程序代码的修改和运行,我们能够看到实例与程序运行结果吻合,程序验证了实例的正确性。

针对例 2-4-2,可以把代码修改如下:

```
// Program2-4.cpp : 此文件包含"main"函数。程序执行将在此处开始并结束
//
#include <iostream>
using namespace std;//使用标准库时,需要加上这段代码
//获得函数 y = 13+3sinx 的值
```

— 23 —

```
double Get2142FunValue(double nX)
{
    return 13 + 3 * sin(nX);
}
long const CLMAX = 900000;
int main()
{
    double dMinMax = 0;
    int nX1 = 0;
    int nX2 = 0;
    std::cout << "请输入 X 的取值范围,第二个数要比第一个数大。\n";
    std::cout << "X1=";
    std::cin >> nX1;
    std::cout << "X2=";
    std::cin >> nX2;
    while(!(nX2 > nX1))
    {
        std::cout << "请重新输入要比较的两个 X 的数,第二个数要比第一个数大!!!\n";
        std::cout << "X1=";
        std::cin >> nX1;
        std::cout << "X2=";
        std::cin >> nX2;
    }
    dMinMax = Get2142FunValue(double(nX1));
    for(double i = nX1; i < nX2;)
    {
        double d = Get2142FunValue(double(i));
        if(d > dMinMax)
        {
            dMinMax = d;
        }
        i = i + 0.001;
    }
    if(dMinMax < CLMAX)
    {
        std::cout << "此函数是有界的。\n";
        std::cout << "它的最大值是:" << dMinMax;
    }
    else
    {
        std::cout << "此函数可能是无界的。\n";
    }
}
```

完成代码修改后,请同时按住键盘的"Ctrl"和"F7"键,即可以编译程序 Program2-4。编译通过后,我们可以直接按键盘的"F5"键来对程序进行调试运行。如果有问题,仔细核对以上代码,如果没有问题,调试通过,运行程序后我们可以看到运行的结果如图 2-14 所示。

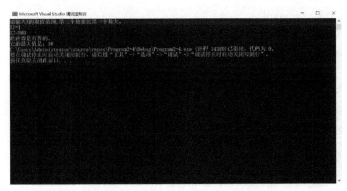

图 2-14 程序 Program2-4 运行结果(例 2-4-2)

经过以上一系列程序代码的修改和运行,我们能够看到实例与程序运行结果吻合,程序验证了实例的正确性。

针对例 2-4-3,可以把代码修改如下:

```
// Program2--4.cpp：此文件包含"main"函数。程序执行将在此处开始并结束
//
#include <iostream>
#include <math.h>//引入数学库,可以直接使用里面的数学函数
using namespace std;//使用标准库时,需要加上这段代码
//设定一个非常小的值,用来做两个小数的相等比较
//在误差允许的范围内可认为两个数是相等的
double const dTininessVal = 0.000000001;
//获得函数 f(x)= x^3 的值
double Get2143fFunValue(double dX)
{
    return dX * dX * dX;
}
//获得函数 g(x)= x^4 的值
double Get2143gFunValue(double dX)
{
    return pow(dX,4);//调用数学库中的幂函数计算出四次方的值
}
int main()
{
    int nFX1 = 0;//f(x)中的自变量
    int nGX2 = 0;//g(x)中的自变量
    std::cout << "请输入 f(x)中的 x 值:";
    std::cin >> nFX1;
```

```
std::cout << "请输入 g(x)中的 x 值:";
std::cin >> nGX2;
double df1 = Get2143fFunValue(nFX1);
double df2 = Get2143fFunValue(-1 * nFX1);
if( df1 + df2 < dTininessVal)
{
    std::cout << "f(x)函数是奇函数\n";
}
else
{
    std::cout << "f(x)函数不是奇函数\n";
}
double dg1 = Get2143fFunValue(nFX1);
double dg2 = Get2143fFunValue(-1 * nFX1);
if( abs( dg1 - dg1)< dTininessVal)
{
    std::cout << "g(x)函数是偶函数\n";
}
else
{
    std::cout << "g(x)函数不是偶函数\n";
}
}
```

完成代码修改后,请同时按住键盘的"Ctrl"和"F7"键,即可以编译程序 Program2-4。编译通过后,我们可以直接按键盘的"F5"键来对程序进行调试运行。如果有问题,仔细核对以上代码,如果没有问题,调试通过,运行程序后我们可以看到运行的结果如图 2-15 所示。

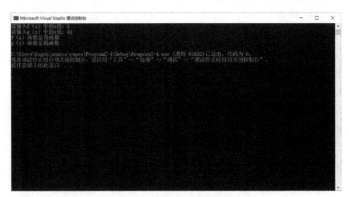

图 2-15　程序 Program2-4 运行结果(例 2-4-3)

经过以上一系列程序代码的修改和运行,我们能够看到实例与程序运行结果吻合,程序验证了实例的正确性。

针对例 2-4-4,我们首先分析怎样才能求得最小周期。开始时我们可以设定两个点,第一个点可以设定为当 x 为 0 时的点,可以取名为 A 点;第二个点可以在屏幕中输入设定,与第一个点有一定的距离,0 加上一个精度,即为第二个点的位置,可以取名为 B 点。然后按照这个精度向后移动,寻找与第一个点的 y 值相等的点。在计算机中两个相等的双精度型数在做比较时容易出现尾数误差,所以需要设定一个误差允许的范围较小的值,两个数的差的绝对值小于这个较小的值,就可以认为这两个数是相等的。这样,首先向后寻找一个与 A 点的 y 值相等的点,在寻找的过程中,由于精度太大,很容易会漏掉真正相等的点,所以可以用向后移动点的 y 值与 A 点的差与第一个点与 A 点的差的乘积是否异号,以及乘积小于 0 来判断可能已经漏掉了。需要回到上一个移动点,然后把精度提高一倍,即精度的大小减少为一半,这样循环,直到找到与 A 点的 y 值相等的点。但是,这样就找到了吗? 答案当然是否定的,因为两个值相等并不能代表是过了一个周期,我们还需要增加一个 B 点的 y 值比较。在当前点,向后移动 A 点与 B 点相同距离,然后判断这个点的 y 值与 B 点的 y 值是否相等,如果相等,则说明已经找到一个周期的点;如果不相等,需要重新向后寻找与 A 点 y 值相等的点,依此循环,直到找到为止。根据这个算法,可以把代码修改如下:

```cpp
// Program2-4.cpp：此文件包含"main"函数。程序执行将在此处开始并结束
//
#include <iostream>
#include <math.h>//引入数学库,可以直接使用里面的数学函数
using namespace std;//使用标准库时,需要加上这段代码
//设定一个非常小的值,用来做两个小数的相等比较
//在误差允许的范围内可认为两个数是相等的
double const dTininessVal = 0.000000001;
//获得函数 f(x)= 3sinx + 4cosx 的值
double Get21434fFunValue(double dX)
{
    return  3 * sin(dX)+ 4 * cos(dX);
}
int main()
{
    double dPrecision = 0;//求最小周期的精度
    double dScope = 0;//求最小周期的范围
    std::cout << "请输入求最小周期的精度:";
    std::cin >> dPrecision;
    std::cout << "请输入求最小周期的范围:";
    std::cin >> dScope;
    double di = 0;
    double dBegin1 = Get21434fFunValue(0);//设定第一个点的开始值
    double dBegin2 = Get21434fFunValue(0 + dPrecision);//设定第二个点的开始值
    double dl1Old = 0;
    double dl1New = 0;
    di = di + dPrecision;//向后移动一个精度的 x 值
    dl1Old = dBegin1 - Get21434fFunValue(di);//设定第一个点向后移动的方向
    double dlTemp = dPrecision;//用临时变量代替精度,为了保存原精度值
```

```
    int nDirection = 1;//设定初始方向为 1,即不变
    while( di < dScope)
    {
        di = di + dlTemp;
        dl1New = dBegin1 - Get21434fFunValue( di) ;
        if( abs( dl1New) < dTininessVal)
        {//找到第一个与 A 点相等的点,还需要找到第二个点与 B 点相等
            nDirection = -1 * nDirection;//需要变号
            if( abs( dBegin2 - Get21434fFunValue( di + dPrecision)) < dTininessVal)
            {
                std::cout << "找到最小周期为:" << di;//找到了
                return 0;
            }
            else
            {//没有找到
                dlTemp = dPrecision;
                di = di + dlTemp;
            }
        }
        if( dl1Old * dl1New * nDirection < 0)
        {//说明已经超过了一个最小周期,需要在附近回退一点再查找,如果已经匹配过一次了,
需要跳过当前点再往前查找
            di = di - dlTemp;
            dlTemp = dlTemp / 2;//进一步提高精度
        }
    }
    std::cout <<"在范围"<< dScope << "内没有找到最小周期\n";
}
```

完成代码修改后,请同时按住键盘的"Ctrl"和"F7"键,即可以编译程序 Program2-4。编译通过后,我们可以直接按键盘的"F5"键来对程序进行调试运行。如果有问题,仔细核对以上代码,如果没有问题,调试通过,运行程序后我们可以看到运行的结果如图 2-16 所示。

图 2-16　程序 Program2-4 运行结果(例 2-4-4)

经过以上一系列程序代码的修改和运行,我们能够看到实例与程序运行结果吻合,程序验证了实例的正确性,求得周期为 2π。

2.1.5 解说反函数

在数学里面,对两个变量之间的函数关系进行研究时,可以根据问题的需要选择一个变量作为自变量,另一个变量作为因变量。

通常,因变量可用 y 表示,而自变量可用 x 表示,当然用其他字母表示也可以。由于函数的性质是对应关系,因此自变量和因变量的符号并不重要,除非关系发生改变。一般因变量可用自变量的一个函数表示,如 $y=f(x)$,如果自变量用因变量的一个函数表示,就叫作原函数的反函数,可写成 $x=g(y)$,因为函数关系与字母没有关系,因此可重写为 $y=f^{-1}(x)$,容易得出这两个函数的图形关于直线 $y=x$ 对称。

实例 2-5

例 2-5 如 $y=3+x^3$ 的反函数为 $x=(y-3)^{\frac{1}{3}}$,转换字母为 $y=(x-3)^{\frac{1}{3}}$。

程序解说 2-5

针对上面的例题,可以用程序解说。前面的步骤请参照程序解说 1-1。在第 4 步,首先填写项目名称"Program2-5",然后依次完成,最后在代码中修改。

针对例 2-5,可以把代码修改如下:

```cpp
// Program2-5. cpp : 此文件包含"main"函数。程序执行将在此处开始并结束
//
#include <iostream>
#include <math. h>
using namespace std;//使用标准库时,需要加上这段代码
//设定一个非常小的值,用来做两个小数的相等比较
//在误差允许的范围内可认为两个数是相等的
double const dTininessVal = 0.000001;
//获得函数 y=3+x^3 的值
double Get25fFunValue( double dX)
{
    return 3 + pow(dX,3);
}
//获得函数 x=〚(y-3)〛^(1/3) 的值
double Get25gFunValue( double dY)
{
    return powf(dY-3, 1/3);
}
int main( )
```

```
{
    double dBegin = 0;//预估 x 值的起点
    double dEnd = 0;//预估 x 值的终点
    double dY = 0;//输入已知的 y 值
    double dX = 0;//需要求得的 x 值
    std::cout << "请输入开始值:";
    std::cin >> dBegin;
    std::cout << "\n 请输入结束值:";
    std::cin >> dEnd;
    std::cout << "\n 请输入已知的 y 值:";
    std::cin >> dY;
    double d1 = dY - Get25fFunValue(dBegin);
    double dValX = dBegin;
    double d2 = 0;
    while(abs(dBegin - dEnd) > dTininessVal)
    {//利用二分法查找与 y 值对应的 x 值
        dX = (dBegin + dEnd)/ 2;
        d2 = dY - Get25fFunValue(dX);
        if(d1 * d2 < 0)
        {
            dEnd = dX;
        }
        else
        {
            dBegin = dX;
        }
    }
    double dlalg = Get25gFunValue(dY);
    double dlT = abs(dX - Get25gFunValue(dY));
    if(abs(dX - Get25gFunValue(dY))< dTininessVal)
    {//通过程序求得的反函数 x 值与用数学函数关系求得的值一致
        std::cout << "求出了对应的 x 值:"<<dX;
        std::cout << "符合反函数的关系 \n";
    }
    else
    {
        std::cout << "没有求得合适的 x 值,请重新设定! \n";
    }
}
```

完成代码修改后,请同时按住键盘的"Ctrl"和"F7"键,即可以编译程序 Program2-5。编译通过后,我们可以直接按键盘的"F5"键来对程序进行调试运行。如果有问题,仔细核对以上代码,如果没有问题,调试通过,运行程序后我们可以看到运行的结果如图 2-17 所示。

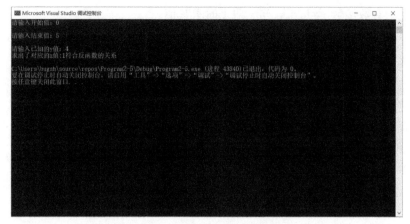

图 2-17　程序 Program2-5 运行结果(例 2-5)

经过以上一系列程序代码的修改和运行,我们能够看到实例与程序运行结果吻合,通过程序从函数本身和反函数两个方面验证了实例的正确性。

2.2　解说初等函数

2.2.1　解说基本初等函数

初等函数包括幂函数、指数函数、三角函数、反三角函数和对数函数。

实例 2-6

例 2-6-1　幂函数 $y=x^2$ 或 $z=x^{\frac{1}{2}}$,当 x 取 2 时分别求其值。

解:

代入函数容易得出 $y=4$, $z\approx1.414$。

例 2-6-2　指数函数 $y=2^x$,当 x 取 4 时求其值。

解:

代入函数容易得出 $y=16$。

例 2-6-3　三角函数 $y=\cos x$,当 x 取 0 时求其值。

解:

代入函数容易得出 $y=1$。

例 2-6-4　反三角函数 $y=\arccos x$,当 x 取 0 时求其值。

解:

代入函数容易得出 $y=\dfrac{\pi}{2}\approx1.57$。

例 2-6-5 对数函数 $y=\log_{10}x$，当 x 取 1 时求其值。

解：

代入函数容易得出 $y=0$。

⊙ **程序解说 2-6**

针对上面的例题，可以用程序解说。前面的步骤请参照程序解说 1-1。在第 4 步，首先填写项目名称"Program2-6"，然后依次完成，最后在代码中修改。

针对例 2-6-1，可以把代码修改如下：

```cpp
// Program2-6.cpp：此文件包含"main"函数。程序执行将在此处开始并结束
//
#include <iostream>
#include <math.h>
using namespace std;//使用标准库时，需要加上这段代码
//获得函数 y = x ^ 2 的值
double Get261yFunValue(double dX)
{
    return powf(dX, 2);
}
//获得函数 z = x ^(1 / 2)的值
double Get261zFunValue(double dX)
{
    return powf(dX,(double)1/2);//这里注意格式,保证得出的数据不能有误差,所以需要强制转换类型
}
int main()
{
    double dX = 0;//输入已知的 x 值
    double dY = 0;//需要求得的 y 值
    double dZ = 0;//需要求得的 z 值
    std::cout << "请输入 x 值:";
    std::cin >> dX;
    dY = Get261yFunValue(dX);
    dZ = Get261zFunValue(dX);
    std::cout << "\n 求得 y 值为:"<<dY;
    std::cout << "\n 求得 z 值为:"<< dZ;
}
```

完成代码修改后，请同时按住键盘的"Ctrl"和"F7"键，即可以编译程序 Program2-6。编译通过后，我们可以直接按键盘的"F5"键来对程序进行调试运行。如果有问题，仔细核对以上代码，如果没有问题，调试通过，运行程序后我们可以看到运行的结果如图 2-18 所示。

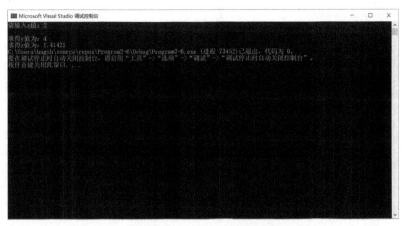

图 2-18　程序 Program2-6 运行结果（例 2-6-1）

经过以上一系列程序代码的修改和运行,我们能够看到实例与程序运行结果吻合,程序验证了实例的正确性。

针对例 2-6-2,可以把代码修改如下:

```cpp
// Program2-6.cpp : 此文件包含"main"函数。程序执行将在此处开始并结束
//
#include <iostream>
#include <math.h>
using namespace std;//使用标准库时,需要加上这段代码
//获得函数 y=2^x 的值
double Get262yFunValue(double dX)
{
    return powf(2, dX);
}
int main()
{
    double dX = 0;//输入已知的 x 值
    double dY = 0;//需要求得的 y 值
    std::cout << "请输入 x 值:";
    std::cin >> dX;
    dY = Get262yFunValue(dX);
    std::cout << "\n求得 y 值为:"<<dY;
}
```

完成代码修改后,请同时按住键盘的"Ctrl"和"F7"键,即可以编译程序 Program2-6。编译通过后,我们可以直接按键盘的"F5"键来对程序进行调试运行。如果有问题,仔细核对以上代码,如果没有问题,调试通过,运行程序后我们可以看到运行的结果如图 2-19 所示。

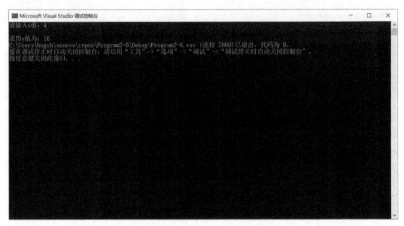

图 2-19　程序 Program2-6 运行结果(例 2-6-2)

　　经过以上一系列程序代码的修改和运行,我们能够看到实例与程序运行结果吻合,程序验证了实例的正确性。

　　针对例 2-6-3,可以把代码修改如下:

```
// Program2-6.cpp：此文件包含"main"函数。程序执行将在此处开始并结束
//
#include <iostream>
#include <math.h>
using namespace std;//使用标准库时,需要加上这段代码
//获得函数 y=cosx 的值
double Get263yFunValue( double dX)
{
    return cos(dX);
}
int main( )
{
    double dX = 0;//输入已知的 x 值
    double dY = 0;//需要求得的 y 值
    std::cout << "请输入 x 值:";
    std::cin >> dX;
    dY = Get263yFunValue(dX);
    std::cout << "\n求得 y 值为:"<<dY;
}
```

　　完成代码修改后,请同时按住键盘的"Ctrl"和"F7"键,即可以编译程序 Program2-6。编译通过后,我们可以直接按键盘的"F5"键来对程序进行调试运行。如果有问题,仔细核对以上代码,如果没有问题,调试通过,运行程序后我们可以看到运行的结果如图 2-20 所示。

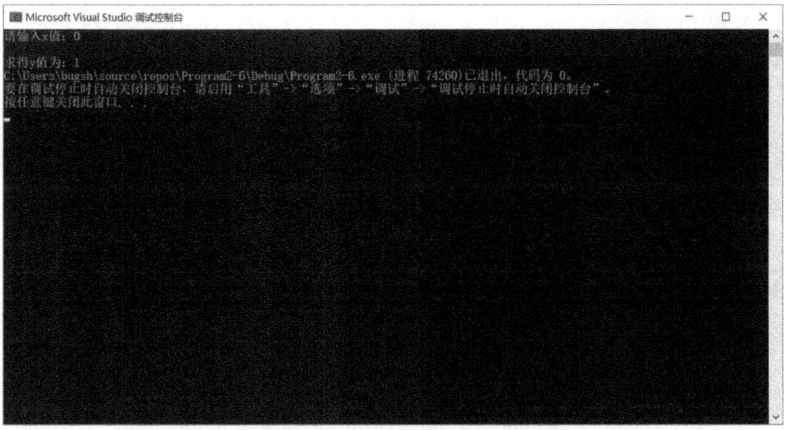

图 2-20　程序 Program2-6 运行结果(例 2-6-3)

　　经过以上一系列程序代码的修改和运行,我们能够看到实例与程序运行结果吻合,程序验证了实例的正确性。

　　针对例 2-6-4,可以把代码修改如下:

```cpp
// Program2-6. cpp : 此文件包含"main"函数。程序执行将在此处开始并结束
//
#include <iostream>
#include <math. h>
using namespace std;//使用标准库时,需要加上这段代码
//获得函数 y=arccosx 的值
double Get264yFunValue( double dX)
{
    return acos( dX);
}
int main( )
{
    double dX = 0;//输入已知的 x 值
    double dY = 0;//需要求得的 y 值
    std::cout << "请输入 x 值:";
    std::cin >> dX;
    dY = Get264yFunValue( dX);
    std::cout << "\n求得 y 值为:"<<dY;
}
```

　　完成代码修改后,请同时按住键盘的"Ctrl"和"F7"键,即可以编译程序 Program2-6。编译通过后,我们可以直接按键盘的"F5"键来对程序进行调试运行。如果有问题,仔细核对以上代码,如果没有问题,调试通过,运行程序后我们可以看到运行的结果如图 2-21 所示。

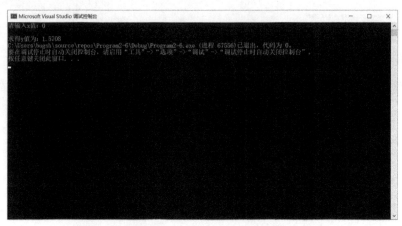

图 2-21　程序 Program2-6 运行结果(例 2-6-4)

经过以上一系列程序代码的修改和运行,我们能够看到实例与程序运行结果吻合,程序验证了实例的正确性。

针对例 2-6-5,可以把代码修改如下:

// Program2-6. cpp：此文件包含"main"函数。程序执行将在此处开始并结束

//

#include <iostream>

#include <math. h>

using namespace std;//使用标准库时,需要加上这段代码

//获得函数 y=log_10x 的值

double Get265yFunValue(double dX)

{

　　return log10(dX) ;

}

int main( )

{

　　double dX = 0;//输入已知的 x 值

　　double dY = 0;//需要求得的 y 值

　　std::cout << "请输入 x 值:";

　　std::cin >> dX;

　　dY = Get265yFunValue(dX) ;

　　std::cout << "\n 求得 y 值为:"<<dY;

}

完成代码修改后,请同时按住键盘的"Ctrl"和"F7"键,即可以编译程序 Program2-6。编译通过后,我们可以直接按键盘的"F5"键来对程序进行调试运行。如果有问题,仔细核对以上代码,如果没有问题,调试通过,运行程序后我们可以看到运行的结果如图 2-22 所示。

图 2-22　程序 Program2-6 运行结果(例 2-6-5)

经过以上一系列程序代码的修改和运行,我们能够看到实例与程序运行结果吻合,程序验证了实例的正确性。

2.2.2　解说复合函数

如果对于函数 $y=f(t)$ 和 $t=g(x)$,如果 x 从 $g(x)$ 定义域的子集获取值,则由此获得的该 t 值替换 $y=f(t)$ 中的 t 值,从而获得函数的值,一个新函数称为 $y=f(t)$ 和 $t=g(x)$ 的复合函数,我们将它写成 $y=f[g(x)]$,其中,$F(t)$ 称为外部函数,$g(x)$ 称为内部函数,u 称为中间变量。如果有多个中间变量,则可以组合多个层。例如,可以通过解析替换 $y=\cos x$ 和 $x=3v$ 来构造新函数 $y=\cos 3v$,其称为函数 $y=\cos x$ 和 $x=3v$ 的复合函数。

实例 2-7

例 2-7　已知 $y=v^3$,$v=\cos x$,求用 x 表示为 y 的函数。

解:

将 $v=\cos x$ 带入 $y=v^3$,即可得到 $y=(\cos x)^3$。当 $x=0$ 时,求得 $y=1$。

程序实例 2-7

针对上面的例题,可以用程序解说。前面的步骤请参照程序解说 1-1。在第 4 步,首先填写项目名称"Program2-7",然后依次完成,最后在代码中修改。

针对例 2-7,可以把代码修改如下:

```
// Program2-7. cpp : 此文件包含"main"函数。程序执行将在此处开始并结束
//
#include <iostream>
#include <math. h>
using namespace std;//使用标准库时,需要加上这段代码
//获得函数 y= v^3 的值
double Get27yFunValue( double dV)
{
```

```
        return pow(dV,3);
}
//获得函数 v= cosx 的值
double Get27vFunValue(double dX)
{
        return cos(dX);
}
int main()
{
        double dX = 0;//输入已知的 x 值
        double dY = 0;//需要求得的 y 值
        double dV = 0;//中间变量 v
        std::cout << "请输入变量 x 值:";
        std::cin >> dX;

        dV = Get27vFunValue(dX);
        dY = Get27yFunValue(dV);
        std::cout << "\n 求得 y 值为:" << dY;
}
```

完成代码修改后,请同时按住键盘的"Ctrl"和"F7"键,即可以编译程序 Program2-7。编译通过后,我们可以直接按键盘的"F5"键来对程序进行调试运行。如果有问题,仔细核对以上代码,如果没有问题,调试通过,运行程序后我们可以看到运行的结果如图 2-23 所示。

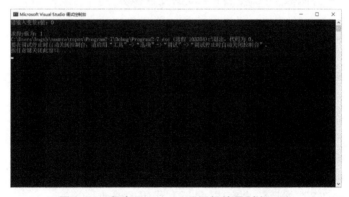

图 2-23　程序 Program2-7 运行结果(例 2-7)

经过以上一系列程序代码的修改和运行,我们能够看到实例与程序运行结果吻合,程序验证了实例的正确性。

2.2.3　解说初等函数

初等函数是由基本初等函数与常数经过有限次的四则运算及有限次的函数复合运算构成的,并且能用一个解析式表达的函数。

实例 2-8

例 2-8　刘经理在毕业后经营一家电子商务公司,在网上销售空调。经过几年的摸爬滚打,刘经理利用在大学学习的知识发现某个型号的空调销售收入 R 与其销售量 v 的关系为 $R=500\sqrt[3]{v}$,同时发现销售量 v 与销售时间 t 的关系为 $v=20t+t\sin(2\pi t/365)$。于是,刘经理让他的研究部门找出销售收入和时间的关系。假如你是研究部门的负责人,你能找出其关系吗?如果能找出,试问一年后销售收入是多少?

解:

根据函数的知识,其实很容易得出销售收入和时间的关系是:

$$R=500\sqrt[3]{20t+t\sin(2\pi t/365)},$$

然后用 $t=365$ 带入,得 $R=145\ 366$。

程序解说 2-8

针对上面的例题,可以用程序解说。前面的步骤请参照程序解说 1-1。在第 4 步,首先填写项目名称"Program2-8",然后依次完成,最后在代码中修改。

针对例 2-8,可以把代码修改如下:

```cpp
// Program2-8.cpp : 此文件包含 "main" 函数。程序执行将在此处开始并结束
//
#include <iostream>
#include <math.h>
using namespace std;//使用标准库时,需要加上这段代码
const double PI = 3.14;
//获得函数 R=500 ∛ v 的值
double Get28RFunValue(double dV)
{
    return 500 * pow(dV,3);
}
//获得函数 v=20t+tsin(2πt/365)的值
double Get28VFunValue(double dT)
{
    return 20 * dT + dT * sin(2 * PI * dT / 365);
}
int main()
{
    double dT = 0;//输入已知的 t 值
    double dR = 0;//需要求得的 R 值
    double dV = 0;//销售量
    std::cout << "请输入时间 t 值:";
    std::cin >> dT;
    dV = Get28VFunValue(dT);
```

```
dR = Get28VFunValue( dV ) ;
std::cout << " \n 求得收入 R 值为:" << dR;
}
```

完成代码修改后,请同时按住键盘的"Ctrl"和"F7"键,即可以编译程序 Program2-8。编译通过后,我们可以直接按键盘的"F5"键来对程序进行调试运行。如果有问题,仔细核对以上代码,如果没有问题,调试通过,运行程序后我们可以看到运行的结果如图 2-24 所示。

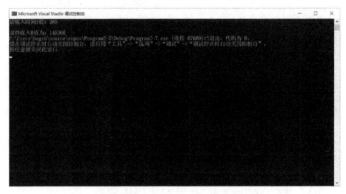

图 2-24 程序 Program2-8 运行结果(例 2-8)

经过以上一系列程序代码的修改和运行,我们能够看到实例与程序运行结果吻合,通过程序从两个函数的复合验证了实例的正确性。

2.3 解说极限

2.3.1 解说数列的极限

按一定规则排列的无穷多个数 $a_1, a_2, \cdots, a_n, \cdots$,称为数列。数列中的任何一个数称为一项,第 n 项 a_n 称为通项,数列可用通项简记为 $\{a_n\}$。

定义 2-1 假设对数列 $\{a_n\}$,存在一个较小的数 $\varepsilon > 0$,同时有一个非常大的数 N(正整数),使得当 $n > N$ 时,存在一个常数 A,有 $|a_n - A| < \varepsilon$ 始终成立,则称当 $n \to \infty$ 时,数列 $\{a_n\}$ 的极限为 A 或收敛于 A,记为 $\lim\limits_{n \to \infty} a_n = A$。

实例 2-9

例 2-9 写出数列 $\dfrac{1}{2}, \dfrac{2}{3}, \dfrac{3}{4}, \dfrac{4}{5}, \dfrac{5}{6}, \cdots, \dfrac{n}{n+1}, \cdots$ 的极限。

解:

通过观察,发现数列的通项为 $\dfrac{n}{n+1}$,极限为 $\lim\limits_{n \to \infty} \dfrac{n}{n+1} = 1$。

◉ 程序解说 2-9

　　针对上面的例题,可以用程序解说。前面的步骤请参照程序解说 1-1。在第 4 步,首先填写项目名称"Program2-9",然后依次完成,最后在代码中修改。

　　针对例 2-9,可以把代码修改如下:

```cpp
// Program2-9. cpp：此文件包含"main"函数。程序执行将在此处开始并结束
//
#include <iostream>
#include <math. h>
using namespace std;//使用标准库时,需要加上这段代码
//设定一个非常小的值,用来做两个小数的相等比较
//在误差允许的范围内可认为两个数是相等的
double const dTininessVal = 0. 000001;
//获得函数 n/(n+1)的值
double Get29FunValue( double dN)
{
    return dN /( dN + 1);
}
int main( )
{
    double dGreatestValue = 0;//输入一个很大的值
    double dLimitationValue = 0;//需要判断的极限值
    std::cout << "输入一个很大的值:";
    std::cin >> dGreatestValue;
    std::cout << "\n 输入需要判断的极限值:";
    std::cin >> dLimitationValue;
    if( abs( Get29FunValue( dGreatestValue) - dLimitationValue)< dTininessVal)
    {
        std::cout << "\n 函数的极限是"<< dLimitationValue;
    }
    else
    {
        std::cout << "\n 函数的极限不是" << dLimitationValue;
    }
}
```

　　完成代码修改后,请同时按住键盘的"Ctrl"和"F7"键,即可以编译程序 Program2-9。编译通过后,我们可以直接按键盘的"F5"键来对程序进行调试运行。如果有问题,仔细核对以上代码,如果没有问题,调试通过,运行程序后我们可以看到运行的结果如图 2-25 所示。

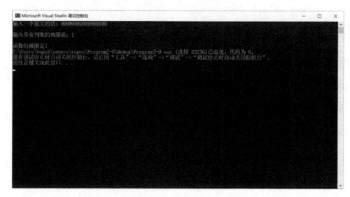

图 2-25　程序 Program2-9 运行结果（例 2-9）

经过以上一系列程序代码的修改和运行,我们能够看到实例与程序运行结果吻合,程序验证了实例的正确性。

2.3.2　解说函数的极限

定义 2-2　如果有一个函数 $f(x)$,若存在一个很小的数 $\varepsilon>0$ 和一个很大的数 $N>0$,使得当 $x>N$ 时,总会有 $f(x)$ 和 A 的差的绝对值小于 ε,那么可以称函数 $f(x)$ 在 $x\rightarrow+\infty$ 时极限为 A,记作 $\lim\limits_{n\rightarrow+\infty}f(x)=A$。

类似地,我们假设求当存在一个自变量 $x\rightarrow-\infty$ 时函数的极限,此时只需把前面定义中的 $x>N$ 改成 $x<-N$ 即可,记作 $\lim\limits_{x\rightarrow-\infty}f(x)=A$。

如果 x 无限接近 x_a 时,函数 $f(x)$ 无限接近某一确定常数 A,则称函数 $f(x)$ 当 $x\rightarrow x_a$ 时极限为 A。当 x 从 x_a 的右侧无限接近 x_a,记为 $x\rightarrow x_a^+$;当 x 从 x_a 的左侧无限接近 x_a,记为 $x\rightarrow x_a^-$,可类似研究函数 $f(x)$ 的变化趋势。

定义 2-3　对函数 $f(x)$,若存在一个很小的数 $\varepsilon>0$,当 x 与 x_a 的差非常小时,$f(x)$ 和 A 的差的绝对值小于 ε,那么称 A 是函数 $f(x)$ 在 $x\rightarrow x_a$ 时的极限,记作 $\lim\limits_{x\rightarrow x_a}f(x)=A$。

如果当存在 x 使得 $-\delta<x-x_a<0$ 时,会有 $f(x)$ 和 A 的差的绝对值小于 ε,那么,我们可以认为函数 $f(x)$ 当 $x\rightarrow x_a$ 时的左极限是 A,记作 $\lim\limits_{x\rightarrow x_a}f(x)=A$。

类似地,如果当存在 x 使得 $0<x-x_a<\delta$ 时,会有 $f(x)$ 和 A 的差的绝对值小于 ε,那么,我们可以认为函数 $f(x)$ 当 $x\rightarrow x_a$ 时的右极限是 A,记作 $\lim\limits_{x\rightarrow x_a}f(x)=A$。

实例 2-10

例 2-10　在某年冬天,大型城市大寒市流行某种病毒性肺炎,这种病具有很强的人传人的能力,由于当时对这种病毒认识得不彻底,开始时就有不少医护人员被感染。如果不加强防护措施,按照大寒市人们的生活习惯和病毒的传染性,传染病毒的人数 C 和这种传染病流行的时间天数 d 将会存在以下关系:

$$C(d)=\frac{10^8}{7+3\times10^4\times e^{-d}}。$$

试问,如果没有采取任何处理措施,多少天后大寒市会传染到100万人? 如果一直不采取任何措施,大寒市将会有多少人感染上这种肺炎?

解:

通过题目分析,可以假设:

$$C(d)=\frac{10^8}{7+3\times10^4\times e^{-d}}=1000000,$$

通过计算,可以得出:

$$d=\ln(30000/93)\approx5.8(天)。$$

如果一直不采取措施,即时间天数 d 趋向于无穷大,即求当 d 趋向于无穷大时 C 的极限,即

$$\lim_{d\to+\infty}C(d)=\lim_{d\to+\infty}\frac{10^8}{7+3\times10^4\times e^{-d}}=\lim_{d\to+\infty}\frac{10^8}{7+3\times10^4/e^d}=\frac{10^8}{7}=14285714.3(人)\approx1429万人。$$

如果没有采取任何处理措施,6天后大寒市会传染到100万人。如果一直不采取任何措施,大寒市大约将有1429万人感染上这种肺炎。

◉ 程序解说2-10

针对上面的例题,可以用程序解说。前面的步骤请参照程序解说1-1。在第4步,首先填写项目名称"Program2-10",然后依次完成,最后在代码中修改。

针对例2-10,可以把代码修改如下:

```cpp
// Program2-10. cpp：此文件包含 "main" 函数。程序执行将在此处开始并结束
//
#include <iostream>
#include <math. h>
using namespace std;//使用标准库时,需要加上这段代码
//设定一个非常小的值,用来做两个小数的相等比较
//在误差允许的范围内可认为两个数是相等的
double const dTininessVal = 0.000001;
//获得函数 C(d)＝〖10〗^8/(7+3＊〖10〗^4＊e^(-d))的值
double Get210FunValue( double dN)
{
    return pow(10, 8)/(7 + 3 ＊ pow(10, 4) ＊ exp(-dN));
}
int main( )
{
    int nD = 0;
    double dl = Get210FunValue( nD);
    //判断人数没有达到100万人,则一直循环
    while( dl < 1000000)
    {
```

```
        nD++;
        dl = Get210FunValue(nD);
    }
    std::cout << "达到100万的天数:" << nD << "\n";
    double dlPre = 0;//前一天的人数
    double dlNow = 0;//当日的人数
    dlNow = dl;
    while(dlNow - dlPre > dTininessVal)
    {//当日人数与前一天人数相等就不循环了,说明已经到极限了
        dlPre = dlNow;//把上一次循环的当日人数赋值给前一天人数
        nD++;
        dlNow = Get210FunValue(nD);//计算当日人数
    }
    std::cout << "\n达到极限的人数:" << dlNow;
    std::cout << "\n达到极限的天数:" << nD;

}
```

完成代码修改后,请同时按住键盘的"Ctrl"和"F7"键,即可以编译程序Program2-10。编译通过后,我们可以直接按键盘的"F5"键来对程序进行调试运行。如果有问题,仔细核对以上代码,如果没有问题,调试通过,运行程序后我们可以看到运行的结果如图2-26所示。

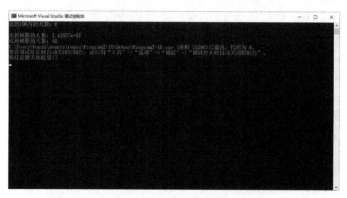

图2-26　程序Program2-10运行结果(例2-10)

经过以上一系列程序代码的修改和运行,我们能够看到实例与程序运行结果吻合,程序验证了实例的正确性。

2.3.3　解说无穷小量与无穷大量

(1)无穷小量

定义2-4　对函数$f(x)$,假设x趋向于x_a时函数$f(x)$的极限为0,则称$f(x)$为x趋向于x_a时的无穷小量,也叫无穷小。

（2）无穷大

定义 2-5 对函数 $f(x)$，假设 x 趋向于 x_a 时函数 $f(x)$ 的绝对值无限增大，则称函数 $f(x)$ 为 x 趋向于 x_a 时的无穷大量，也叫无穷大，也可以说是极限不存在。

（3）无穷小的比较

定义 2-6 设 α、β 都是 x 趋向于 x_a 时的无穷小，如果做 α 与 β 比值，同时这个比值有极限。若比值的极限为非零的常数，则称 α、β 为 x 趋向于 x_a 时的同阶无穷小；如果极限为 1，则称 α、β 为 x 趋向于 x_a 时的等价无穷小；如果极限为 0，则称 α、β 为 x 趋向于 x_a 时的高阶无穷小；如果极限为无穷大，也可以说极限不存在，则称 α、β 为 x 趋向于 x_a 时的低阶无穷小。

实例 2-11

例 2-11-1 求极限 $\lim\limits_{x \to 4} \sqrt{x} - 2$。

解：

因为当 x 趋向于 4 时 $\sqrt{x}$ 趋向于 2，于是 $\lim\limits_{x \to 4} \sqrt{x} - 2$ 趋向于 0，即值为无穷小量，即 $\lim\limits_{x \to 4} \sqrt{x} - 2 = 0$。

例 2-11-2 求极限 $\lim\limits_{x \to 2} \dfrac{2}{x-2}$。

解：

因为 x 趋向于 2 时 $x-2$ 趋向于 0，则 $\dfrac{2}{x-2}$ 趋向于无穷大，即 $\lim\limits_{x \to 2} \dfrac{2}{x-2} = \infty$。

例 2-11-3 比较下面无穷小量的阶。

（1）当 $x \to 2$ 时，$x-2$ 与 x^2-4；

（2）当 $x \to 1$ 时，$x-1$ 与 x^2-x；

（3）当 $x \to \infty$ 时，$\dfrac{2}{x}$ 与 $\dfrac{3}{x^2}$。

解：

（1）因为 x 趋向于 2 时：

$$\lim_{x \to 2} \frac{x-2}{x^2-4} = \lim_{x \to 2} \frac{x-2}{(x-2)(x+2)} = \lim_{x \to 1} \frac{1}{x+2} = 1/4,$$

所以 x 趋向于 2 时，$x-2$ 与 x^2-4 同阶无穷小。

（2）因为 x 趋向于 1 时：

$$\lim_{x \to 1} \frac{x-1}{x^2-x} = \lim_{x \to 1} \frac{x-1}{x(x-1)} = \lim_{x \to 1} \frac{1}{x} = 1,$$

所以 x 趋向于 1 时，$x-1$ 与 x^2-x 等阶无穷小。

（3）因为 x 趋向于无穷大时：

$$\lim_{x \to \infty} \frac{\dfrac{2}{x}}{\dfrac{3}{x^2}} = \lim_{x \to \infty} \frac{2x}{3} = \infty。$$

所以 x 趋向于无穷大时, $\dfrac{2}{x}$ 是比 $\dfrac{3}{x^2}$ 低价无穷小。

◉ 程序解说2-11

针对上面的例题,可以用程序解说。前面的步骤请参照程序解说1-1。在第4步,首先填写项目名称"Program2-11",然后依次完成,最后在代码中修改。

针对例2-11-1,可以把代码修改如下:

```cpp
// Program2-11.cpp：此文件包含“main”函数。程序执行将在此处开始并结束
//
#include <iostream>
#include <math.h>
using namespace std;//使用标准库时,需要加上这段代码
//设定一个非常小的值,用来做两个小数的相等比较
//在误差允许的范围内可认为两个数是相等的
double const dTininessVal = 0.000000001;
//定义常量为取极限附近的变量值
int const icX = 4;
//返回√x - 2
double Get2111FunValue(double dX)
{
    if(dX < 0)
    {//防止有异常数据传入出错
        std::cout << "传入的数据不能小于0！\n";
        return 0;
    }
    return pow(dX, 1.0/2) - 2;
}
int main()
{
    double dxz = 0;//左边的变量
    double dxy = 0;//右边的变量
    double dPrecision = 0;//从离常量4附近变量考虑的范围开始尝试求值
    std::cout << "请输入求极限时,变量开始考虑的范围:";
    std::cin >> dPrecision;
    dxz = icX - dPrecision;//左边开始求值的变量
    double dPre = 0;//上一次求的 y 值
    double dNow = Get2111FunValue(dxz);//当前求得 y 值
    double dSpaceTemp = dPrecision;
    while(dxz < icX)
    {
        dPre = dNow;//上一次求的 y 值
        dSpaceTemp = dSpaceTemp / 2;//靠近的距离的变化越来越小
        dxz = dxz + dSpaceTemp;//变量不断靠近常量 4 的值
        dNow = Get2111FunValue(dxz);//当前求得 y 值
```

```
    if(abs(dPre - dNow)< dTininessVal)
    {//发现值不再变化,找到左极限
        std::cout << "\n 左极限是:" << dNow << "\n";
        break;
    }
}

dxy = icX + dPrecision;//重新设定自变量的值,从常量右边开始求值
dNow = Get2111FunValue(dxy);//当前求得 y 值
dSpaceTemp = dPrecision;//重新设定自变量需要变化的值
while(dxy > icX)
{
    dPre = dNow;//上一次求的 y 值
    dSpaceTemp = dSpaceTemp / 2;//靠近的距离的变化越来越小
    dxy = dxy - dSpaceTemp;//变量不断靠近常量 4 的值
    dNow = Get2111FunValue(dxy);//当前求得 y 值
    if(abs(dPre - dNow)< dTininessVal)
    {//发现值不再变化,找到右极限
        std::cout << "\n 右极限是:" << dNow << "\n";
        break;
    }
}
}
```

完成代码修改后,请同时按住键盘的"Ctrl"和"F7"键,即可以编译程序 Program2-11。编译通过后,我们可以直接按键盘的"F5"键来对程序进行调试运行。如果有问题,仔细核对以上代码,如果没有问题,调试通过,运行程序后我们可以看到运行的结果如图 2-27 所示。

图 2-27　程序 Program2-11 运行结果(例 2-11-1)

经过以上一系列程序代码的修改和运行,我们能够看到实例与程序运行结果基本吻合,但还是有点误差,极限不是 0,其绝对值是比较小的数 $7.450\,58 \times 10^{-10}$,即 $0.000\,000\,000\,745\,058$。如果还想得到更加精确的值,可以再提高精度,把上面代码中"double const dTininessVal = 0.000000001;"修改成"double const dTininessVal = 0.000000001 * 0.000000001;"然后重复上面的步骤,即可得到如图 2-28 所示的程序运行结果。

图 2-28　程序 Program2-11 提高精度后的运行结果(例 2-11-1)

通过修改精度,得到的结果就更加精确了,左极限的值更接近 0,而右极限的值就是 0 了。通过程序基本上验证了实例的正确性。

针对例 2-11-2,可以把代码修改如下:

```cpp
// Program2-11.cpp：此文件包含"main"函数。程序执行将在此处开始并结束
//
#include <iostream>
#include <math.h>
using namespace std;//使用标准库时,需要加上这段代码
//设定一个非常小的值,用来做两个小数的相等比较
//在误差允许的范围内可认为两个数是相等的
double const dTininessVal = 0.000000001;
//定义常量为取极限附近的变量值
int const icX = 2;
//返回2/(X-2)
double Get2112FunValue(double dX)
{
    if(dX - 2 == 0)
    {//防止有异常数据传入出错
        std::cout << "传入的数据不得使分母等于0! \n";
        return 0;
    }
    return 2/(dX - 2);
}
int main()
{
    double dxz = 0;//左边的变量
    double dxy = 0;//右边的变量
    double dPrecision = 0;//从离常量2附近变量考虑的范围开始尝试求值
    std::cout << "请输入求极限时,变量开始考虑的范围:";
    std::cin >> dPrecision;
    dxz = icX - dPrecision;//左边开始求值的变量
    double dPre = 0;//上一次求的y值
    double dNow = Get2112FunValue(dxz);//当前求得y值
```

```
        double dSpaceTemp = dPrecision;
        while( dxz < icX)
        {
            dPre = dNow;//上一次求的 y 值
            dSpaceTemp = dSpaceTemp / 2;//靠近的距离的变化越来越小
            dxz = dxz + dSpaceTemp;//变量不断靠近常量 2 的值
            dNow = Get2112FunValue( dxz);//当前求得 y 值
            if( abs( dPre - dNow)< dTininessVal)
            {//发现值不再变化,找到左极限
                std::cout << " \n 左极限是:" << dNow << " \n";
                break;
            }
        }
        dxy = icX + dPrecision;//重新设定自变量的值,从常量右边开始求值
        dNow = Get2112FunValue( dxy);//当前求得 y 值
        dSpaceTemp = dPrecision;//重新设定自变量需要变化的值
        while( dxy > icX)
        {
            dPre = dNow;//上一次求的 y 值
            dSpaceTemp = dSpaceTemp / 2;//靠近的距离的变化越来越小
            dxy = dxy - dSpaceTemp;//变量不断靠近常量 2 的值
            dNow = Get2112FunValue( dxy);//当前求得 y 值
            if( abs( dPre - dNow)< dTininessVal)
            {//发现值不再变化,找到右极限
                std::cout << " \n 右极限是:" << dNow << " \n";
                break;
            }
        }
    }
}
```

完成代码修改后,请同时按住键盘的"Ctrl"和"F7"键,即可以编译程序 Program2-11。编译通过后,我们可以直接按键盘的"F5"键来对程序进行调试运行。如果有问题,仔细核对以上代码,如果没有问题,调试通过,运行程序后我们可以看到运行的结果如图 2-29 所示。

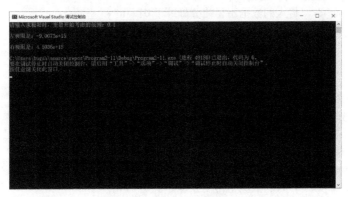

图 2-29 程序 Program2-11 运行结果(例 2-11-2)

经过以上一系列程序代码的修改和运行,我们能够看到实例与程序运行结果还是有一定差距。计算机给出的结果,一个左极限是-9 007 200 000 000 000,一个右极限是4 503 600 000 000 000,这两个数都不是无穷大,但都是非常大的数。为什么会出现这种情况呢?通过数学方法计算我们能够得到无穷大的结果,但是通过计算机,如果要得出无穷大的结果应该是很难的,可以说是几乎不可能的。因为计算机计算出的结果是绝对精确的,是一个实实在在的值,具体这个值的精确度和范围与计算机本身及软件都有关系,但是不会出现无穷大的结果。所以结合理论分析,程序的结果应该是很大的了,在做分析的时候,我们可以认为这就是无穷大了。这样,程序验证了实例的正确性。

针对例2-11-3,可以把代码修改如下:

```cpp
// Program2-11.cpp : 此文件包含"main"函数。程序执行将在此处开始并结束
//
#include <iostream>
#include <math.h>
using namespace std;//使用标准库时,需要加上这段代码
//设定一个非常小的值,用来做两个小数的相等比较
//在误差允许的范围内可认为两个数是相等的
double const dTininessVal = 0.000000001;
//返回(x-2)/(x^2-4)
double Get21131FunValue(double dX)
{
    if(dX - 2 == 0)
    {//防止有异常数据传入出错
        std::cout << "传入的数据不得使分母等于0! \n";
        return 0;
    }
    return(dX - 2)/(pow(dX,2)- 4);
}
//返回(x-1)/(x^2-x)
double Get21132FunValue(double dX)
{
    if(dX - 1 == 0)
    {//防止有异常数据传入出错
        std::cout << "传入的数据不得使分母等于0! \n";
        return 0;
    }
    return(dX - 1)/(pow(dX, 2)- dX);
}
//返回(2/x)/(3/x^2)
double Get21133FunValue(double dX)
{
    if(dX == 0)
    {//防止有异常数据传入出错
        std::cout << "传入的数据不得使分母等于0! \n";
        return 0;
```

```cpp
        }
    return(2/dX)/(3/pow(dX, 2));
}
int main()
{
    double    dPrecision[3];//从离常量附近变量考虑的范围开始尝试求值
    double dTrendX[3];
    for(int i = 0; i<3; i++)
    {
        if(i < 2)
        {
            std::cout << "请输入求极限时,变量" << i << "的趋向值:";
            std::cin >> dTrendX[i];
        }
        else
        {
            dTrendX[i] = LLONG_MAX;//long long 类型数据在计算机中的最大值,因为一般人
找不到这个最大值,输入也麻烦,所以在程序中设定
        std::cout << "请输入求极限时,变量" << i << "开始考虑的范围:";
        std::cin >> dPrecision[i];
    }
    {//比较(1)当 x→2 时,x-2 与 x^2-4 的无穷小量的阶
        double dxz = 0;//左边的变量
        double dxy = 0;//右边的变量
        dxz = dTrendX[0] - dPrecision[0];//左边开始求值的变量
        double dPre = 0;//上一次求的 y 值
        double dNow = Get21131FunValue(dxz);//当前求得 y 值
        double dSpaceTemp = dPrecision[0];
        while(dxz < dTrendX[0])
        {
            dPre = dNow;//上一次求的 y 值
            dSpaceTemp = dSpaceTemp / 2;//靠近的距离的变化越来越小
            dxz = dxz + dSpaceTemp;//变量不断靠近趋向值
            dNow = Get21131FunValue(dxz);//当前求得 y 值
            if(abs(dPre - dNow)< dTininessVal)
            {//发现值不再变化,找到左极限
                std::cout << "\n 比较(1)当 x 趋向于 2 时候,x-2 与 x^2-4 的无穷小量的阶";
                std::cout << "\n 左极限是:" << dNow << "\n";
                break;
            }
        }
        dxy = dTrendX[0] + dPrecision[0];//重新设定自变量的值,从常量右边开始求值
```

```cpp
dNow = Get21131FunValue(dxy);//当前求得 y 值
dSpaceTemp = dPrecision[0];//重新设定自变量需要变化的值
while(dxy > dTrendX[0])
{
    dPre = dNow;//上一次求的 y 值
    dSpaceTemp = dSpaceTemp / 2;//靠近的距离的变化越来越小
    dxy = dxy - dSpaceTemp;//变量不断靠近趋向值
    dNow = Get21131FunValue(dxy);//当前求得 y 值
    if(abs(dPre - dNow)< dTininessVal)
    {//发现值不再变化,找到右极限
        std::cout << "\n 右极限是:" << dNow << "\n";
        break;
    }
}
}
{//比较(2)当 x→1 时,x-1 与 x^2-x 的无穷小量的阶
    double dxz = 0;//左边的变量
    double dxy = 0;//右边的变量
    dxz = dTrendX[1] - dPrecision[1];//左边开始求值的变量
    double dPre = 0;//上一次求的 y 值
    double dNow = Get21132FunValue(dxz);//当前求得 y 值
    double dSpaceTemp = dPrecision[1];
    while(dxz < dTrendX[1])
    {
        dPre = dNow;//上一次求的 y 值
        dSpaceTemp = dSpaceTemp / 2;//靠近的距离的变化越来越小
        dxz = dxz + dSpaceTemp;//变量不断靠近趋向值
        dNow = Get21132FunValue(dxz);//当前求得 y 值
        if(abs(dPre - dNow)< dTininessVal)
        {//发现值不再变化,找到左极限
            std::cout << "\n 比较(2)当 x 趋向于 1 时候,x-1 与 x^2-x 的无穷小量的阶";
            std::cout << "\n 左极限是:" << dNow << "\n";
            break;
        }
    }
}
dxy = dTrendX[1] + dPrecision[1];//重新设定自变量的值,从常量右边开始求值
dNow = Get21132FunValue(dxy);//当前求得 y 值
dSpaceTemp = dPrecision[1];//重新设定自变量需要变化的值
while(dxy > dTrendX[1])
{
    dPre = dNow;//上一次求的 y 值
    dSpaceTemp = dSpaceTemp / 2;//靠近的距离的变化越来越小
    dxy = dxy - dSpaceTemp;//变量不断靠近趋向值
    dNow = Get21132FunValue(dxy);//当前求得 y 值
    if(abs(dPre - dNow)< dTininessVal)
```

```
      }//发现值不再变化,找到右极限
          std::cout << "\n 右极限是:" << dNow << "\n";
          break;
      }
  }
}
{//比较(3)当 x→∞ 时,2/x 与 3/x^2 的无穷小量的阶。
    double dxz = 0;//左边的变量
    double dxy = 0;//右边的变量
    dxz = dTrendX[2] - dPrecision[2];//左边开始求值的变量
    double dPre = 0;//上一次求的 y 值
    double dNow = Get21133FunValue(dxz);//当前求得 y 值
    double dSpaceTemp = dPrecision[2];
    while(dxz < dTrendX[2])
    {
        dPre = dNow;//上一次求的 y 值
        dSpaceTemp = dSpaceTemp / 2;//靠近的距离的变化越来越小
        dxz = dxz + dSpaceTemp;//变量不断靠近正无穷大的值
        dNow = Get21133FunValue(dxz);//当前求得 y 值
        if(abs(dPre - dNow)< dTininessVal)
        }//发现值不再变化,找到正无穷大边上的值
            std::cout << "\n 比较(3)当 x 趋向于正无穷大的时候,2/x 与 3/x^2 的无穷小量的
阶";
            std::cout << "\n 右极限是:" << dNow << "\n";//正无穷大左边的极限,其实就是整
个函数 x 轴上右边的极限
            break;
        }
    }
    dxy = dTrendX[2] * (-1)+ dPrecision[2];//重新设定自变量的值,从负无穷大右边开始求值
    dNow = Get21133FunValue(dxy);//当前求得 y 值
    dSpaceTemp = dPrecision[2];//重新设定自变量需要变化的值
    while(dxy > dTrendX[2] * (-1))
    {
        dPre = dNow;//上一次求的 y 值
        dSpaceTemp = dSpaceTemp / 2;//靠近的距离的变化越来越小
        dxy = dxy - dSpaceTemp;//变量不断靠近负无穷大的值
        dNow = Get21133FunValue(dxy);//当前求得 y 值
        if(abs(dPre - dNow)< dTininessVal)
        }//发现值不再变化,找到负无穷大边上的值
            std::cout << "\n 左极限是:" << dNow << "\n";//负无穷大右边的极限,其实就是整
个函数 x 轴上左边的极限
            break;
        }
    }
  }
}
```

完成代码修改后,请同时按住键盘的"Ctrl"和"F7"键,即可以编译程序 Program2-11。编译通过后,我们可以直接按键盘的"F5"键来对程序进行调试运行。如果有问题,仔细核对以上代码,如果没有问题,调试通过,运行程序后我们可以看到运行的结果如图 2-30 所示。

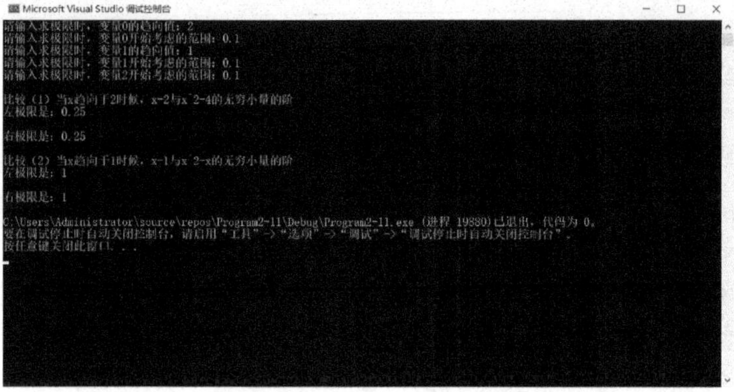

图 2-30　程序 Program2-11 运行结果(例 2-11-3)

经过以上一系列程序代码的修改和运行,我们能够看到实例与程序运行结果有的吻合,有的不吻合,为什么会出现这样的情况呢? 仔细回想,我们之前求极限都是在具体的某个数附近求,而出现问题的第(3)个问题,是求在无穷大附近的极限,我们还用原来的方法就很容易出现问题。因为都是无穷大,两个数之间如果只差 0.1,那么在程序中是否能够区分呢? 我们调试程序,定点到在程序的某个位置查询其值,如图 2-31 所示。然后放大关键值,如图 2-32 所示。我们发现,虽然"dxz"是"dTrendX[2]"减去"dPrecision[2]"得到的,但是在程序中,由于"dPrecision[2]"的值是 0.1,而最后"dxz"和"dTrendX[2]"的值都是 9.223 372 036 854 775 8e+18,所以程序将不会进入"while(dxz<dTrendX[2])"循环体,直接跳过,这样就求不出结果。如何避免这样的情况呢? 我们必须修改"dPrecision[2]"的值,让"dxz"和"dTrendX[2]"的值不一样,从而能够进入 while 循环体。怎样修改呢? 因为比较值都是很大的值,所以要让它们直接在计算机中不一样,必须设定一个较大的"dPrecision[2]"值。

图 2-31　程序 Program2-11 调试

图 2-32 程序调试具体值放大

通过分析,我们重新运行程序,重新输入参数。运行程序后我们可以看到运行的结果如图 2-33 所示。

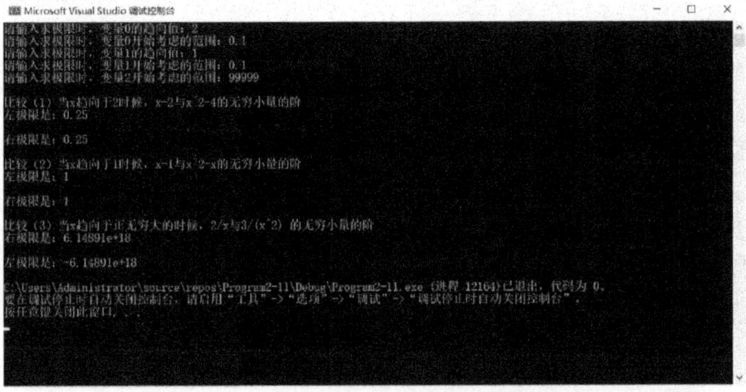

图 2-33 程序 Program2-11 运行结果(例 2-11-3)

经过以上一系列程序代码的修改和运行,我们能够看到实例与程序运行结果基本吻合,程序验证了实例的正确性。其中,图 2-33 中的 $6.148\,91×10^{18}$ 的值非常大,在我们平时的日常生活中就可以认为是接近无穷大了。图中的"?"符号,其实是格式不匹配,控制台不能显示对应的字符,如果一定要显示出来,修改程序里面对应的字符即可。

当然,有些读者可能会认为,程序中的代码有的是重复的,能否再精简一点呢?答案当然是肯定的。我们可以把完成 3 个极限的代码合成一个,对于个性的部分区别对待。在编程工作的时候,我们经常会进行代码的持续优化工作。可以对上面的代码进行优化,优化后的代码如下:

```
// Program2-11.cpp : 此文件包含"main"函数。程序执行将在此处开始并结束
//
#include <iostream>
#include <math.h>
using namespace std;//使用标准库时,需要加上这段代码
//设定一个非常小的值,用来做两个小数的相等比较
//在误差允许的范围内可认为两个数是相等的
double const dTininessVal = 0.000000001;
//返回(x-2)/(x^2-4)
double Get21131FunValue( double dX)
{
    if( dX - 2 == 0)
    {//防止有异常数据传入出错
        std::cout << "传入的数据不得使分母等于0! \n";
```

```
            return 0;
        }
        return(dX - 2)/(pow(dX,2)- 4);
    }
//返回(x-1)/(x^2-x)
double Get21132FunValue(double dX)
    {
        if(dX - 1 == 0)
        {//防止有异常数据传入出错
            std::cout << "传入的数据不得使分母等于0! \n";
            return 0;
        }
        return(dX - 1)/(pow(dX, 2)- dX);
    }
//返回(2/x)/(3/x^2)
double Get21133FunValue(double dX)
    {
        if(dX == 0)
        {//防止有异常数据传入出错
            std::cout << "传入的数据不得使分母等于0! \n";
            return 0;
        }
        return(2/dX)/(3/pow(dX, 2));
    }
double GetFucVal(double dxz, int j)
    {
        double dNow = 0;
        //当前求得 y 值
        switch(j)
        {
        case 0:dNow = Get21131FunValue(dxz); break;
        case 1:dNow = Get21132FunValue(dxz); break;
        case 2:dNow = Get21133FunValue(dxz); break;
        default: std::cout << "调用程序有误! 请检查!";
            break;
        }
        return dNow;
    }
int main()
    {
        double   dPrecision[3];//从离常量附近变量考虑的范围开始尝试求值
        double dTrendX[3];
        for(int i = 0; i<3; i++)
        {
            if(i < 2)
            {
                std::cout << "请输入求极限时,变量" << i << "的趋向值:";
```

```
                std::cin >> dTrendX[i];
            }
            else
            {
                dTrendX[i] = LLONG_MAX;//long long 类型数据在计算机中的最大值,因为一般人
找不到这个最大值,输入也麻烦,所以在程序中设定
            }
            std::cout << "请输入求极限时,变量" << i << "开始考虑的范围:";
            std::cin >> dPrecision[i];
    }
    for(int j = 0; j < 3; j++)
    {
        double dxz = 0;//左边的变量
        double dxy = 0;//右边的变量
        dxz = dTrendX[j] - dPrecision[j];//左边开始求值的变量
        double dPre = 0;//上一次求的 y 值
        double dNow = GetFucVal(dxz, j);//当前求得 y 值
        double dSpaceTemp = dPrecision[j];
        while(dxz < dTrendX[j])
        {//从趋向值左边求极限
            dPre = dNow;//上一次求的 y 值
            dSpaceTemp = dSpaceTemp / 2;//靠近的距离的变化越来越小
            dxz = dxz + dSpaceTemp;//变量不断靠近趋向值
            //当前求得 y 值
            dNow = GetFucVal(dxz,j);//当前求得 y 值
            if(abs(dPre - dNow)< dTininessVal)
            {//发现值不再变化,找到左极限
                std::cout << "\n 比较第"<<j<<"个的无穷小量的阶";
                std::cout << "\n 左极限是:" << dNow << "\n";
                break;
            }
        }
        bool bRun = 1;
        if(j == 2)
        {//在负无穷大的地方求极限
            dxy = -1 * dTrendX[j] + dPrecision[j];
            bRun = dxy < dTrendX[j];
        }
        else
        {
            dxy = dTrendX[j] + dPrecision[j];//重新设定自变量的值,从趋向值右边开始求值
            bRun = dxy > dTrendX[j];
        }

        dNow = GetFucVal(dxy, j);//当前求得 y 值
        dSpaceTemp = dPrecision[j];//重新设定自变量需要变化的值
```

```
    while(bRun)
    {//从趋向值右边求极限
        dPre = dNow;//上一次求的 y 值
        dSpaceTemp = dSpaceTemp / 2;//靠近的距离的变化越来越小
        if(j == 2)
        {//在负无穷大的地方求极限
            dxy = dxy + dSpaceTemp;//变量不断靠近趋向值
            bRun = dxy < dTrendX[j];
        }
        else
        {
            dxy = dxy - dSpaceTemp;//变量不断靠近趋向值
            bRun = dxy > dTrendX[j];
        }
        dNow = GetFucVal(dxy, j);//当前求得 y 值
        if(abs(dPre - dNow)< dTininessVal)
        {//发现值不再变化,找到右极限
            std::cout << "\n 右极限是:" << dNow << "\n";
            break;
        }
    }
}
}
```

完成代码修改后,请同时按住键盘的“Ctrl”和“F7”键,即可以编译程序 Program2-11。编译通过后,我们可以直接按键盘的“F5”键来对程序进行调试运行。如果有问题,仔细核对以上代码,如果没有问题,调试通过,运行程序后我们可以看到运行的结果如图 2-34 所示。

图 2-34　程序 Program2-11 运行结果

通过对代码进行修改并运行,简化后的代码运行结果基本与简化前一致。分析修改前后的代码我们能够得出,修改前的代码长,但是容易读懂,逻辑简单;修改后的代码虽然精简,但是比较难读懂,逻辑非常复杂,需要有较强的思维能力。其实这样的代码修改工作在平时编程的时候经常出现,这需要程序员在工作中不断提升自己的能力,才能轻松驾驭开发工作,才能让工作变得简单有趣。

2.4　解说函数极限的运算

2.4.1　解说函数的极限运算法则

以下定理适用于对 x 趋向于 x_a 和 x 趋向于无穷大。

定理 2-1　如果同时存在极限 $\lim u(x)$ 和 $\lim v(x)$，那么也会存在其代数和、乘积、商的极限，具体如下。

（1）它们的和差极限等于极限的和差，即 $\lim(u(x)\pm v(x))=\lim u(x)\pm\lim v(x)$。

（2）它们的乘积极限等于极限的积，即 $\lim(u(x)v(x))=\lim u(x)\lim v(x)$。

（3）它们的商极限等于极限的商，即 $\lim(u(x)/v(x))=\lim u(x)/\lim v(x)$，其中 $\lim v(x)\neq 0$。

实例 2-12

例 2-12-1　求极限 $\lim\limits_{x\to 0}(\sqrt{x}-e^x)$。

解：

因为当 x 趋向于 0 时 $\sqrt{x}$ 和 e^x 的极限都存在，那么我们可以根据定理 2-1，只需要用极限的四则运算法则即可求得结果。

$$\lim_{x\to 0}(\sqrt{x}-e^x)=\lim_{x\to 0}\sqrt{x}-\lim_{x\to 0}e^x=0-1=-1。$$

例 2-12-2　求极限 $\lim\limits_{x\to 0}e^x\cos x$。

解：

因为当 x 趋向于 0 时 e^x 和 $\cos x$ 的极限都存在，那么我们可以根据定理 2-1，只需要用极限的四则运算法则即可求得结果。

$$\lim_{x\to 0}e^x\cos x=\lim_{x\to 0}e^x\cdot\lim_{x\to 0}\cos x=1\times 1=1。$$

例 2-12-3　求极限 $\lim\limits_{x\to 2}\dfrac{x^2+x-2}{x+2}$。

解：

因为当 x 趋向于 2 时 x^2+x-2 和 $x+2$ 的极限都存在，并且在 x 趋向于 2 时 $x+2\neq 0$，那么我们可以根据定理 2-1，只需要用极限的四则运算法则即可求得结果。

$$\lim_{x\to 2}\frac{x^2+x-2}{x+2}=\frac{\lim\limits_{x\to 2}x^2+x-2}{\lim\limits_{x\to 2}x+2}=\frac{2^2+2-2}{2+2}=\frac{4}{4}=1。$$

⬥ 程序解说 2-12

针对上面的例题，可以用程序解说。前面的步骤请参照程序解说 1-1。在第 4 步，首先填写项目名称"Program2-12"，然后依次完成，最后在代码中修改。

针对例 2-12-1,可以把代码修改如下:

```
// Program2-12. cpp : 此文件包含"main"函数。程序执行将在此处开始并结束
//
#include <iostream>
#include <math. h>
using namespace std;//使用标准库时,需要加上这段代码
//设定一个非常小的值,用来做两个小数的相等比较
//在误差允许的范围内可认为两个数是相等的
double const dTininessVal = 0. 000001;
//返回〖(√x-e^x)〗
double Get21211FunValue( double dX)
{
    if( dX < 0)
    {//防止有异常数据传入出错
        std::cout << "传入的数据不能小于0! \n";
        return 0;
    }
    return pow( dX, 1. 0 / 2) - exp( dX);
}
//返回√x
double Get21212FunValue( double dX)
{
    if( dX < 0)
    {//防止有异常数据传入出错
        std::cout << "传入的数据不能小于0! \n";
        return 0;
    }
    return pow( dX, 1. 0 / 2);
}
//返回 e^x
double Get21213FunValue( double dX)
{
    return exp( dX);
}
int main( )
{
    double dTrendX;
    std::cout << "请输入求极限时,变量 X 的趋向值:";
    std::cin >> dTrendX;
    double dY1 = Get21211FunValue( dTrendX);
    double dY2 = Get21212FunValue( dTrendX);
    double dY3 = Get21213FunValue( dTrendX);
    std::cout << "极限 lim┬(x→0)〖(√x-e^x)〗的值是:"<< dY1 << endl;
    std::cout << "极限 lim┬(x→0)√x 的值是:" << dY2 << endl;
    std::cout << "极限 lim┬(x→0)〖e^x〗的值是:" << dY3 << endl;
    if( abs( dY1 -( dY2 - dY3))< dTininessVal)
    {
```

```
        std::cout << "求极限 lim┬(x→0)〖(√x-e^x)〗的值可以用函数的极限运算法则" << endl;
    }
    else
    {
        std::cout << "求极限 lim┬(x→0)〖(√x-e^x)〗的值不可以用函数的极限运算法则" << endl;
    }
}
```

完成代码修改后,请同时按住键盘的"Ctrl"和"F7"键,即可以编译程序 Program2-12。编译通过后,我们可以直接按键盘的"F5"键来对程序进行调试运行。如果有问题,仔细核对以上代码,如果没有问题,调试通过,运行程序后我们可以看到运行的结果如图 2-35 所示。

图 2-35 程序 Program2-12 运行结果(例 2-12-1)

经过以上一系列程序代码的修改和运行,我们能够看到实例与程序运行结果吻合,程序验证了实例的正确性。注意:在代码中求解极限的时候,没有用原来不断逼近的求极限的点的方法去求解,因为之前已经多次通过这样的方法进行了验证,同时为了降低程序的可读性,也是需要求极限的 x 值在定义域中,可以直接代入 x 的值求得函数值。在学习和工作过程中,我们需要多个角度灵活运用,针对问题采取不同的方式去解决。

针对例 2-12-2,可以把代码修改如下:

```
// Program2-12.cpp:此文件包含"main"函数。程序执行将在此处开始并结束
//
#include <iostream>
#include <math.h>
using namespace std;//使用标准库时,需要加上这段代码
//设定一个非常小的值,用来做两个小数的相等比较
//在误差允许的范围内可认为两个数是相等的
double const dTininessVal = 0.000001;
//返回〖e^x〗cosx
double Get21221FunValue( double dX)
{
    return exp( dX) * cos( dX);
}
//返回 cosx
```

```cpp
double Get21222FunValue(double dX)
{
    return cos(dX);
}
//返回 e^x
double Get21213FunValue(double dX)
{
    return exp(dX);
}
int main()
{
    double dTrendX;
    std::cout << "请输入求极限时,变量 X 的趋向值:";
    std::cin >> dTrendX;
    double dY1 = Get21221FunValue(dTrendX);
    double dY2 = Get21222FunValue(dTrendX);
    double dY3 = Get21213FunValue(dTrendX);
    std::cout << "极限 lim┬(x→0)〖e^x〗cosx 的值是:"<< dY1 << endl;
    std::cout << "极限 lim┬(x→0)cosx 的值是:" << dY2 << endl;
    std::cout << "极限 lim┬(x→0)〖e^x〗的值是:" << dY3 << endl;
    if(abs(dY1 -(dY2 * dY3))< dTininessVal)
    {
        std::cout << "求极限 lim┬(x→0)〖e^x〗cosx 的值可以用函数的极限运算法则" << endl;
    }
    else
    {
        std::cout << "求极限 lim┬(x→0)〖e^x〗cosx 的值不可以用函数的极限运算法则" << endl;
    }

}
```

　　完成代码修改后,请同时按住键盘的"Ctrl"和"F7"键,即可以编译程序 Program2-12。编译通过后,我们可以直接按键盘的"F5"键来对程序进行调试运行。如果有问题,仔细核对以上代码,如果没有问题,调试通过,运行程序后我们可以看到运行的结果如图 2-36 所示。

图 2-36　程序 Program2-12 运行结果(例 2-12-2)

经过以上一系列程序代码的修改和运行,我们能够看到实例与程序运行结果吻合,程序验证了实例的正确性。在这次代码修改中,有一个函数"double Get21213FunValue(double dX)"并没有修改,直接沿用原来的。其实在软件开发过程中,经常会有很多代码能够重用,直接拿过来就可以用,我们可以把这种叫作编程过程中的"拿来主义",或者叫"他山之石,可以攻玉"。

针对例2-12-3,可以把代码修改如下:

```cpp
// Program2-12.cpp：此文件包含"main"函数。程序执行将在此处开始并结束
//
#include <iostream>
#include <math.h>
using namespace std;//使用标准库时,需要加上这段代码
//设定一个非常小的值,用来做两个小数的相等比较
//在误差允许的范围内可认为两个数是相等的
double const dTininessVal = 0.000001;
//返回〖(x^2+x-2)/(x+2)〗
double Get21231FunValue(double dX)
{
    if(dX == -2)
    {//防止有异常数据传入出错
        std::cout << "传入的数据不能等于-2! \n";
        return 0;
    }
    return(pow(dX,2)+ dX - 2)/(dX+2);
}
//返回 x^2+x-2
double Get21232FunValue(double dX)
{
    return pow(dX, 2)+ dX - 2;
}
//返回 x+2
double Get21233FunValue(double dX)
{
    return dX + 2;
}
int main()
{
    double dTrendX;
    std::cout << "请输入求极限时,变量 X 的趋向值:";
    std::cin >> dTrendX;
    double dY1 = Get21231FunValue(dTrendX);
    double dY2 = Get21232FunValue(dTrendX);
    double dY3 = Get21233FunValue(dTrendX);
    std::cout << "极限 lim┬(x→2)〖(x^2+x-2)/(x+2)〗的值是:"<< dY1 << endl;
    std::cout << "极限 lim┬(x→2)〖 x^2+x-2〗的值是:" << dY2 << endl;
    std::cout << "极限 lim┬(x→2)x+2 的值是:" << dY3 << endl;
    if(dY3 ! = 0)
```

```
    //防止在计算的过程中分母为0,程序崩溃!
        if( abs(dY1 -(dY2 / dY3))< dTininessVal)
        {
            std::cout << "求极限 lim┬(x→2)〖(x^2+x-2)/(x+2)〗的值可以用函数的极限运算
法则" << endl;
            return 0;
        }
    }
        std::cout << "求极限 lim┬(x→2)〖(x^2+x-2)/(x+2)〗的值不可以用函数的极限运算法则"
<< endl;
        return -1;
}
```

完成代码修改后,请同时按住键盘的"Ctrl"和"F7"键,即可以编译程序 Program2-12。编译通过后,我们可以直接按键盘的"F5"键来对程序进行调试运行。如果有问题,仔细核对以上代码,如果没有问题,调试通过,运行程序后我们可以看到运行的结果如图 2-37 所示。

图 2-37　程序 Program2-12 运行结果(例 2-12-3)

经过以上一系列程序代码的修改和运行,我们能够看到实例与程序运行结果吻合,程序验证了实例的正确性。

2.4.2　解说未定式的极限运算

通常在函数计算求极限的时候,如果 $x→x_a$(或 $x→∞$),则函数 $u(x)$ 和 $v(x)$ 都趋向于零或无穷大,则极限 $\lim(u(x)/v(x))$ 可能存在或不存在。通常,这种限制称为未定式或未定型。未定义公式的极限不能直接使用极限四则运算法则,必须首先变形以满足极限四则运算法则的条件。

(1)如果是求 0 比 0 类型的未定式的极限,通常在分数情况下分解,必须首先对分子或分母视情况进行有理化,然后消除分子和分母的公因数,最后才能计算出极限。

(2)如果是求无穷大比无穷大类型的未定式的极限,则在分式的情况下,如果分子与分母都是多项式,首先找到分子、分母中的最高次幂,然后都除分子、分母,最后求出极限。根据这个规则,我们容易得到如下结论:

$$\lim_{x\to\infty}\frac{a_0 x^m+a_1 x^{m-1}+\cdots+a_m}{b_0 x^n+b_1 x^{n-1}+\cdots+b_n}=\begin{cases}0,m<n,\\\dfrac{a_0}{b_0},m=n,\\\infty,m>n_\circ\end{cases}$$

（3）如果是求无穷大减去无穷大类型的未定式的极限，则需要转化成分式情况，在分式情况下进行通分，如果出现根式的情况，还必须先对分子或分母进行有理化，然后消除分子和分母的公因数，最后才能计算出极限。

实例 2-13

例 2-13-1 求极限 $\lim\limits_{x\to2}\dfrac{x^2-x-2}{x-2}$。

解：

这是求 0 比 0 类型的未定式的极限，先因式分解，再约分可以得到

$$\lim_{x\to2}\frac{x^2-x-2}{x-2}=\lim_{x\to2}\frac{(x-2)(x+1)}{x-2}=\lim_{x\to2}(x+1)=3_\circ$$

例 2-13-2 求极限 $\lim\limits_{x\to3}\dfrac{\sqrt{x+1}-2}{x-3}$。

解：

这是求 0 比 0 类型的未定式的极限，但是里面存在根式，所以先要对分子进行有理化，再约分可以得到

$$\lim_{x\to3}\frac{\sqrt{x+1}-2}{x-3}=\lim_{x\to3}\frac{(\sqrt{x+1}-2)(\sqrt{x+1}+2)}{(x-3)(\sqrt{x+1}+2)}=\lim_{x\to3}\frac{(x-3)}{(x-3)(\sqrt{x+1}+2)}=\lim_{x\to3}\frac{1}{(\sqrt{x+1}+2)}=\frac{1}{4}_\circ$$

例 2-13-3 求极限 $\lim\limits_{x\to\infty}\dfrac{5x^3-2}{4x^4-x}$。

解：

这是求无穷大比无穷大类型的未定式的极限，我们先要找到分子、分母中的最高次幂，然后都除分子、分母，之后求极限：

$$\lim_{x\to\infty}\frac{5x^3-2}{4x^4-x}=\lim_{x\to\infty}\frac{(5x^3-2)/(x^4)}{(4x^4-x)/(x^4)}=0_\circ$$

例 2-13-4 求极限 $\lim\limits_{x\to1}\dfrac{2}{x^2-1}-\dfrac{2}{x-1}$。

解：

这是求无穷大减去无穷大类型的未定式的极限，需要先转化成分式情况，在分式情况下进行通分，再求极限：

$$\lim_{x\to1}\frac{2}{x^2-1}-\frac{2}{x-1}=\lim_{x\to1}\frac{2}{(x-1)(x+1)}-\frac{2(x+1)}{(x-1)(x+1)}=\lim_{x\to1}\frac{2-2(x+1)}{(x-1)(x+1)}=\lim_{x\to1}\frac{-2x}{(x-1)(x+1)}_\circ$$

这里我们需要分情况讨论：

从 1 左边求极限：

$$\lim_{x \to 1^-} \frac{-2x}{(x-1)(x+1)} = +\infty \circ$$

从 1 右边求极限：

$$\lim_{x \to 1^+} \frac{-2x}{(x-1)(x+1)} = -\infty \circ$$

◉ 程序解说 2-13

针对上面的例题,可以用程序解说。前面的步骤请参照程序解说 1-1。在第 4 步,首先填写项目名称"Program2-13",然后依次完成,最后在代码中修改。

针对例 2-13-1,可以把代码修改如下：

```cpp
// Program2-13.cpp：此文件包含"main"函数。程序执行将在此处开始并结束
//
#include <iostream>
#include <math.h>
using namespace std;//使用标准库时,需要加上这段代码
//设定一个非常小的值,用来做两个小数的相等比较
//在误差允许的范围内可认为两个数是相等的
double const dTininessVal = 0.000001;
//返回〖(x^2-x-2)/(x-2)〗
double Get2131FunValue(double dX)
{
    if(dX == 2)
    {//防止有异常数据传入出错
        std::cout << "传入的数据不能等于2,否则将引发计算错误！\n";
        return 0;
    }
    return(pow(dX, 2)- dX -2)/(dX-2);
}
int main()
{
    double dxz = 0;//左边的变量
    double dxy = 0;//右边的变量
    double dX = 0;
    double dPrecision = 0;//从离趋向附近变量考虑的范围开始尝试求值
    std::cout << "请输入求极限时,变量趋向于的值:";
    std::cin >> dX;
    std::cout << "\n 变量开始考虑的范围:";
    std::cin >> dPrecision;
    dxz = dX - dPrecision;//左边开始求值的变量
    double dPre = 0;//上一次求的 y 值
    double dNow = Get2131FunValue(dxz);//当前求得 y 值
    double dSpaceTemp = dPrecision;
    while(dxz < dX)
```

```
        {
            dPre = dNow;//上一次求的 y 值
            dSpaceTemp = dSpaceTemp / 2;//靠近的距离的变化越来越小
            dxz = dxz + dSpaceTemp;//变量不断靠近趋向的值
            dNow = Get2131FunValue(dxz);//当前求得 y 值
            if(abs(dPre - dNow) < dTininessVal)
            {//发现值不再变化,找到左极限
                std::cout << "\n 左极限是:" << dNow << "\n";
                break;
            }
        }

        dxy = dX + dPrecision;//重新设定自变量的值,从常量右边开始求值
        dNow = Get2131FunValue(dxy);//当前求得 y 值
        dSpaceTemp = dPrecision;//重新设定自变量需要变化的值
        while(dxy > dX)
        {
            dPre = dNow;//上一次求的 y 值
            dSpaceTemp = dSpaceTemp / 2;//靠近的距离的变化越来越小
            dxy = dxy - dSpaceTemp;//变量不断靠近趋向的值
            dNow = Get2131FunValue(dxy);//当前求得 y 值
            if(abs(dPre - dNow) < dTininessVal)
            {//发现值不再变化,找到右极限
                std::cout << "\n 右极限是:" << dNow << "\n";
                break;
            }
        }
    }
}
```

完成代码修改后,请同时按住键盘的"Ctrl"和"F7"键,即可以编译程序 Program2-13。编译通过后,我们可以直接按键盘的"F5"键来对程序进行调试运行。如果有问题,仔细核对以上代码,如果没有问题,调试通过,运行程序后我们可以看到运行的结果如图 2-38 所示。

图 2-38　程序 Program2-13 运行结果(例 2-13-1)

经过以上一系列程序代码的修改和运行,我们能够看到,通过程序从函数本身直接按照求极限的定义求解,与实例中通过数学方法化解的结果吻合,这样利用现代信息技术手段验证了

数学化解方法的正确性。比较这两种方法,在计算机出现前,我们肯定只能用数学方法化解,虽然计算不复杂,但是过程不是完全按照求极限的方式进行的。随着计算机的发展,使得直接从函数本身能够求出,虽然运算复杂,但是过程符合我们对极限的理解。这样看来,计算机软件的发展为数学的研究和发展开辟了一个新的手段或方向。

针对例 2-13-2,可以把代码修改如下:

```cpp
// Program2-13.cpp : 此文件包含"main"函数。程序执行将在此处开始并结束
//
#include <iostream>
#include <math.h>
using namespace std;//使用标准库时,需要加上这段代码
//设定一个非常小的值,用来做两个小数的相等比较
//在误差允许的范围内可认为两个数是相等的
double const dTininessVal = 0.000001;
//返回〖(√(x+1)-2)/(x-3)〗
double Get2132FunValue(double dX)
{
    if(dX == 3)
    {//防止有异常数据传入出错
        std::cout << "传入的数据不能等于3,否则将引发计算错误! \n";
        return 0;
    }
    return(pow(dX +1, 1.0/2) - 2)/(dX-3);
}
int main()
{
    double dxz = 0;//左边的变量
    double dxy = 0;//右边的变量
    double dX = 0;
    double dPrecision = 0;//从离趋向附近变量考虑的范围开始尝试求值
    std::cout << "请输入求极限时,变量趋向于的值:";
    std::cin >> dX;
    std::cout << "\n 变量开始考虑的范围:";
    std::cin >> dPrecision;
    dxz = dX - dPrecision;//左边开始求值的变量
    double dPre = 0;//上一次求的 y 值
    double dNow = Get2132FunValue(dxz);//当前求得 y 值
    double dSpaceTemp = dPrecision;
    while(dxz < dX)
    {
        dPre = dNow;//上一次求的 y 值
        dSpaceTemp = dSpaceTemp / 2;//靠近的距离的变化越来越小
        dxz = dxz + dSpaceTemp;//变量不断靠近趋向的值
```

```
    dNow = Get2132FunValue(dxz);//当前求得 y 值
    if(abs(dPre - dNow)< dTininessVal)
    {//发现值不再变化,找到左极限
        std::cout << "\n 左极限是:" << dNow << "\n";
        break;
    }
}
dxy = dX + dPrecision;//重新设定自变量的值,从常量右边开始求值
dNow = Get2132FunValue(dxy);//当前求得 y 值
dSpaceTemp = dPrecision;//重新设定自变量需要变化的值
while(dxy > dX)
{
    dPre = dNow;//上一次求的 y 值
    dSpaceTemp = dSpaceTemp / 2;//靠近的距离的变化越来越小
    dxy = dxy - dSpaceTemp;//变量不断靠近趋向的值
    dNow = Get2132FunValue(dxy);//当前求得 y 值
    if(abs(dPre - dNow)< dTininessVal)
    {//发现值不再变化,找到右极限
        std::cout << "\n 右极限是:" << dNow << "\n";
        break;
    }
}
}
}
```

完成代码修改后,请同时按住键盘的"Ctrl"和"F7"键,即可以编译程序 Program2-13。编译通过后,我们可以直接按键盘的"F5"键来对程序进行调试运行。如果有问题,仔细核对以上代码,如果没有问题,调试通过,运行程序后我们可以看到运行的结果如图 2-39 所示。

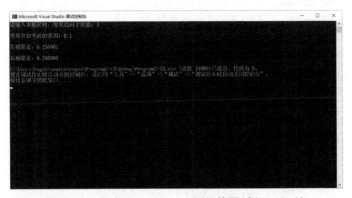

图 2-39　程序 Program2-13 运行结果(例 2-13-2)

经过以上一系列程序代码的修改和运行,我们能够看到实例与程序运行结果基本吻合,程序验证了实例的正确性。虽然有一点点误差,但应该是在允许的范围,这是由程序本身设置的精确度所决定的。如果需要进一步提高精度,只需修改程序中的"double const dTininessVal = 0.000001;",精度就可以得到改变,但是对研究这个问题意义不是特别大。

针对例 2-13-3,可以把代码修改如下:

```cpp
// Program2-13.cpp : 此文件包含"main"函数。程序执行将在此处开始并结束
//
#include <iostream>
#include <math.h>
using namespace std;//使用标准库时,需要加上这段代码
//设定一个非常小的值,用来做两个小数的相等比较
//在误差允许的范围内可认为两个数是相等的
double const dTininessVal = 0.000001;
//返回〔(5x^3-2)/(4x^4-x)〕
double Get2133FunValue(double dX)
{
    if(dX == 0 || abs(dX - pow(1.0 / 4, 1.0 / 3))< dTininessVal)
    {//防止有异常数据传入出错
        std::cout << "传入的数据不能使得分母等于0,否则将引发计算错误! \n";
        return 0;
    }
    return(5.0 * pow(dX, 3.0)- 2)/(4.0 * pow(dX, 4.0)- dX);
}
int main()
{
    double dxz = 0;//左边的变量
    double dxy = 0;//右边的变量
    double dX = LLONG_MAX;//long long 类型数据在计算机中的最大值,因为一般人找不到这个最大值,输入也麻烦,所以在程序中设定
    double dPrecision = 0;//从离趋向附近变量考虑的范围开始尝试求值
    std::cout << "\n 变量开始考虑的范围:";
    std::cin >> dPrecision;
    dxz = dX - dPrecision;//左边开始求值的变量
    double dPre = 0;//上一次求的 y 值
    double dNow = Get2133FunValue(dxz);//当前求得 y 值
    double dSpaceTemp = dPrecision;
    while(dxz < dX)
    {
        dPre = dNow;//上一次求的 y 值
        dSpaceTemp = dSpaceTemp / 2;//靠近的距离的变化越来越小
        dxz = dxz + dSpaceTemp;//变量不断靠近正无穷大的值
        dNow = Get2133FunValue(dxz);//当前求得 y 值
        if(abs(dPre - dNow)< dTininessVal)
        {//发现值不再变化,找到趋向于正无穷大的左极限
            std::cout << "\n 右极限是:" << dNow << "\n";
            break;
        }
    }
    dxy = -1 * dX + dPrecision;//重新设定自变量的值,从负无穷大右边开始求值
```

```
dNow = Get2133FunValue(dxy);//当前求得 y 值
dSpaceTemp = dPrecision;//重新设定自变量需要变化的值
while(dxy >(-1) * dX)
{
    dPre = dNow;//上一次求的 y 值
    dSpaceTemp = dSpaceTemp / 2;//靠近的距离的变化越来越小
    dxy = dxy - dSpaceTemp;//变量不断靠近负无穷大的值
    dNow = Get2133FunValue(dxy);//当前求得 y 值
    if(abs(dPre - dNow)< dTininessVal)
    {//发现值不再变化,找到趋向于正负无穷大的右极限
        std::cout << "\n 左极限是:" << dNow << "\n";
        break;
    }
}
}
```

完成代码修改后,请同时按住键盘的"Ctrl"和"F7"键,即可以编译程序 Program2-13。编译通过后,我们可以直接按键盘的"F5"键来对程序进行调试运行。如果有问题,仔细核对以上代码,如果没有问题,调试通过,运行程序后我们可以看到运行的结果如图 2-40 所示。

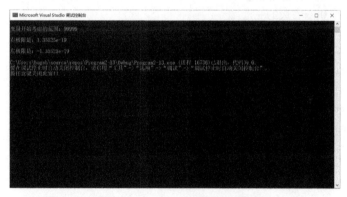

图 2-40　程序 Program2-13 运行结果(例 2-13-3)

经过以上一系列程序代码的修改和运行,我们能够看到程序中的结果是个正负非常小的数,与实例的结果 0 非常接近,在这里忽略程序的误差,我们可以认为实例与程序运行结果吻合,程序验证了实例的正确性。在这个程序中,趋向于无穷大用了 C++中 long long 类型数据中的最大值代替,当然与数学意义上的无穷大是有区别的,但是在程序中我们只能这样替换。程序最后出现一定的误差也是可以理解的,真正意义上的无穷大的数字肯定是无法在目前的计算机语言中具体表示出来的。在求解过程的间隔,应该输入一个较大的数,不能输入 0.1 这样小的数,因为都是非常大的数之间的比较,相差 0.1 很容易被忽略掉,结果会出现相等,从而引发程序错误。

针对例 2-13-4,可以把代码修改如下:

```
// Program2-13.cpp : 此文件包含"main"函数。程序执行将在此处开始并结束
//
```

```cpp
#include <iostream>
#include <math.h>
using namespace std;//使用标准库时,需要加上这段代码
//设定一个非常小的值,用来做两个小数的相等比较
//在误差允许的范围内可认为两个数是相等的
double const dTininessVal = 0.0000000001;
//返回〔2/(x^2-1)-2/(x-1)〕
double Get2134FunValue(double dX)
{
    if(dX == 1)
    {//防止有异常数据传入出错
        std::cout << "传入的数据不能使得分母等于0,否则将引发计算错误! \n";
        return 0;
    }
    return 2/(pow(dX, 2.0) - 1) - 2/(dX-1);
}
int main()
{
    double dxz = 0;//左边的变量
    double dxy = 0;//右边的变量
    double dX = 0;
    double dPrecision = 0;//从离趋向附近变量考虑的范围开始尝试求值
    std::cout << "请输入求极限时,变量趋向于的值:";
    std::cin >> dX;
    std::cout << "\n变量开始考虑的范围:";
    std::cin >> dPrecision;
    dxz = dX - dPrecision;//左边开始求值的变量
    double dPre = 0;//上一次求的 y 值
    double dNow = Get2134FunValue(dxz);//当前求得 y 值
    double dSpaceTemp = dPrecision;
    while(dxz < dX)
    { //找到左极限
        dPre = dNow;//上一次求的 y 值
        dSpaceTemp = dSpaceTemp / 2;//靠近的距离的变化越来越小
        dxz = dxz + dSpaceTemp;//变量不断靠近趋向的值
        dNow = Get2134FunValue(dxz);//当前求得 y 值
        if(abs(dPre - dNow) < dTininessVal)
        {//发现值不再变化,找到左极限
            std::cout << "\n左极限是:" << dNow << "\n";
            break;
        }
    }
    dxy = dX + dPrecision;//重新设定自变量的值,从常量右边开始求值
```

```
dNow = Get2134FunValue(dxy);//当前求得 y 值
dSpaceTemp = dPrecision;//重新设定自变量需要变化的值
while(dxy > dX)
{//找到右极限
    dPre = dNow;//上一次求的 y 值
    dSpaceTemp = dSpaceTemp / 2;//靠近的距离的变化越来越小
    dxy = dxy - dSpaceTemp;//变量不断靠近趋向的值
    dNow = Get2134FunValue(dxy);//当前求得 y 值
    if(abs(dPre - dNow)< dTininessVal)
    {//发现值不再变化,找到右极限
        std::cout << "\n 右极限是:" << dNow << "\n";
        break;
    }
}
}
```

完成代码修改后,请同时按住键盘的"Ctrl"和"F7"键,即可以编译程序 Program2-13。编译通过后,我们可以直接按键盘的"F5"键来对程序进行调试运行。如果有问题,仔细核对以上代码,如果没有问题,调试通过,运行程序后我们可以看到运行的结果如图 2-41 所示。

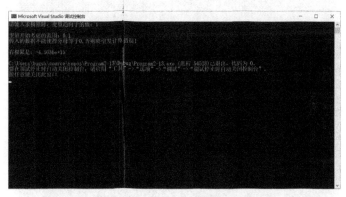

图 2-41 程序 Program2-13 运行结果(例 2-13-4)

经过以上一系列程序代码的修改和运行,我们能够看到实例与程序运行结果并不吻合。怎么会出现这种情况呢? 我们通过分析图 2-41 发现了两个问题:

第一,弹出"传入的数据不能使得分母等于 0,否则将引发计算错误!"字符串。

第二,没有输出左极限。

针对第一个问题,我们分析源代码,可以看出传入函数"double Get2134FunValue(double dX)"的变量为 1,如果不设置预判语句,将会引发分母为 0,从而引发程序错误。从这里看出,在函数中提前预设输入数据,能够防止程序意外出错,提高程序的健壮性。

针对第二个问题,即没有输出左极限,肯定是语句"if(abs(dPre - dNow)< dTininessVal)"没有发生。为什么不会发生呢? 肯定是没有符合条件,程序就跳过了,肯定是程序出现了"while(dxz < dX)"条件不成立的时候退出了这个循环。根据本程序编程的思想,应该是能够正常运行的。因为是通过开始相差"dPrecision"的数值,然后不断逼近相差"dPrecision"的

1/2,按照理论,是不可能完全相等的。为什么会出现这种情况呢?我们应该怎样发现并解决问题呢?其实这在软件开发工作中是经常遇到的。我们可以在代码中插入一行代码,显示里面的变量值。在找到右极限的"while(dxy > dX)"循环体里面的语句"if(abs(dPre − dNow) < dTininessVal)"前输入"std::cout << "dxz:" << dxz << "dSpaceTemp:" << dSpaceTemp << "\n";"将会得出如图 2-42 所示的程序运行结果。程序果然出现了"dxz"等于 1 的情况,至于为什么会出现很多次 1 而 while 循环还在运行,其实是显示四舍五入的问题。我们可以在刚刚的输出语句后面设置一个判断语句"if(dxz > 0.999999999)",然后用"F9"键设置断点来查看。调试运行,可以得到如图 2-43 所示的程序调试运行结果,在 Win32 平台上都已经显示"dxz"等于 1 了,但是程序里面的"dxz"值才是 0.999 999 999 254 941 98。

图 2-42 程序 Program2-13 运行结果(例 2-13-4)

图 2-43 程序 Program2-13 调试运行结果(例 2-13-4)

最后我们怎么解决这个问题呢?这需要改变我们的逻辑判断。既然出现了"dxz"值不小

于"dX"的值,那就说明已经到了极限。针对这个情况,我们修改判断流程,重新修改代码如下:

```cpp
// Program2-13.cpp：此文件包含"main"函数。程序执行将在此处开始并结束
//
#include <iostream>
#include <math.h>
using namespace std;//使用标准库时,需要加上这段代码
//设定一个非常小的值,用来做两个小数的相等比较
//在误差允许的范围内可认为两个数是相等的
double const dTininessVal = 0.0000000001;
//返回〖2/(x^2-1)-2/(x-1)〗
double Get2134FunValue(double dX)
{
    if(dX == 1)
    {//防止有异常数据传入出错
        std::cout << "传入的数据不能使得分母等于0,否则将引发计算错误! \n";
        return 0;
    }
    return 2/(pow(dX, 2.0)- 1)- 2/(dX-1);
}
int main()
{
    double dxz = 0;//左边的变量
    double dxy = 0;//右边的变量
    double dX = 0;
    double dPrecision = 0;//从离趋向附近变量考虑的范围开始尝试求值
    std::cout << "请输入求极限时,变量趋向于的值:";
    std::cin >> dX;
    std::cout << "\n 变量开始考虑的范围:";
    std::cin >> dPrecision;
    dxz = dX - dPrecision;//左边开始求值的变量
    double dPre = 0;//上一次求的 y 值
    double dNow = Get2134FunValue(dxz);//当前求得 y 值
    double dSpaceTemp = dPrecision;
    ///
    dPre = dNow;//上一次求的 y 值
    dSpaceTemp = dSpaceTemp / 2;//靠近的距离的变化越来越小
    dxz = dxz + dSpaceTemp;//变量不断靠近趋向的值
    ///
    while(dxz < dX)
    {//找到左极限
        dNow = Get2134FunValue(dxz);//当前求得 y 值
        if(abs(dPre - dNow)< dTininessVal)
```

```
        }//发现值不再变化,找到左极限
            std::cout << " \n 左极限是:" << dNow << " \n";
            break;
        }
        dPre = dNow;//上一次求的 y 值
        dSpaceTemp = dSpaceTemp / 2;//靠近的距离的变化越来越小
        dxz = dxz + dSpaceTemp;//变量不断靠近趋向的值
    }
    if( dxz > dX || dxz == dX)
    {//如果 dxz 已经移到 dX 了,肯定就找到极限了
        std::cout << " \n 左极限是:" << dNow << " \n";
    }
    dxy = dX + dPrecision;//重新设定自变量的值,从常量右边开始求值
    dNow = Get2134FunValue( dxy);//当前求得 y 值
    dSpaceTemp = dPrecision;//重新设定自变量需要变化的值
    while( dxy > dX)
    {//找到右极限
        dPre = dNow;//上一次求的 y 值
        dSpaceTemp = dSpaceTemp / 2;//靠近的距离的变化越来越小
        dxy = dxy - dSpaceTemp;//变量不断靠近趋向的值
        dNow = Get2134FunValue( dxy);//当前求得 y 值
        if( abs( dPre - dNow)< dTininessVal)
        {//发现值不再变化,找到右极限
            std::cout << " \n 右极限是:" << dNow << " \n";
            break;
        }
    }
}
```

完成代码修改后,请同时按住键盘的"Ctrl"和"F7"键,即可以编译程序 Program2-13。编译通过后,我们可以直接按键盘的"F5"键来对程序进行调试运行。如果有问题,仔细核对以上代码,如果没有问题,调试通过,运行程序后我们可以看到运行的结果如图 2-44 所示。

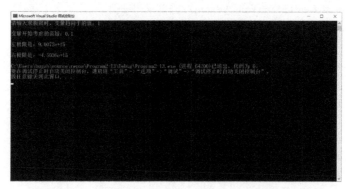

图 2-44　程序 Program2-13 运行结果(例 2-13-4)

经过几次代码修改和测试,我们最终看到了实例与程序运行结果吻合,程序验证了实例的正确性。

2.4.3　解说两个重要极限

首先,我们给出两个准则来判断极限的存在。

准则 2-1　单调有限序列必须具有极限判别准则。

准则 2-2　(夹挤定理)如果对于 x,当 x 趋于 x_a 时存在 $g(x) \leqslant f(x) \leqslant h(x)$,并且 $\lim g(x) = A$,$\lim h(x) = A$,就会有 $\lim f(x) = A$。

让我们使用上面两个准则来讨论两个重要的极限。

极限 2-1:

我们先来看一个基本的不等式:当 x 属于 $(0, \pi/2)$ 范围时,$\sin x < x < \tan x$。

我们分析这个不等式的几何意义。如图 2-45 所示的几何图形中,设圆心角 $\angle AOB = x$,x 取弧度为 $0 \sim \pi/2$,容易看出长度关系:$BC = \sin x$,$\overset{\frown}{AB} = x$,$AD = \tan x$,因此得出面积关系:三角形 AOB 面积 $= \dfrac{1}{2}\sin x$,扇形 AOB 面积 $= \dfrac{1}{2}x$,三角形 AOD 面积 $= \dfrac{1}{2}\tan x$。根据图形,我们能够得到三角形 AOB 面积 $<$ 扇形 AOB 面积 $<$ 三角形 AOD 面积,于是有

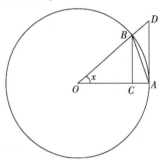

图 2-45　几何图形

$$\frac{1}{2}\sin x < \frac{1}{2}x < \frac{1}{2}\tan x,$$

同时乘以 2 得

$$\sin x < x < \tan x,$$

同时除以 $\sin x$ 得

$$1 < \frac{x}{\sin x} < \cos x。$$

由于 x 趋向于 0 时 $\cos x$ 为 1,则肯定有

$$\lim_{x \to 0} \frac{x}{\sin x} = 1,$$

显然相应的有

$$\lim_{x \to 0} \frac{\sin x}{x} = 1。$$

极限 2-2:

容易得出,$\lim\limits_{n \to \infty}\left(1 + \dfrac{1}{n}\right)^n$ 数列是单调且有界的,因此存在极限。极限的唯一性必须存在,将该极限值设为 e,是无理数。通过表 2-1 可以看到,它与一个恒定常数 2.718 28 之间的接近程度。

表 2-1　函数变化数值

n	1	2	10	100	1000	10 000	100 000	⋯
$\left(1+\dfrac{1}{n}\right)^n$	2	2.25	2.594	2.705	2.717	2.718 15	2.718 28	⋯

可以得到

$$\lim_{n\to\infty}\left(1+\frac{1}{n}\right)^n=e,$$

从而,容易得出

$$\lim_{x\to\infty}\left(1+\frac{1}{x}\right)^x=e。$$

实例 2-14

例 2-14　求极限 $\displaystyle\lim_{x\to 0}\frac{x}{\tan x}$。

解:

$$\lim_{x\to 0}\frac{x}{\tan x}=\lim_{x\to 0}\frac{x}{\dfrac{\sin x}{\cos x}}=\lim_{x\to 0}\left(\frac{x}{\sin x}\cdot\cos x\right)=\lim_{x\to 0}\frac{x}{\sin x}\cdot\lim_{x\to 0}\cos x。$$

根据极限 2-1 得到的极限,可得

$$\lim_{x\to 0}\frac{x}{\sin x}\cdot\lim_{x\to 0}\cos x=1\times 1=1。$$

所以 $\displaystyle\lim_{x\to 0}\frac{x}{\tan x}=1$,即 x 趋向于 0 时,x 等价于 $\tan x$。

程序解说 2-14

针对上面的例题,可以用程序解说。前面的步骤请参照程序解说 1-1。在第 4 步,首先填写项目名称"Program2-14",然后依次完成,最后在代码中修改。

针对极限 2-1,可以把代码修改如下:

```
// Program2-14.cpp : 此文件包含"main"函数。程序执行将在此处开始并结束
//
#include <iostream>
#include <math. h>
using namespace std;//使用标准库时,需要加上这段代码
//设定一个非常小的值,用来做两个小数的相等比较
//在误差允许的范围内可认为两个数是相等的
double const dTininessVal = 0.000000001;
//返回〖sinx/x〗
double Get2141FunValue( double dX)
```

— 78 —

```
{
    if( dX == 0)
    {//防止有异常数据传入出错
        std::cout << "传入的数据不能等于0! \n";
        return 0;
    }
    return sin( dX)/dX;
}
int main( )
{
    double dxz = 0;//左边的变量
    double dxy = 0;//右边的变量
    double dX = 0;
    double dPrecision = 0;//从离趋向值附近变量考虑的范围开始尝试求值
    std::cout << "请输入求极限时,变量趋向值:";
    std::cin >> dX;
    std::cout << "\n 变量开始考虑的范围:";
    std::cin >> dPrecision;
    dxz = dX - dPrecision;//左边开始求值的变量
    double dPre = 0;//上一次求的 y 值
    double dNow = Get2141FunValue( dxz);//当前求得 y 值
    double dSpaceTemp = dPrecision;
    ///
    dPre = dNow;//上一次求的 y 值
    dSpaceTemp = dSpaceTemp / 2;//靠近的距离的变化越来越小
    dxz = dxz + dSpaceTemp;//变量不断靠近趋向值
    ///
    while( dxz < dX)
    {//找到左极限
        dNow = Get2141FunValue( dxz);//当前求得 y 值
        if( abs( dPre - dNow)< dTininessVal)
        {//发现值不再变化,找到左极限
            std::cout << "\n 左极限是:" << dNow << "\n";
            break;
        }
        dPre = dNow;//上一次求的 y 值
        dSpaceTemp = dSpaceTemp / 2;//靠近的距离的变化越来越小
        dxz = dxz + dSpaceTemp;//变量不断靠近趋向值
    }
    if( dxz > dX || dxz == dX)
    {//如果 dxz 已经移到 dX 了,肯定就找到极限了
        std::cout << "\n 左极限是:" << dNow << "\n";
    }
```

```
dxy = dX + dPrecision;//重新设定自变量的值,从常量右边开始求值
dNow = Get2141FunValue(dxy);//当前求得 y 值
dSpaceTemp = dPrecision;//重新设定自变量需要变化的值
///
dPre = dNow;//上一次求的 y 值
dSpaceTemp = dSpaceTemp / 2;//靠近的距离的变化越来越小
dxy = dxy - dSpaceTemp;//变量不断靠近趋向值
///
while( dxy > dX )
{//找到右极限

    dNow = Get2141FunValue(dxy);//当前求得 y 值
    if( abs( dPre - dNow )< dTininessVal )
    {//发现值不再变化,找到右极限
        std::cout << "\n 右极限是:" << dNow << "\n";
        break;
    }
    dPre = dNow;//上一次求的 y 值
    dSpaceTemp = dSpaceTemp / 2;//靠近的距离的变化越来越小
    dxy = dxy - dSpaceTemp;//变量不断靠近趋向值
}
if( dxy < dX || dxy == dX )
{//如果 dxy 已经移到 dX 了,肯定就找到极限了
    std::cout << "\n 右极限是:" << dNow << "\n";
}
}
```

完成代码修改后,请同时按住键盘的"Ctrl"和"F7"键,即可以编译程序 Program2-14。编译通过后,我们可以直接按键盘的"F5"键来对程序进行调试运行。如果有问题,仔细核对以上代码,如果没有问题,调试通过,运行程序后我们可以看到运行的结果如图 2-46 所示。

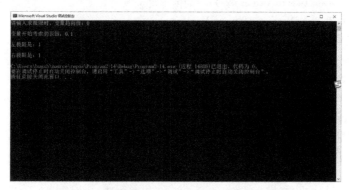

图 2-46 程序 Program2-14 运行结果(例 2-14)

经过以上一系列程序代码的修改和运行,我们能够看到实例与程序运行结果吻合,程序验证了实例的正确性。

2.5 解说函数的连续性、间断点

2.5.1 解说函数的连续

假设函数 $y=f(x)$ 对于在点 x_a 的某个领域内有定义,当自变量 x 从初始值 x_a 变为最终值 x_b 时,当函数值从 $f(x_a)$ 变为 $f(x_b)$ 时,那么把这个自变量的差称为自变量在 x_a 变量处的增量或变化量,记作 $\Delta x=x_b-x_a$;函数值的差称为函数在 $x=x_a$ 处的增量或变化量,记作 $\Delta y=f(x_b)-f(x_a)$。

定义 2-7 函数 $y=f(x)$ 在 x_a 附近的领域内有定义。$x=x_a+\Delta x,\Delta x\to0,x\to x_a$,函数的增量 $\Delta y=f(x_a+\Delta x)-f(x_a)$ 也趋向于零,即 $\lim\limits_{\Delta x\to0}\Delta y$ 趋向于零,那么就称函数 $y=f(x)$ 在 $x=x_a$ 处连续。

如果左极限等于函数值,函数 $f(x)$ 在 $x=x_a$ 处左连续,可以记作 $\lim\limits_{x\to x_a^-}f(x)=f(x_a)$;

如果右极限等于函数值,函数 $f(x)$ 在 $x=x_a$ 处右连续,可以记作 $\lim\limits_{x\to x_a^+}f(x)=f(x_a)$。

由上面可以得到函数在某一点连续的定义和极限存在的条件,可以得到如下定理。

定理 2-2 函数 $y=f(x)$ 对于在点 x_a 处连续的充分必要条件是函数 $y=f(x)$ 在点 x_a 处既左连续又右连续,可以认为 $\lim\limits_{x\to x_a}f(x)=f(x_a)$ 等价于 $\lim\limits_{x\to x_a^-}f(x)=\lim\limits_{x\to x_a^+}f(x)=f(x_a)$。

实例 2-15

例 2-15 试讨论函数 $f(x)=\begin{cases}1-\cos x,&x<0\\3x,&x\geqslant0\end{cases}$,在点 $x=0$ 处的连续性。

解:

因为 $f(0)=3\times0=0$,又因为 $\lim\limits_{x\to0^-}f(x)=\lim\limits_{x\to0^-}1-\cos x=0$,同时有 $\lim\limits_{x\to0^+}f(x)=\lim\limits_{x\to0^+}3x=0$,所以就有 $\lim\limits_{x\to0^-}f(x)=\lim\limits_{x\to0^+}f(x)=f(0)=0$。

所以,$f(x)$ 在点 $x=0$ 处是连续的。

◉ 程序解说 2-15

针对上面的例题,可以用程序解说。前面的步骤请参照程序解说 1-1。在第 4 步,首先填写项目名称"Program2-15",然后依次完成,最后在代码中修改。

针对例 2-15,可以把代码修改如下:

```
// Program2-15. cpp：此文件包含"main"函数。程序执行将在此处开始并结束
//
#include <iostream>
#include <math. h>
using namespace std;//使用标准库时,需要加上这段代码
```

```cpp
//设定一个非常小的值,用来做两个小数的相等比较
//在误差允许的范围内可认为两个数是相等的
double const dTininessVal = 0.0000000000000001;
//返回 1-cosx
double Get2151FunValue( double dX)
{
    return 1 - cos( dX);
}
int main( )
{
    double dxz = 0;//左边的变量
    double dxy = 0;//右边的变量
    double dX = 0;
    double dPrecision = 0;//从离趋向值附近变量考虑的范围开始尝试求值
    std::cout << "请输入求极限时,变量趋向值:";
    std::cin >> dX;
    std::cout << "\n 变量开始考虑的范围:";
    std::cin >> dPrecision;
    dxz = dX - dPrecision;//左边开始求值的变量
    double dPre = 0;//上一次求的 y 值
    double dNow = Get2151FunValue( dxz);//当前求得 y 值
    double dSpaceTemp = dPrecision;
    ///
    dPre = dNow;//上一次求的 y 值
    dSpaceTemp = dSpaceTemp / 2;//靠近的距离的变化越来越小
    dxz = dxz + dSpaceTemp;//变量不断靠近趋向值
    ///
    while( dxz < dX)
    {//找到左极限
        dNow = Get2151FunValue( dxz);//当前求得 y 值
        if( abs( dPre - dNow)< dTininessVal)
        {//发现值不再变化,找到左极限
            std::cout << "\n 左极限是:" << dNow << "\n";
            break;
        }
        dPre = dNow;//上一次求的 y 值
        dSpaceTemp = dSpaceTemp / 2;//靠近的距离的变化越来越小
        dxz = dxz + dSpaceTemp;//变量不断靠近趋向值
    }
    if( dxz > dX || dxz == dX)
    {//如果 dxz 已经移到 dX 了,肯定就找到极限了
        std::cout << "\n 左极限是:" << dNow << "\n";
    }
```

```
dxy = dX + dPrecision;//重新设定自变量的值,从常量右边开始求值
dNow = 3 * (dxy);//当前求得 y 值
dSpaceTemp = dPrecision;//重新设定自变量需要变化的值
///
dPre = dNow;//上一次求的 y 值
dSpaceTemp = dSpaceTemp / 2;//靠近的距离的变化越来越小
dxy = dxy - dSpaceTemp;//变量不断靠近趋向值
///
while( dxy > dX)
{//找到右极限
    dNow = 3 * (dxy);//当前求得 y 值
    if( abs( dPre - dNow) < dTininessVal)
    {//发现值不再变化,找到右极限
        std::cout << " \n 右极限是:" << dNow << " \n";
        break;
    }
    dPre = dNow;//上一次求的 y 值
    dSpaceTemp = dSpaceTemp / 2;//靠近的距离的变化越来越小
    dxy = dxy - dSpaceTemp;//变量不断靠近趋向值
}
if( dxy < dX || dxy == dX)
{//如果 dxy 已经移到 dX 了,肯定就找到极限了
    std::cout << " \n 右极限是:" << dNow << " \n";
}
}
```

完成代码修改后,请同时按住键盘的"Ctrl"和"F7"键,即可以编译程序 Program2-15。编译通过后,我们可以直接按键盘的"F5"键来对程序进行调试运行。如果有问题,仔细核对以上代码,如果没有问题,调试通过,运行程序后我们可以看到运行的结果如图 2-47 所示。

图 2-47 程序 Program2-15 运行结果(例 2-15)

经过以上一系列程序代码的修改和运行,我们能够看到实例与程序运行结果基本吻合,程序验证了实例的正确性。

2.5.2 解说闭区间上连续函数的性质

某个定义域间隔内某个函数的最大函数值称为该间隔内函数的最大值,最小函数值称为该间隔内函数的最小值。最大值和最小值都称作此间隔内函数的最值。

定理 2-3(最大值定理) 如果函数 $f(x)$ 在闭合区间 $[a,b]$ 上是连续的,则函数 $f(x)$ 肯定在 $[a,b]$ 上能够获得函数的最大值和最小值。

定理 2-4(中间值定理) 如果函数 $f(x)$ 在闭区间 $[a,b]$ 上是连续的,并且存在两个端点的值 $f(a)$ 和 $f(b)$ 不相等,则对于 $f(a)$、$f(b)$ 这两个数值之间的任何一个数,假定是 C,肯定能在开区间 (a,b) 中至少找到一个点 c,使得 $f(c)$ 的值等于 C。

推论 2-1(零点定理) 如果函数 $f(x)$ 在闭区间 $[a,b]$ 上是连续的,并且 $f(a)$、$f(b)$ 具有不同的符号,则在开区间 $(a、b)$ 中至少有一个点 ξ 属于开区间 (a,b),使得 $f(\xi)$ 的值为 0。

实例 2-16

例 2-16 证明方程 $3x^3+2x-1=0$ 至少存在一个实根介于 0 和 1 之间。

证明:

设函数 $f(x)=3x^3+2x-1=0$,由于函数 $f(x)$ 在闭区间 $[0,1]$ 上连续,又 $f(0)=-1$,$f(1)=4$,所以 $f(0)\cdot f(1)=-4<0$。由零点定理可知,至少存在一个点 ξ,使得 $f(\xi)=0$,所以方程 $3x^3+2x-1=0$ 至少存在一个实根介于 0 和 1 之间。

程序解说 2-16

针对上面的例题,可以用程序解说。前面的步骤请参照程序解说 1-1。在第 4 步,首先填写项目名称"Program2-16",然后依次完成,最后在代码中修改。

针对例 2-16,可以把代码修改如下:

```cpp
// Program2-16.cpp : 此文件包含 "main" 函数。程序执行将在此处开始并结束
//
#include <iostream>
#include <math.h>
using namespace std;//使用标准库时,需要加上这段代码
//设定一个非常小的值,用来做两个小数的相等比较
//在误差允许的范围内可认为两个数是相等的
double const dTininessVal = 0.0000000000000001;
//返回 3x^3 + 2x-1
double Get2161FunValue( double dX)
{
    return 3 * pow(dX,3)+ 2 * dX - 1;
}
int main( )
```

```
{
    double   dXA = 0;//函数 x 在闭区间左边的点
    double   dXB = 0;//函数 x 在闭区间右边的点
    std::cout << "请输入求值的开始点:";
    std::cin >> dXA;
    std::cout << "\n 请输入求值的结束点:";
    std::cin >> dXA;
    double dxz = 0;//函数 x 左边移动的变量点
    double dxy = 0;//函数 x 右边移动的变量点
    double dxM = 0;//函数 x 左边与右边移动的中间的点
    dxz = dXA;//函数 x 左边移动的变量点先设定为初始值
    dxy = dXB;//函数 x 右边移动的变量点先设定为初始值
    double dYz = Get2161FunValue(dxz);//求出函数在 x 左边的函数值
    double dYy = Get2161FunValue(dxy);//求出函数在 x 右边的函数值
    double dYM = 0;
    while(dyz * dyy < 0)
    {//异号说明 0 点还在这两个变量中,需要继续查找,否则不循环,即找到合适的点
        dxM =(dxz + dxy)/2;//计算函数 x 中间点的值
        dyM = Get2161FunValue(dxM);//计算函数 x 中间点的函数值
        if(dyz * dyM < 0)
        {//说明 0 点应该在左边变化的点与中间点之间
            dxy = dxM;//把中间点的值变为右边变化的点
            dyy = Get2161FunValue(dxy);
        }
        else
        {//说明 0 点应该在右边变化的点与中间点之间
            dxz = dxM;//把中间点的值变为左边变化的点
            dyz = Get2161FunValue(dxz);
        }
    }
    if( abs( Get2161FunValue( dxM )- 0 )< dTininessVal)
    {//验证最后找到的值是否真的符合条件
        std::cout << "\n 找到了使得函数值为 0 的点 x 值 dxM:" << dxM;
    }
    else
    {
        std::cout << "\n 没有找到使得函数值为 0 的点 x 值";
    }
}
```

　　完成代码修改后,请同时按住键盘的"Ctrl"和"F7"键,即可以编译程序 Program2-16。编译通过后,我们可以直接按键盘的"F5"键来对程序进行调试运行。如果有问题,仔细核对以上代码,如果没有问题,调试通过,运行程序后我们可以看到运行的结果如图 2-48 所示。

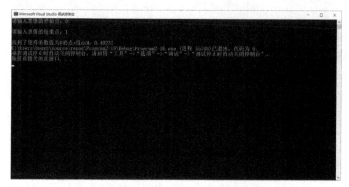

图2-48　程序Program2-16运行结果(例2-16)

经过以上一系列程序代码的修改和运行,我们能够看到实例与程序运行结果吻合,程序验证了实例的正确性。在此程序中,通过反复变化 x 左右两边的值,使得每次变化有左右两个点中有一个取它们和的一半,x 取值范围以每次缩小一半的速度前进,这样能快速找到使得函数值为0的 x 点。这样的算法较好地提高了程序执行速度,对其他软件工作有一定的借鉴作用。

2.5.3　解说初等函数的连续性

定理2-5　若函数 $f(x)$、$g(x)$ 在 $x=x_a$ 处是连续的,则 $f(x)+g(x)$、$f(x)-g(x)$、$f(x)\cdot g(x)$、$f(x)/g(x)[g(x)\neq0]$ 在 $x=x_a$ 处也连续。

定理2-6　若函数 $u=g(x)$ 在 $x=x_a$ 处连续,函数 $y=f(u)$ 在相应的 $u_a=g(x_a)$ 处连续,则复合函数 $y=f(g(x))$ 在 $x=x_a$ 处也连续。

由定理2-5、定理2-6可以得到重要结论:初等函数在其定义域内是连续的。

实例 2-17

例2-17　求函数 $f(x)=\dfrac{x^3+2x}{\sqrt{x}}$ 的连续区间,并求出 $\lim\limits_{x\to1}f(x)$。

解:

因为 $f(x)$ 是初等函数,并且它的定义域为 $(0,+\infty)$,也就是说函数 $f(x)$ 在定义域 $(0,+\infty)$ 内是连续的,而 $x=1$ 是在定义域内,所以函数 $f(x)$ 在 $x=1$ 处是连续的,于是有 $\lim\limits_{x\to1}f(x)=f(1)=\dfrac{1^3+2\times1}{\sqrt{1}}=3$。

程序解说 2-17

针对上面的例题,可以用程序解说。前面的步骤请参照程序解说1-1。在第4步,首先填写项目名称"Program2-17",然后依次完成,最后在代码中修改。

针对例2-17,可以把代码修改如下:

// Program2-17.cpp : 此文件包含"main"函数。程序执行将在此处开始并结束

```cpp
//
#include <iostream>
#include <math.h>
using namespace std;//使用标准库时,需要加上这段代码
//设定一个非常小的值,用来做两个小数的相等比较
//在误差允许的范围内可认为两个数是相等的
double const dTininessVal = 0.0000000000000001;
//返回(x^3+2x)/√x
double Get2171FunValue(double dX)
{
    if(dX > 0)
    {
        return(pow(dX, 3)+ 2 * dX)/ pow(dX, 1.0 / 2);
    }
    else
    {//防止有异常数据传入出错
        std::cout << "传入的数据不能小于或等于0! \n";
        return 0;
    }
}
int main()
{
    double dxz = 0;//左边的变量
    double dxy = 0;//右边的变量
    double   dX = 0;
    double   dPrecision = 0;//从离趋向值附近变量考虑的范围开始尝试求值
    std::cout << "请输入求极限时,变量趋向值:";
    std::cin >> dX;
    std::cout << "\n变量开始考虑的范围:";
    std::cin >> dPrecision;
    dxz = dX - dPrecision;//左边开始求值的变量
    double dPre = 0;//上一次求的 y 值
    double dNow = Get2171FunValue(dxz);//当前求得 y 值
    double dSpaceTemp = dPrecision;
    ///
    dPre = dNow;//上一次求的 y 值
    dSpaceTemp = dSpaceTemp / 2;//靠近的距离的变化越来越小
    dxz = dxz + dSpaceTemp;//变量不断靠近趋向值
    ///
    while(dxz < dX)
    {//找到左极限
        dNow = Get2171FunValue(dxz);//当前求得 y 值
        if(abs(dPre - dNow)< dTininessVal)
```

```
            }//发现值不再变化,找到左极限
                std::cout << "\n 左极限是:" << dNow << "\n";
                break;
            }
            dPre = dNow;//上一次求的 y 值
            dSpaceTemp = dSpaceTemp / 2;//靠近的距离的变化越来越小
            dxz = dxz + dSpaceTemp;//变量不断靠近趋向值
        }
        if( dxz > dX || dxz == dX)
        {//如果 dxz 已经移到 dX 了,肯定就找到极限了
            std::cout << "\n 左极限是:" << dNow << "\n";
        }
        dxy = dX + dPrecision;//重新设定自变量的值,从常量右边开始求值
        dNow = Get2171FunValue( dxy);//当前求得 y 值
        dSpaceTemp = dPrecision;//重新设定自变量需要变化的值
        ///
        dPre = dNow;//上一次求的 y 值
        dSpaceTemp = dSpaceTemp / 2;//靠近的距离的变化越来越小
        dxy = dxy - dSpaceTemp;//变量不断靠近趋向值
        ///
        while( dxy > dX)
        {//找到右极限
            dNow = Get2171FunValue( dxy);//当前求得 y 值
            if( abs( dPre - dNow)< dTininessVal)
            {//发现值不再变化,找到右极限
                std::cout << "\n 右极限是:" << dNow << "\n";
                break;
            }
            dPre = dNow;//上一次求的 y 值
            dSpaceTemp = dSpaceTemp / 2;//靠近的距离的变化越来越小
            dxy = dxy - dSpaceTemp;//变量不断靠近趋向值
        }
        if( dxy < dX || dxy == dX)
        {//如果 dxy 已经移到 dX 了,肯定就找到极限了
            std::cout << "\n 右极限是:" << dNow << "\n";
        }
    }
```

完成代码修改后,请同时按住键盘的"Ctrl"和"F7"键,即可以编译程序 Program2-17。编译通过后,我们可以直接按键盘的"F5"键来对程序进行调试运行。如果有问题,仔细核对以上代码,如果没有问题,调试通过,运行程序后我们可以看到运行的结果如图 2-49 所示。

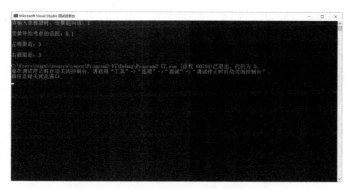

图 2-49　程序 Program2-17 运行结果(例 2-17)

经过以上一系列程序代码的修改和运行,我们能够看到实例与程序运行结果吻合,程序验证了实例的正确性。

2.5.4　解说函数的间断点

函数 $y=f(x)$ 在 $x=x_a$ 处是连续的,并且必须同时满足 3 个条件:

第一,函数 $y=f(x)$ 在 $x=x_a$ 领域有定义;

第二,函数 $y=f(x)$ 在 $x=x_a$ 处存在极限;

第三,函数 $y=f(x)$ 极限值等于 $x=x_a$ 的函数值。

如果不满足这 3 个条件中的任何一个,则 $y=f(x)$ 函数在 $x=x_a$ 处称为不连续点,该函数的不连续点称为间断点,可以将不连续点按照在左侧或右侧是否有存在的情况分类考虑:

(1)左右极限都存在的情况,这种不连续性称为第一类间断点。

(2)在第一类间断点中,如果具有相同左右极限值,这种不连续性称为可去间断点。

(3)在左右界限最少有一个不存在的间断点,这样的点称为第二类间断点。

实例 2-18

例 2-18　试讨论函数 $f(x)=\begin{cases}\sqrt[3]{x^2-1},x\geq 0\\1-x,x<0\end{cases}$,在点 $x=0$ 处的连续性。

解:

因为有 $\lim\limits_{x\to 0^+}f(x)=\lim\limits_{x\to 0^+}\sqrt[3]{x^2-1}=-1$,同时有 $\lim\limits_{x\to 0^-}f(x)=\lim\limits_{x\to 0^-}(1-x)=1$,还有 $f(0)=-1$,所以有 $\lim\limits_{x\to 0^-}f(x)\neq\lim\limits_{x\to 0^+}f(x)$。

因此,$f(x)$ 在点 $x=0$ 处不连续,并且点 $x=0$ 是 $f(x)$ 的第一类间断点。

程序解说 2-18

针对上面的例题,可以用程序解说。前面的步骤请参照程序解说 1-1。在第 4 步,首先填写项目名称"Program2-18",然后依次完成,最后在代码中修改。

针对例2-18,可以把代码修改如下:

```cpp
// Program2-18.cpp：此文件包含"main"函数。程序执行将在此处开始并结束
//
#include <iostream>
#include <math.h>
using namespace std;//使用标准库时,需要加上这段代码
//设定一个非常小的值,用来做两个小数的相等比较
//在误差允许的范围内可认为两个数是相等的
double const dTininessVal = 0.0000000001;
//返回∛(x^2-1)
double Get21811FunValue(double dX)
{
    return pow(pow(dX, 2)- 1, 1.0 / 3);
}
//返回 1-x
double Get21812FunValue(double dX)
{
    return 1 - dX;
}
int main()
{
    double dxz = 0;//左边的变量
    double dxy = 0;//右边的变量
    double   dX = 0;
    double   dPrecision = 0;//从离趋向值附近变量考虑的范围开始尝试求值
    std::cout << "请输入求极限时,变量趋向值:";
    std::cin >> dX;
    std::cout << "\n变量开始考虑的范围:";
    std::cin >> dPrecision;
    dxz = dX - dPrecision;//左边开始求值的变量
    double dPre = 0;//上一次求的 y 值
    double dNow = Get21812FunValue(dxz);//当前求得 y 值
    double dSpaceTemp = dPrecision;
    ///
    dPre = dNow;//上一次求的 y 值
    dSpaceTemp = dSpaceTemp / 2;//靠近的距离的变化越来越小
    dxz = dxz + dSpaceTemp;//变量不断靠近趋向值
    ///
    while(dxz < dX)
    {//找到左极限
        dNow = Get21812FunValue(dxz);//当前求得 y 值
        if(abs(dPre - dNow)< dTininessVal)
        {//发现值不再变化,找到左极限
            std::cout << "\n左极限是:" << dNow << "\n";
            break;
        }
```

```
            dPre = dNow;//上一次求的 y 值
            dSpaceTemp = dSpaceTemp / 2;//靠近的距离的变化越来越小
            dxz = dxz + dSpaceTemp;//变量不断靠近趋向值
        }
    if( dxz > dX || dxz == dX)
    {//如果 dxz 已经移到 dX 了,肯定就找到极限了
        std::cout << "\n 左极限是:" << dNow << "\n";
    }
    dxy = dX + dPrecision;//重新设定自变量的值,从常量右边开始求值
    dNow = Get21811FunValue( dxy);//当前求得 y 值
    dSpaceTemp = dPrecision;//重新设定自变量需要变化的值
    ///
    dPre = dNow;//上一次求的 y 值
    dSpaceTemp = dSpaceTemp / 2;//靠近的距离的变化越来越小
    dxy = dxy - dSpaceTemp;//变量不断靠近趋向值
    ///
    while( dxy > dX)
    {//找到右极限
        dNow = Get21811FunValue( dxy);//当前求得 y 值
        if( abs( dPre - dNow) < dTininessVal)
        {//发现值不再变化,找到右极限
            std::cout << "\n 右极限是:" << dNow << "\n";
            break;
        }
        dPre = dNow;//上一次求的 y 值
        dSpaceTemp = dSpaceTemp / 2;//靠近的距离的变化越来越小
        dxy = dxy - dSpaceTemp;//变量不断靠近趋向值
    }
    if( dxy < dX || dxy == dX)
    {//如果 dxy 已经移到 dX 了,肯定就找到极限了
        std::cout << "\n 右极限是:" << dNow << "\n";
    }
}
```

完成代码修改后,请同时按住键盘的"Ctrl"和"F7"键,即可以编译程序 Program2-18。编译通过后,我们可以直接按键盘的"F5"键来对程序进行调试运行。如果有问题,仔细核对以上代码,如果没有问题,调试通过,运行程序后我们可以看到运行的结果如图 2-50 所示。程序一直不跳出最后的结果,这种情况说明程序进入了一个死循环,可以找到相关代码点击"F9"键设置断点查看运行情况。分析运行截屏,应该是在求右极限时出现了死循环,可以在"if(abs(dPre - dNow) < dTininessVal)"后设置断点。调试时发现"dNow"的值显示"-nan(ind)"。这是什么意思呢?"nan"是"not a number"的缩写,即计算结果不是个数。"ind"是"indeterminate"的缩写,即无法确定是什么。跟踪后发现问题出在"pow(_In_ double _X,_In_ double _Y);"这个函数,它的第二个参数如果小于 1 的话,前面的参数不能为负数,是负数就会出现这个问题。

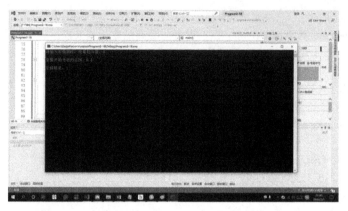

图 2-50　程序 Program2-18 调试运行结果（例 2-18）

针对 pow 函数的问题，我们用一段小代码即可验证：

```cpp
// Test.cpp：此文件包含"main"函数。程序执行将在此处开始并结束
//
#include <iostream>
#include <math.h>
using namespace std;//使用标准库时,需要加上这段代码
int main()
{
    int n = 1;
    for(double di = -10; di < 10; di = di++)
    {
        cout << di << ":" << pow(di, 1.0 / 3)<< "    |    ";
        if(n++ % 5 == 0)
        {//每隔5条信息换行
            cout << endl;
        }
    }
}
```

通过运行上面的代码,我们可以看到确实存在 pow 函数在第二个参数为小数的时候,第一个参数不能为负数,如图 2-51 所示。

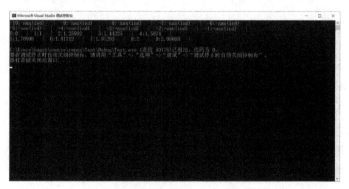

图 2-51　测试程序运行结果

得知这个情况,我们需要对例 2-18 的代码进行修改,修改如下:

```cpp
// Program2-18.cpp : 此文件包含"main"函数。程序执行将在此处开始并结束
//
#include <iostream>
#include <math.h>
using namespace std;//使用标准库时,需要加上这段代码
//设定一个非常小的值,用来做两个小数的相等比较
//在误差允许的范围内可认为两个数是相等的
double const dTininessVal = 0.00000000001;
//返回 ∛(x^2-1)
double Get21811FunValue(double dX)
{
    double dTemp1 = pow(dX, 2)- 1;
    double dTemp2 = pow(abs(dTemp1), 1.0 / 3);//保存传入的第一个参数是非负数
    if(dTemp1 < 0)
    {
        return -1 * dTemp2;//传入的是非负数,返回值需要取其对应的负值
    }
    else
    {
        return dTemp2;
    }
}
//返回 1-x
double Get21812FunValue(double dX)
{
    return 1 - dX;
}
int main()
{
    double dxz = 0;//左边的变量
    double dxy = 0;//右边的变量
    double   dX = 0;
    double   dPrecision = 0;//从离趋向值附近变量考虑的范围开始尝试求值
    std::cout << "请输入求极限时,变量趋向值:";
    std::cin >> dX;
    std::cout << "\n 变量开始考虑的范围:";
    std::cin >> dPrecision;
    dxz = dX - dPrecision;//左边开始求值的变量
    double dPre = 0;//上一次求的 y 值
    double dNow = Get21812FunValue(dxz);//当前求得 y 值
    double dSpaceTemp = dPrecision;
    ///
```

```
dPre = dNow;//上一次求的 y 值
dSpaceTemp = dSpaceTemp / 2;//靠近的距离的变化越来越小
dxz = dxz + dSpaceTemp;//变量不断靠近趋向值
///
while( dxz < dX)
{//找到左极限
    dNow = Get21812FunValue( dxz);//当前求得 y 值
    if( abs( dPre - dNow)< dTininessVal)
    {//发现值不再变化,找到左极限
        std::cout << "\n 左极限是:" << dNow << "\n";
        break;
    }
    dPre = dNow;//上一次求的 y 值
    dSpaccTemp = dSpaceTemp / 2;//靠近的距离的变化越来越小
    dxz = dxz + dSpaceTemp;//变量不断靠近趋向值
}
if( dxz > dX || dxz == dX)
{//如果 dxz 已经移到 dX 了,肯定就找到极限了
    std::cout << "\n 左极限是:" << dNow << "\n";
}
dxy = dX + dPrecision;//重新设定自变量的值,从常量右边开始求值
dNow = Get21811FunValue( dxy);//当前求得 y 值
dSpaceTemp = dPrecision;//重新设定自变量需要变化的值
///
dPre = dNow;//上一次求的 y 值
dSpaceTemp = dSpaceTemp / 2;//靠近的距离的变化越来越小
dxy = dxy - dSpaceTemp;//变量不断靠近趋向值
///
while( dxy > dX)
{//找到右极限
    dNow = Get21811FunValue( dxy);//当前求得 y 值
    if( abs( dPre - dNow)< dTininessVal)
    {//发现值不再变化,找到右极限
        std::cout << "\n 右极限是:" << dNow << "\n";
        break;
    }
    dPre = dNow;//上一次求的 y 值
    dSpaceTemp = dSpaceTemp / 2;//靠近的距离的变化越来越小
    dxy = dxy - dSpaceTemp;//变量不断靠近趋向值
}
if( dxy < dX || dxy == dX)
{//如果 dxy 已经移到 dX 了,肯定就找到极限了
    std::cout << "\n 右极限是:" << dNow << "\n";
```

　　}
}

　　完成代码修改后，请同时按住键盘的"Ctrl"和"F7"键，即可以编译程序 Program2-18。编译通过后，我们可以直接按键盘的"F5"键来对程序进行调试运行。如果有问题，仔细核对以上代码，如果没有问题，调试通过，运行程序后我们可以看到运行的结果如图 2-52 所示。

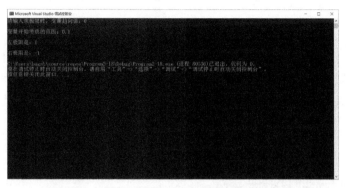

图 2-52　程序 Program2-18 运行结果(例 2-18)

　　经过以上一系列程序代码的修改和运行，我们能够看到实例与程序运行结果吻合，通过对这个程序的修改和运行能够发现，计算机程序的参数存在一定的局限性，结合数学理论就能解决遇到的问题。当然，数学问题结合计算机程序也能解决更多的问题。很多事物都是一样的，相互结合，取长补短，做人与做事也是如此，取其所长，弃其所短。

第三章 解说导数

通常,现实生活中出现的问题是函数值的变化速度和变化程度,如物体的运动速度、病毒的扩散速度、劳动生产率、商品销售率等。这些知识都需要学习高等数学来解决,而高等数学的主题之一是导数和微分这两个重要概念,本章则用程序解说了导数的概念及其运算规则。

3.1 解说导数的概念

3.1.1 解说导数的定义

导数的概念源自各种客观过程的变化率,如几何问题上的切线,物理问题上的瞬时速度、电流强度,化学问题上的物体比热和经济问题上的边际函数值等。

定义 3-1 如果 x_a 在函数 $y=f(x)$ 上,它的某领域有定义,并且自变量 x 在 x_a 处有 Δx 的变化,则该函数为 $\Delta y=f(x_a+x)-f(x_a)$,假设 $\Delta x \to 0$,如果变化的比值有极限,则称函数 $y=f(x)$ 在 $x=x_a$ 处可导,称此极限值为函数 $y=f(x)$ 在点 x_a 的导数,记作 $f'(x_a)$、$y'(x_a)$、$y'|_{x=x_a}$、$\frac{dy}{dx}|_{x=x_a}$ 或 $\frac{df(x)}{dx}|_{x=x_a}$。

对于 $\Delta x \to 0^+$,变化的比值的极限 $\lim\limits_{\Delta x \to a} \frac{\Delta y}{\Delta x}$ 称为 x_a 处的右导数,并用 $f'_+(x_a)$ 表示。

对于 $\Delta x \to 0^-$,变化的比值的极限 $\lim\limits_{\Delta x \to a} \frac{\Delta y}{\Delta x}$ 称为 x_a 处的左导数,并用 $f'_-(x_a)$ 表示。

函数的左右导数都称为函数的单侧导数。

根据极限与左右极限之间的关系不难发现,可以从 x_a 导出的函数 $f(x)$ 是在 x_a 处函数 $f(x)$ 的左右导数同时存在且相同。也就是说,$A=f'_+(x_a)=f'_-(x_a) \Leftrightarrow A=f'(x_a)$。

定义 3-2 如果存在对于 $x \in (a,b)$,$f'(x)$ 存在,则函数 $y=f(x)$ 在区间 (a,b) 中是可导的。

对于 $x \in (a,b)$ 的点都具有一个对应的导数 $f'(x)$ 存在,因此以这种方式形成的新函数称为函数 $f(x)$ 在定义域 (a,b) 上的导数,记作 $f'(x)$、$y'(x)$、y'、$\frac{dy}{dx}$ 或 $\frac{df(x)}{dx}$,即 $f'(x)=\lim\limits_{\Delta x \to 0} \frac{f(x+\Delta x)-f(x)}{\Delta x}$,$x \in (a,b)$。

定义 3-3 如果在开区间 (a,b) 中函数 $y=f(x)$ 是可导的,并且在区间的左端存在右导数,在区间的右端存在左导数,则函数 $y=f(x)$ 在闭区间 $[a,b]$ 上是可导的。

实例 3-1

例 3-1-1 求函数 $f(x)=C$(C 为常数)的导数。

解:

根据定义得

$$f'(x)=\lim_{\Delta x\to 0}\frac{f(x+\Delta x)-f(x)}{\Delta x}=\lim_{\Delta x\to 0}\frac{C-C}{\Delta x}=0,$$

所以有

$$(C)'=0。$$

例 3-1-2 求函数 $f(x)=x^2$ 的导数 $f'(x)$ 及 $f'(10)$。

解:

根据定义得

$$\begin{aligned}f'(x)&=\lim_{\Delta x\to 0}\frac{f(x+\Delta x)-f(x)}{\Delta x}\\&=\lim_{\Delta x\to 0}\frac{(x+\Delta x)^2-x^2}{\Delta x}\\&=\lim_{\Delta x\to 0}\frac{2x\Delta x+(\Delta x)^2}{\Delta x}\\&=\lim_{\Delta x\to 0}2x+\Delta x\\&=2x,\end{aligned}$$

$$f'(10)=2\times 10=20。$$

程序解说 3-1

针对上面的例题,可以用程序解说。前面的步骤请参照程序解说 1-1。在第 4 步,首先填写项目名称"Program3-1",然后依次完成,最后在代码中修改。

针对例 3-1-1,可以把代码修改如下:

```
// Program3-1.cpp：此文件包含"main"函数。程序执行将在此处开始并结束
//
#include <iostream>
#include <math.h>
using namespace std;//使用标准库时,需要加上这段代码
//设定一个非常小的值,用来做两个小数的相等比较
//在误差允许的范围内可认为两个数是相等的
double const dTininessVal = 0.00000000000000001;
double const dcDeltaX = 0;//设定求导数时,Δx 始终在 0 附近求导
double const dcPrecision = 0.1;//从离趋向值附近变量考虑的范围开始尝试求值
```

```
//返回(C-C)/Δx
double Get3111FunValue(double dDeltaX, double dVarX)
{
    if(dDeltaX == 0)
    {//防止有异常数据传入出错
        std::cout << "传入的数据不能使得分母等于0！\n";
        return 0;
    }
    return(dVarX - dVarX)/dDeltaX;
}
int main()
{
    double dxz = 0;//左边的变量
    double dxy = 0;//右边的变量
    double dVariationalX = 0;

    std::cout << "请输入求导数变量的参数值:";
    std::cin >> dVariationalX;

    dxz = dcDeltaX - dcPrecision;//左边开始求值的变量
    double dPre = 0;//上一次求的y值
    double dNow = Get3111FunValue(dxz, dVariationalX);//当前求得y值
    double dSpaceTemp = dcPrecision;
    ///
    dPre = dNow;//上一次求的y值
    dSpaceTemp = dSpaceTemp / 2;//靠近的距离的变化越来越小
    dxz = dxz + dSpaceTemp;//变量不断靠近趋向值
    ///
    while(dxz < dcDeltaX)
    {//找到左极限
        double dTemp = Get3111FunValue(dxz, dVariationalX);//当前求得y值
        dNow = dTemp;

        if(abs(dPre - dNow)< dTininessVal)
        {//发现值不再变化,找到左极限
            std::cout << "\n左极限是:" << dNow << "\n";
            break;
        }
        dPre = dNow;//上一次求的y值
        dSpaceTemp = dSpaceTemp / 2;//靠近的距离的变化越来越小
        dxz = dxz + dSpaceTemp;//变量不断靠近趋向值
    }
    if(dxz > dcDeltaX || dxz == dcDeltaX)
    {//如果dxz已经移到dX了,肯定就找到极限了
        std::cout << "\n左极限是:" << dNow << "\n";
```

```
    }
    dxy = dcDeltaX + dcPrecision;//重新设定自变量的值,从常量右边开始求值
    dNow = Get3111FunValue(dxy, dVariationalX);//当前求得 y 值
    dSpaceTemp = dcPrecision;//重新设定自变量需要变化的值
    ///
    dPre = dNow;//上一次求的 y 值
    dSpaceTemp = dSpaceTemp / 2;//靠近的距离的变化越来越小
    dxy = dxy - dSpaceTemp;//变量不断靠近趋向值
    ///
    while( dxy > dcDeltaX )
    {//找到右极限
        double dTemp = Get3111FunValue(dxy, dVariationalX);//当前求得 y 值
        dNow = dTemp;
        if( abs(dPre - dNow)< dTininessVal )
        {//发现值不再变化,找到右极限
            std::cout << " \n 右极限是:" << dNow << " \n";
            break;
        }
        dPre = dNow;//上一次求的 y 值
        dSpaceTemp = dSpaceTemp / 2;//靠近的距离的变化越来越小
        dxy = dxy - dSpaceTemp;//变量不断靠近趋向值
    }
    if( dxy < dcDeltaX || dxy == dcDeltaX )
    {//如果 dxy 已经移到 dX 了,肯定就找到极限了
        std::cout << " \n 右极限是:" << dNow << " \n";
    }
}
```

完成代码修改后,请同时按住键盘的"Ctrl"和"F7"键,即可以编译程序 Program3-1。编译通过后,我们可以直接按键盘的"F5"键来对程序进行调试运行。如果有问题,仔细核对以上代码,如果没有问题,调试通过,运行程序后我们可以看到运行的结果如图 3-1 所示。

图 3-1　程序 Program3-1 运行结果(例 3-1-1)

经过以上一系列程序代码的修改和运行,我们能够看到实例与程序运行结果吻合,程序验证了实例的正确性。

针对例3-1-2,可以把代码修改如下:

```cpp
// Program3-1.cpp : 此文件包含"main"函数。程序执行将在此处开始并结束
//
#include <iostream>
#include <math.h>
using namespace std;//使用标准库时,需要加上这段代码
//设定一个非常小的值,用来做两个小数的相等比较
//在误差允许的范围内可认为两个数是相等的
double const dTininessVal = 0.00000000000000001;
double const dcDeltaX = 0;//设定求导数时,Δx 始终在 0 附近求导
double const dcPrecision = 0.11;//从离趋向值附近变量考虑的范围开始尝试求值,设置小数的后的
//数为质数数值,有利于防止出现异常情况,如果设置为0.1,得出结果可能有问题
//返回((x+Δx)^2-x^2)/Δx
double Get3112FunValue(double dDeltaX, double dVarX)
{
    if(dDeltaX == 0)
    {//防止有异常数据传入出错
        std::cout << "传入的数据不能使得分母等于0! \n";
        return 0;
    }
    double d1 = pow(dVarX + dDeltaX, 2);
    double d2 = pow(dVarX, 2);
    double d3 = d1 - d2;
    double d4 = d3 / dDeltaX;
    if(d3 == 0)
    {
        std::cout << "超越精度,提示用上次数据! \n";
        return 0;
    }
    return d4;
}
int main()
{
    double dxz = 0;//左边的变量
    double dxy = 0;//右边的变量
    double dVariationalX = 0;

    std::cout << "请输入求导变量的参数值:";
    std::cin >> dVariationalX;
```

```
dxz = dcDeltaX - dcPrecision;//左边开始求值的变量
double dPre = 0;//上一次求的 y 值
double dNow = Get3112FunValue(dxz, dVariationalX);//当前求得 y 值
double dSpaceTemp = dcPrecision;
///
dPre = dNow;//上一次求的 y 值
dSpaceTemp = dSpaceTemp / 2;//靠近的距离的变化越来越小
dxz = dxz + dSpaceTemp;//变量不断靠近趋向值
///
while(dxz < dcDeltaX)
{//找到左极限
    double dTemp = Get3112FunValue(dxz, dVariationalX);//当前求得 y 值
    if(dTemp == 0)
    {//本次计算有误,用上次数据,计算完成
        dNow = dPre;
    }
    else
    {
        dNow = dTemp;
    }

    if(abs(dPre - dNow)< dTininessVal)
    {//发现值不再变化,找到左极限
        std::cout << "\n 左极限是:" << dNow << "\n";
        break;
    }
    dPre = dNow;//上一次求的 y 值
    dSpaceTemp = dSpaceTemp / 2;//靠近的距离的变化越来越小
    dxz = dxz + dSpaceTemp;//变量不断靠近趋向值
}
if(dxz > dcDeltaX || dxz == dcDeltaX)
{//如果 dxz 已经移到 dX 了,肯定就找到极限了
    std::cout << "\n 左极限是:" << dNow << "\n";
}
dxy = dcDeltaX + dcPrecision;//重新设定自变量的值,从常量右边开始求值
dNow = Get3112FunValue(dxy, dVariationalX);//当前求得 y 值
dSpaceTemp = dcPrecision;//重新设定自变量需要变化的值
///
dPre = dNow;//上一次求的 y 值
dSpaceTemp = dSpaceTemp / 2;//靠近的距离的变化越来越小
dxy = dxy - dSpaceTemp;//变量不断靠近趋向值
///
while(dxy > dcDeltaX)
```

```
{//找到右极限
    double dTemp = Get3112FunValue( dxy, dVariationalX );//当前求得 y 值
    if( dTemp == 0 )
    {//本次计算有误,用上次数据,计算完成
        dNow = dPre;
    }
    else
    {
        dNow = dTemp;
    }
    if( abs( dPre - dNow )< dTininessVal )
    {//发现值不再变化,找到右极限
        std::cout << "\n 右极限是:" << dNow << "\n";
        break;
    }
    dPre = dNow;//上一次求的 y 值
    dSpaceTemp = dSpaceTemp / 2;//靠近的距离的变化越来越小
    dxy = dxy - dSpaceTemp;//变量不断靠近趋向值
}
if( dxy < dcDeltaX || dxy == dcDeltaX )
{//如果 dxy 已经移到 dX 了,肯定就找到极限了
    std::cout << "\n 右极限是:" << dNow << "\n";
}
}
```

完成代码修改后,请同时按住键盘的"Ctrl"和"F7"键,即可以编译程序 Program3-1。编译通过后,我们可以直接按键盘的"F5"键来对程序进行调试运行。如果有问题,仔细核对以上代码,如果没有问题,调试通过,运行程序后我们可以看到运行的结果如图 3-2 所示。

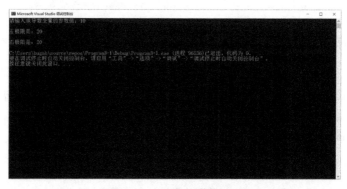

图 3-2   程序 Program3-1 运行结果(例 3-1-2)

经过以上一系列程序代码的修改和运行,我们能够看到实例与程序运行结果吻合,程序验证了实例的正确性。

3.1.2　解说导数的几何意义

通过使用导数的概念,可以获得微分的几何和物理含义。

导数的几何含义:$f'(x_a)$是曲线 $y=f(x)$ 的切线在点(x_a,y_a)处的斜率,这对函数特性的深入研究提供了直观的几何背景。

我们通过 2 个实例来进一步验证其意义。

实例 3-2

例 3-2　求曲线$f(x)=\dfrac{1}{2}x^2$ 在点$(1,1/2)$处的切线斜率。

解:

先作$f(x)=\dfrac{1}{2}x^2$ 切线分析图,如图 3-3 所示。

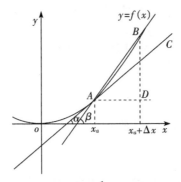

图 3-3　$f(x)=\dfrac{1}{2}x^2$ 切线分析

图中曲线是 $f(x)$ 的图形,A 点为$(1,1/2)$,此点切线为 AC,过 A 点做曲线的割线 AB,可以看出,AB 的斜率为:

$$\tan\beta=\frac{BD}{AD}=\frac{f(x_a+\Delta x)-f(x_a)}{\Delta x}。$$

当 B 点沿着曲线向 A 点移动,不断趋向于 A 点时,直线 AB 将与直线 AC 逼近,则有

$$\tan\alpha=\tan\beta=\lim_{\Delta x\to 0}\frac{f(x_a+\Delta x)-f(x_a)}{\Delta x},$$

即为过 A 点的切线的斜率,同时根据导数定义,也就是 A 点的导数:

$$k=f'(x_a)=\lim_{\Delta x\to 0}\frac{f(x_a+\Delta x)-f(x_a)}{\Delta x}$$

$$=\lim_{\Delta x\to 0}\frac{\dfrac{1}{2}(1+\Delta x)^2-\dfrac{1}{2}\cdot 1^2}{\Delta x}$$

$$=1。$$

◉ **程序解说 3-2**

针对上面的例题,可以用程序解说。前面的步骤请参照程序解说 1-1。在第 4 步,首先填写项目名称"Program3-2",然后依次完成,最后在代码中修改。

针对例 3-2 可以把代码修改如下:

```cpp
// Program3-2. cpp：此文件包含"main"函数。程序执行将在此处开始并结束
//
#include <iostream>
#include <math. h>
using namespace std;//使用标准库时,需要加上这段代码
//设定一个非常小的值,用来做两个小数的相等比较
//在误差允许的范围内可认为两个数是相等的
double const dTininessVal = 0.00000000000000001;
double const dcDeltaX = 0;//设定求导数时,Δx 始终在 0 附近求导
double const dcPrecision = 0.11;//从离趋向值附近变量考虑的范围开始尝试求值,设置小数的后的
//数为质数数值,有利于防止出现异常情况,如果设置为 0.1,得出结果可能有问题
//返回(1/2〖(x+Δx)〗^2-1/2 x^2  )/Δx
double Get312FunValue( double dDeltaX, double dVarX)
{
    if( dDeltaX == 0)
    {//防止有异常数据传入出错
        std::cout << "传入的数据不能使得分母等于 0！\n";
        return 0;
    }
    double d1 =(1.0 / 2) * pow(dVarX + dDeltaX, 2);
    double d2 =(1.0 / 2) * pow(dVarX, 2);
    double d3 = d1 - d2;
    double d4 = d3 / dDeltaX;
    if( d3 == 0)
    {
        std::cout << "超越精度,提示用上次数据！\n";
        return 0;
    }
    return d4;
}
int main( )
{
    double dxz = 0;//左边的变量
    double dxy = 0;//右边的变量
    double dVariationalX = 0;
    std::cout << "请输入求导数变量的参数值:";
    std::cin >> dVariationalX;
```

```cpp
dxz = dcDeltaX - dcPrecision;//左边开始求值的变量
double dPre = 0;//上一次求的 y 值
double dNow = Get312FunValue(dxz, dVariationalX);//当前求得 y 值
double dSpaceTemp = dcPrecision;
///
dPre = dNow;//上一次求的 y 值
dSpaceTemp = dSpaceTemp / 2;//靠近的距离的变化越来越小
dxz = dxz + dSpaceTemp;//变量不断靠近趋向值
///
while(dxz < dcDeltaX)
{//找到左极限
    double dTemp = Get312FunValue(dxz, dVariationalX);//当前求得 y 值
    if(dTemp == 0)
    {//本次计算有误,用上次数据,计算完成
        dNow = dPre;
    }
    else
    {
        dNow = dTemp;
    }
    if(abs(dPre - dNow) < dTininessVal)
    {//发现值不再变化,找到左极限
        std::cout << "\n 左极限是:" << dNow << "\n";
        break;
    }
    dPre = dNow;//上一次求的 y 值
    dSpaceTemp = dSpaceTemp / 2;//靠近的距离的变化越来越小
    dxz = dxz + dSpaceTemp;//变量不断靠近趋向值
}
if(dxz > dcDeltaX || dxz == dcDeltaX)
{//如果 dxz 已经移到 dX 了,肯定就找到极限了
    std::cout << "\n 左极限是:" << dNow << "\n";
}
dxy = dcDeltaX + dcPrecision;//重新设定自变量的值,从常量右边开始求值
dNow = Get312FunValue(dxy, dVariationalX);//当前求得 y 值
dSpaceTemp = dcPrecision;//重新设定自变量需要变化的值
///
dPre = dNow;//上一次求的 y 值
dSpaceTemp = dSpaceTemp / 2;//靠近的距离的变化越来越小
dxy = dxy - dSpaceTemp;//变量不断靠近趋向值
///
while(dxy > dcDeltaX)
{//找到右极限
```

```
                double dTemp = Get312FunValue(dxy, dVariationalX);//当前求得 y 值
                if(dTemp == 0)
                {//本次计算有误,用上次数据,计算完成
                    dNow = dPre;
                }
                else
                {

                    dNow = dTemp;
                }
                if(abs(dPre - dNow)< dTininessVal)
                {//发现值不再变化,找到右极限
                    std::cout << " \n 右极限是:" << dNow << " \n";
                    break;
                }
                dPre = dNow;//上一次求的 y 值
                dSpaceTemp = dSpaceTemp / 2;//靠近的距离的变化越来越小
                dxy = dxy - dSpaceTemp;//变量不断靠近趋向值
            }
            if(dxy < dcDeltaX || dxy == dcDeltaX)
            {//如果 dxy 已经移到 dX 了,肯定就找到极限了
                std::cout << " \n 右极限是:" << dNow << " \n";
            }
        }
```

完成代码修改后,请同时按住键盘的"Ctrl"和"F7"键,即可以编译程序 Program3-2。编译通过后,我们可以直接按键盘的"F5"键来对程序进行调试运行。如果有问题,仔细核对以上代码,如果没有问题,调试通过,运行程序后我们可以看到运行的结果如图 3-4 所示。

图 3-4　程序 Program3-2 运行结果(例 3-2)

经过以上一系列程序代码的修改和运行,我们能够看到实例与程序运行结果吻合,程序验证了实例的正确性。

3.1.3 解说可导与连续的关系

定理 3-1 假设函数 $y=f(x)$ 在点 x_a 处可导,那么函数 $y=f(x)$ 在点 x_a 处一定会连续,但是函数在某点连续不一定可导。

实例 3-3

例 3-3 讨论函数 $f(x)=\sqrt[5]{x}$ 在 $(-\infty,+\infty)$ 中的点 $x=0$ 处的连续性和可导性。

解:

因为函数 $f(x)=\sqrt[5]{x}$ 是初等函数,点 $x=0$ 属于定义域 $(-\infty,+\infty)$,所以函数 $f(x)=\sqrt[5]{x}$ 在点 $x=0$ 处是连续的。又因为在点 $x=0$ 处有

$$\lim_{\Delta x \to 0} \frac{\Delta y}{\Delta x} = \lim_{\Delta x \to 0} \frac{f(x_a+\Delta x)-f(x_a)}{\Delta x}$$
$$= \lim_{\Delta x \to 0} \frac{\sqrt[5]{x_a+\Delta x}-\sqrt[5]{x_a}}{\Delta x}$$
$$= \lim_{\Delta x \to 0} \frac{\sqrt[5]{0+\Delta x}-\sqrt[5]{0}}{\Delta x}$$
$$= \lim_{\Delta x \to 0} \frac{\sqrt[5]{\Delta x}-0}{\Delta x}$$
$$= \lim_{\Delta x \to 0} \frac{1}{\sqrt[5]{\Delta x^4}} = +\infty ,$$

故函数 $f(x)=\sqrt[5]{x}$ 在点 $x=0$ 处不可导。

程序解说 3-3

针对上面的例题,可以用程序解说。前面的步骤请参照程序解说 1-1。在第 4 步,首先填写项目名称"Program3-3",然后依次完成,最后在代码中修改。

针对例 3-3,可以把代码修改如下:

```
// Program3-3.cpp:此文件包含"main"函数。程序执行将在此处开始并结束
//
#include <iostream>
#include <math. h>
using namespace std;//使用标准库时,需要加上这段代码
//设定一个非常小的值,用来做两个小数的相等比较
//在误差允许的范围内可认为两个数是相等的
double const dTininessVal = 0.00000000000000001;
double const dcDeltaX = 0;//设定求导数时,Δx 始终在 0 附近求导
double const dcPrecision = 0.11;//从离趋向值附近变量考虑的范围开始尝试求值,设置小数的后的
```

数为质数数值,有利于防止出现异常情况,如果设置为0.1,得出的结果可能有问题

```
//返回(√(5&x_a+Δx)−√(5&x_a))/Δx
double Get313FunValue( double dDeltaX, double dVarX)
{
    if( dDeltaX == 0)
    {//防止有异常数据传入出错
        std::cout << "传入的数据不能使得分母等于0! \n";
        return 0;
    }
    double d0 = dVarX + dDeltaX;
    double d1 = pow( abs( d0) , 1.0/5) ;
    if( d0 < 0)
    {
        d1 =−1 * d1;//传入的是负数,需要取其对应的负值
    }
    double d2 = pow( abs( dVarX) ,1.0/ 5) ;
    if( dVarX < 0)
    {
        d2 = −1 * d2;//传入的是负数,需要取其对应的负值
    }
    double d3 = d1 − d2;
    double d4 = d3 / dDeltaX;
    if( d3 == 0)
    {
        std::cout << "超越精度,提示用上次数据! \n";
        return 0;
    }
    return d4;
}
int main( )
{
    double dxz = 0;//左边的变量
    double dxy = 0;//右边的变量
    double dVariationalX = 0;
    std::cout << "请输入求导数变量的参数值:";
    std::cin >> dVariationalX;
    dxz = dcDeltaX − dcPrecision;//左边开始求值的变量
    double dPre = 0;//上一次求的 y 值
    double dNow = Get313FunValue( dxz, dVariationalX) ;//当前求得 y 值
    double dSpaceTemp = dcPrecision;
    ///
    dPre = dNow;//上一次求的 y 值
    dSpaceTemp = dSpaceTemp / 2;//靠近的距离的变化越来越小
```

```cpp
    dxz = dxz + dSpaceTemp;//变量不断靠近趋向值
///
while(dxz < dcDeltaX)
{//找到左极限
    double dTemp = Get313FunValue(dxz, dVariationalX);//当前求得 y 值
    if(dTemp == 0)
    {//本次计算有误,用上次数据,计算完成
        dNow = dPre;
    }
    else
    {
        dNow = dTemp;
    }
    if(abs(dPre - dNow)< dTininessVal)
    {//发现值不再变化,找到左极限
        std::cout << "\n左极限是:" << dNow << "\n";
        break;
    }
    dPre = dNow;//上一次求的 y 值
    dSpaceTemp = dSpaceTemp / 2;//靠近的距离的变化越来越小
    dxz = dxz + dSpaceTemp;//变量不断靠近趋向值
}
if(dxz > dcDeltaX || dxz == dcDeltaX)
{//如果 dxz 已经移到 dX 了,肯定就找到极限了
    std::cout << "\n左极限是:" << dNow << "\n";
}
dxy = dcDeltaX + dcPrecision;//重新设定自变量的值,从常量右边开始求值
dNow = Get313FunValue(dxy, dVariationalX);//当前求得 y 值
dSpaceTemp = dcPrecision;//重新设定自变量需要变化的值
///
dPre = dNow;//上一次求的 y 值
dSpaceTemp = dSpaceTemp / 2;//靠近的距离的变化越来越小
dxy = dxy - dSpaceTemp;//变量不断靠近趋向值
///
while(dxy > dcDeltaX)
{//找到右极限
    double dTemp = Get313FunValue(dxy, dVariationalX);//当前求得 y 值
    if(dTemp == 0)
    {//本次计算有误,用上次数据,计算完成
        dNow = dPre;
    }
    else
    {
```

```
            dNow = dTemp;
        }
        if(abs(dPre - dNow)< dTininessVal)
        {//发现值不再变化,找到右极限
            std::cout << " \n 右极限是:" << dNow << " \n";
            break;
        }
        dPre = dNow;//上一次求的 y 值
        dSpaceTemp = dSpaceTemp / 2;//靠近的距离的变化越来越小
        dxy = dxy - dSpaceTemp;//变量不断靠近趋向值
    }
    if(dxy < dcDeltaX || dxy == dcDeltaX)
    {//如果 dxy 已经移到 dX 了,肯定就找到极限了
        std::cout << " \n 右极限是:" << dNow << " \n";
    }
}
```

完成代码修改后,请同时按住键盘的"Ctrl"和"F7"键,即可以编译程序 Program3-3。编译通过后,我们可以直接按键盘的"F5"键来对程序进行调试运行。如果有问题,仔细核对以上代码,如果没有问题,调试通过,运行程序后我们可以看到运行的结果如图 3-5 所示。

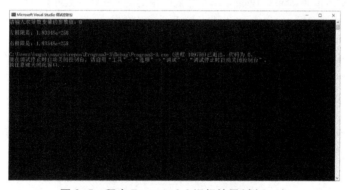

图 3-5　程序 Program3-3 运行结果(例 3-3)

经过以上一系列程序代码的修改和运行,我们能够看到实例与程序运行结果吻合,程序验证了实例的正确性。

3.2　解说导数公式与求导法则

3.2.1　解说基本初等函数的导数

根据导数定义,我们可以求出一些基本初等函数的导数。实例 3-1 已经求出部分,可作为公式使用,以下几个实例的结果都可作为公式使用。

实例 3-4

例 3-4　求函数 $f(x) = x^n$ 的导数，n 属于自然数。

解：

$$f'(x) = \lim_{\Delta x \to 0} \frac{f(x+\Delta x) - f(x)}{\Delta x}$$

$$= \lim_{\Delta x \to 0} \frac{(x+\Delta x)^n - x^n}{\Delta x}$$

$$= \lim_{\Delta x \to 0} \frac{C_n^1 x^{n-1}\Delta x + C_n^2 x^{n-2}(\Delta x)^2 + \cdots + (\Delta x)^n}{\Delta x}$$

$$= C_n^1 x^{n-1}$$

$$= nx^{n-1}。$$

程序解说 3-4

针对上面的例题，可以用程序解说。前面的步骤请参照程序解说 1-1。在第 4 步，首先填写项目名称"Program3-4"，然后依次完成，最后在代码中修改。

针对例 3-4，可以把代码修改如下：

```cpp
// Program3-4.cpp：此文件包含"main"函数。程序执行将在此处开始并结束
//
#include <iostream>
#include <math.h>
using namespace std;//使用标准库时，需要加上这段代码
//设定一个非常小的值，用来做两个小数的相等比较
//在误差允许的范围内可认为两个数是相等的
double const dTininessVal = 0.00000000000000001;
double const dcDeltaX = 0;//设定求导数时，Δx 始终在 0 附近求导
double const dcPrecision = 0.11;//从离趋向值附近变量考虑的范围开始尝试求值，设置小数的后的
数为质数数值，有利于防止出现异常情况，如果设置为 0.1，得出的结果可能有问题
//返回((x+Δx)^n-x^n)/Δx
double Get3211FunValue(double dDeltaX, double dVarX, int n)
{
    if(dDeltaX == 0)
    {//防止有异常数据传入出错
        std::cout << "传入的数据不能使得分母等于 0！\n";
        return 0;
    }
    double d0 = dVarX + dDeltaX;
    double d1 = pow(abs(d0), n);
    if(d0 < 0 && n % 2 == 1)
    {
```

```
        d1 = -1 * d1;//传入的是负数,需要取其对应的负值
    }
    double d2 = pow(abs(dVarX), n);
    if(dVarX < 0 && n % 2 == 1)
    {
        d2 = -1 * d2;//传入的是负数,需要取其对应的负值
    }
    double d3 = d1 - d2;
    double d4 = d3 / dDeltaX;
    if(d3 == 0)
    {
        std::cout << "超越精度,提示用上次数据! \n";
        return 0;
    }
    return d4;
}
int main()
{
    double dxz = 0;//左边的变量
    double dxy = 0;//右边的变量
    double dVariationalX = 0;
    int n = 0;
    std::cout << "请输入求导数变量的参数值:";
    std::cin >> dVariationalX;
    std::cout << "请输入求导数幂的参数值:";
    std::cin >> n;
    dxz = dcDeltaX - dcPrecision;//左边开始求值的变量
    double dPre = 0;//上一次求的 y 值
    double dNow = Get3211FunValue(dxz, dVariationalX, n);//当前求得 y 值
    double dSpaceTemp = dcPrecision;
    ///
    dPre = dNow;//上一次求的 y 值
    dSpaceTemp = dSpaceTemp / 2;//靠近的距离的变化越来越小
    dxz = dxz + dSpaceTemp;//变量不断靠近趋向值
    ///
    while(dxz < dcDeltaX)
    {//找到左极限
        double dTemp = Get3211FunValue(dxz, dVariationalX, n);//当前求得 y 值
        if(dTemp == 0)
        {//本次计算有误,用上次数据,计算完成
            dNow = dPre;
        }
        else
```

```
    {
        dNow = dTemp;
    }
    if(abs(dPre - dNow)< dTininessVal)
    {//发现值不再变化,找到左极限
        std::cout << "\n左极限是:" << dNow << "\n";
        break;
    }
    dPre = dNow;//上一次求的 y 值
    dSpaceTemp = dSpaceTemp / 2;//靠近的距离的变化越来越小
    dxz = dxz + dSpaceTemp;//变量不断靠近趋向值
}
if(dxz > dcDeltaX || dxz == dcDeltaX)
{//如果 dxz 已经移到 dX 了,肯定就找到极限了
    std::cout << "\n左极限是:" << dNow << "\n";
}
dxy = dcDeltaX + dcPrecision;//重新设定自变量的值,从常量右边开始求值
dNow = Get3211FunValue(dxy, dVariationalX, n);//当前求得 y 值
dSpaceTemp = dcPrecision;//重新设定自变量需要变化的值
///
dPre = dNow;//上一次求的 y 值
dSpaceTemp = dSpaceTemp / 2;//靠近的距离的变化越来越小
dxy = dxy - dSpaceTemp;//变量不断靠近趋向值
///
while(dxy > dcDeltaX)
{//找到右极限
    double dTemp = Get3211FunValue(dxy, dVariationalX, n);//当前求得 y 值
    if(dTemp == 0)
    {//本次计算有误,用上次数据,计算完成
        dNow = dPre;
    }
    else
    {
        dNow = dTemp;
    }
    if(abs(dPre - dNow)< dTininessVal)
    {//发现值不再变化,找到右极限
        std::cout << "\n右极限是:" << dNow << "\n";
        break;
    }
    dPre = dNow;//上一次求的 y 值
    dSpaceTemp = dSpaceTemp / 2;//靠近的距离的变化越来越小
    dxy = dxy - dSpaceTemp;//变量不断靠近趋向值
```

```
    }
    if( dxy < dcDeltaX || dxy == dcDeltaX )
    {//如果 dxy 已经移到 dX 了,肯定就找到极限了
        std::cout << " \n 右极限是:" << dNow << " \n";
    }
}
```

完成代码修改后,请同时按住键盘的"Ctrl"和"F7"键,即可以编译程序 Program3-4。编译通过后,我们可以直接按键盘的"F5"键来对程序进行调试运行。如果有问题,仔细核对以上代码,如果没有问题,调试通过,运行程序后我们可以看到运行的结果如图 3-6 所示。

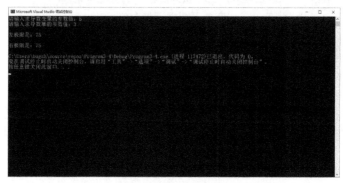

图 3-6　程序 Program3-4 运行结果(例 3-4)

经过以上一系列程序代码的修改和运行,我们输入的是当 $x = 5$ 时 $(x^3)'$ 的结果是 75,能够看到实例与程序运行结果吻合,程序验证了实例的正确性。

3.2.2　解说导数的四则运算法则

定理 3-2(导数的四则运算法则)设 u、v 在 x 处可导,则:

(1)函数 $u \pm v$ 在 x 处可导,且 $(u \pm v)' = u' \pm v'$;

(2)函数 uv 在 x 处可导,且 $(uv)' = u'v + uv'$,特别地,常数因子可从导数符号中提出去,即 $(cu)' = cu'$;

(3)当 $v \neq 0$,函数 $\dfrac{u}{v}$ 在 x 处可导,且 $\left(\dfrac{u}{v}\right)' = \dfrac{u'v - uv'}{v^2}$。

实例 3-5

例 3-5　求函数 $f(x) = 2^x + x^3 \ln x$ 的导数。

解:

$$f'(x) = (2^x)' + (x^3 \ln x)'$$

$$= 2^x \ln 2 + 3x^2 \ln x + x^3 \cdot \frac{1}{x}$$

$$= 2^x \ln 2 + 3x^2 \ln x + x^2 。$$

— 114 —

⊙ 程序解说 3-5

针对上面的例题，可以用程序解说。前面的步骤请参照程序解说 1-1。在第 4 步，首先填写项目名称"Program3-5"，然后依次完成，最后在代码中修改。

针对例 3-5，可以把代码修改如下：

```cpp
// Program3-5.cpp：此文件包含"main"函数。程序执行将在此处开始并结束
//
#include <iostream>
#include <math.h>
using namespace std;//使用标准库时，需要加上这段代码
//设定一个非常小的值，用来做两个小数的相等比较
//在误差允许的范围内可认为两个数是相等的
double const dTininessVal = 0.00000000000000001;
//设定一个较小的值，用来做直接求导与用导函数求导结果的相等比较
double const dMinorVal = 0.0001;//求导比较精度不能要求太高，本程序特意调大了，因为涉及误差偏大
double const dcDeltaX = 0;//设定求导数时，Δx 始终在 0 附近求导
double const dcPrecision = 0.11;//从离趋向值附近变量考虑的范围开始尝试求值，设置小数的后的数为质数数值，有利于防止出现异常情况，如果设置为 0.1，得出的结果可能有问题
//返回(f(x+Δx)-f(x))/Δx，其中 f(x)=(2)^x + x^3 lnx
double Get32211FunValue(double dDeltaX, double dVarX)
{
    if(dDeltaX == 0)
    {//防止有异常数据传入出错
        std::cout << "传入的数据不能使得分母等于 0！\n";
        return 0;
    }
    if(dVarX < 0 || dVarX == 0)
    {//防止有异常数据传入出错
        std::cout << "传入的数据不能小于或等于 0！\n";
        return 0;
    }
    double d0 = dVarX + dDeltaX;
    if(d0 < 0 || d0 == 0)
    {//防止有异常数据传入出错
        std::cout << "计算的数据不能小于或等于 0！\n";
        return 0;
    }
    double d1 = pow(2, d0)+ pow(d0, 3) * log(d0);
    double d2 = pow(2, dVarX)+ pow(dVarX, 3) * log(dVarX);; //因为没有 log_a(x)，所以用 lnx/lna 代替
    double d3 = d1 - d2;
```

```
        double d4 = d3 / dDeltaX;
        if( d3 == 0)
        {
            std::cout << "超越精度,提示用上次数据! \n";
            return 0;
        }
        return d4;
}
//返回〖2〗^x ln2+3x^2 lnx+x^2
double Get32212FunValue( double dVarX)
{
    if( dVarX == 0 || dVarX < 0)
    {//防止有异常数据传入出错
        std::cout << "传入的数据不能小于或者等于0! \n";
        return 0;
    }
    return pow(2, dVarX) * log(2)+ 3 * pow(dVarX, 2) * log(dVarX)+ pow(dVarX, 2);
}
int main( )
{
    double dxz = 0;//左边的变量
    double dxy = 0;//右边的变量
    double dVariationalX = 0;

    std::cout << "请输入求导数的参数值:";
    std::cin >> dVariationalX;
    double dRightResult = Get32212FunValue( dVariationalX);
    std::cout << "求出导数正确的值是:" << dRightResult << endl;
    dxz = dcDeltaX - dcPrecision;//左边开始求值的变量
    double dPre = 0;//上一次求的 y 值
    double dNow = Get32211FunValue( dxz, dVariationalX);//当前求得 y 值
    double dSpaceTemp = dcPrecision;
    ///
    dPre = dNow;//上一次求的 y 值
    dSpaceTemp = dSpaceTemp / 2;//靠近的距离的变化越来越小
    dxz = dxz + dSpaceTemp;//变量不断靠近趋向值
    ///
    while( dxz < dcDeltaX)
    {//找到左极限
        double dTemp = Get32211FunValue( dxz, dVariationalX);//当前求得 y 值
        if( dTemp == 0)
        {//本次计算有误,用上次数据,计算完成
            dNow = dPre;
```

```
        }
        else
        {
            dNow = dTemp;
        }
        if( abs( dPre - dNow )< dTininessVal )
        {//发现值不再变化,找到左极限
            std::cout << " \n 左极限是:" << dNow << " \n";
            break;
        }
        dPre = dNow;//上一次求的 y 值
        dSpaceTemp = dSpaceTemp / 2;//靠近的距离的变化越来越小
        dxz = dxz + dSpaceTemp;//变量不断靠近趋向值
    }
    if( dxz > dcDeltaX || dxz == dcDeltaX )
    {//如果 dxz 已经移到 dX 了,肯定就找到极限了
        std::cout << " \n 左极限是:" << dNow << " \n";
    }
    if( abs( dNow - dRightResult )< dMinorVal )
    {
        std::cout << "用导数定义求得左极限值与直接用导函数求得值一致! \n";
    }
    else
    {
        std::cout << "用导数定义求得左极限值与直接用导函数求得值不一致! \n";
    }
    dxy = dcDeltaX + dcPrecision;//重新设定自变量的值,从常量右边开始求值
    dNow = Get32211FunValue( dxy, dVariationalX );//当前求得 y 值
    dSpaceTemp = dcPrecision;//重新设定自变量需要变化的值
    ///
    dPre = dNow;//上一次求的 y 值
    dSpaceTemp = dSpaceTemp / 2;//靠近的距离的变化越来越小
    dxy = dxy - dSpaceTemp;//变量不断靠近趋向值
    ///
    while( dxy > dcDeltaX )
    {//找到右极限
        double dTemp = Get32211FunValue( dxy, dVariationalX );//当前求得 y 值
        if( dTemp == 0 )
        {//本次计算有误,用上次数据,计算完成
            dNow = dPre;
        }
        else
        {
```

```
            dNow = dTemp;
        }
    if( abs( dPre − dNow)< dTininessVal)
    {//发现值不再变化,找到右极限
        std::cout << "\n右极限是:" << dNow << "\n";
        break;
    }
    dPre = dNow;//上一次求的 y 值
    dSpaceTemp = dSpaceTemp / 2;//靠近的距离的变化越来越小
    dxy = dxy − dSpaceTemp;//变量不断靠近趋向值
    }
    if( dxy < dcDeltaX || dxy == dcDeltaX)
    {//如果 dxy 已经移到 dX 了,肯定就找到极限了
        std::cout << "\n右极限是:" << dNow << "\n";
    }
    if( abs( dNow − dRightResult)< dMinorVal)
    {
        std::cout << "用导数定义求得右极限值与直接用导函数求得值一致! \n";
    }
    else
    {
        std::cout << "用导数定义求得右极限值与直接用导函数求得值不一致! \n";
    }
}
```

完成代码修改后,请同时按住键盘的"Ctrl"和"F7"键,即可以编译程序 Program3-5。编译通过后,我们可以直接按键盘的"F5"键来对程序进行调试运行。如果有问题,仔细核对以上代码,如果没有问题,调试通过,运行程序后我们可以看到运行的结果如图 3-7 所示。

图 3-7　程序 Program3-5 运行结果(例 3-5)

经过以上一系列程序代码的修改和运行,我们能够看到实例与程序运行结果吻合,程序验证了实例的正确性。在本程序中"double const dMinorVal"的值需要根据最后求得结果的大小调整,如果结果较小,精度可以调高,把"dMinorVal"值调小;如果结果较大,精度要调低,把

"dMinorVal"值调大。

3.2.3 解说反函数与复合函数的求导法则

定理 3-3(反函数的求导法则)假设有函数 $y=f(x)$ 函数在区间 I_x 内单调且可导且 $\varphi'(y)\neq 0$,则其反函数 $x=\varphi(y)$ 在对应的区间内也单调可导,并且有 $\dfrac{dy}{dx}=\dfrac{1}{\dfrac{dx}{dy}}$ 或 $f'(x)=\dfrac{1}{\varphi'(y)}$,即直接函数的导数是反函数导数的倒数,同时,反函数的导数也是直接函数导数的倒数。

定理 3-4 假设有函数 $y=f(u)$ 在其相应点 u 处可导,同时有函数 $u=g(x)$ 在点 x 处可导,则复合函数 $y=f(g(x))$ 在点 x 处可导,并且有 $y'_x=y'_u\cdot u'_x$ 或 $\dfrac{dy}{dx}=\dfrac{dy}{du}\cdot\dfrac{du}{dx}$,即复合函数的导数等于外层函数导数乘以内层函数的导数,也可以等于因变量对中间变量的导数再乘以中间变量对自变量的导数。

实例 3-6

例 3-6-1 求函数 $f(x)=\arcsin x$ 的导数。

解:

设 $y=\arcsin x$,则有 $x=\sin y$,在其单调周期内,根据导数定义易得 $x'=\cos y$,根据反函数定理 3-3 有

$$y'=(\arcsin x)'=\frac{1}{\cos y}=\frac{1}{\sqrt{1-\sin^2 y}}=\frac{1}{\sqrt{1-x^2}}。$$

所以 $f(x)=\arcsin x$ 的导数为 $\dfrac{1}{\sqrt{1-x^2}}$。用类似的方法我们能够求得 $(\arccos x)'=-\dfrac{1}{\sqrt{1-x^2}}$、$(\arctan x)'=\dfrac{1}{1+x^2}$、$(\text{arccot}x)'=-\dfrac{1}{1+x^2}$。

例 3-6-2 求函数 $f(x)=(3x+2)^4$ 的导数。

解:

$$f'(x)=\left[(3x+2)^4\right]'=4(3x+2)^3(3x+2)'=4(3x+2)^3\times3=12(3x+2)^3。$$

⊙ 程序解说 3-6

针对上面的例题,可以用程序解说。前面的步骤请参照程序解说 1-1。在第 4 步,首先填写项目名称"Program3-6",然后依次完成,最后在代码中修改。

针对例 3-6-1,可以把代码修改如下:

```
// Program3-6.cpp：此文件包含"main"函数。程序执行将在此处开始并结束
//
#include <iostream>
```

```
#include <math. h>
using namespace std;//使用标准库时,需要加上这段代码
//设定一个非常小的值,用来做两个小数的相等比较
//在误差允许的范围内可认为两个数是相等的
double const dTininessVal = 0.00000000000000001;
//设定一个较小的值,用来做直接求导与用导函数求导结果的相等比较
double const dMinorVal = 0.0000001;//求导比较精度不能要求太高
double const dcDeltaX = 0;//设定求导数时,Δx 始终在 0 附近求导
double const dcPrecision = 0.11;//从离趋向值附近变量考虑的范围开始尝试求值,设置小数的后的
数为质数数值,有利于防止出现异常情况,如果设置为 0.1,得出的结果可能有问题
//返回(f(x+Δx)-f(x))/Δx,其中,f(x)= arcsinx
double Get32311FunValue(double dDeltaX, double dVarX)
{
    if(dDeltaX == 0)
    {//防止有异常数据传入出错
        std::cout << "传入的 dDeltaX 数据不能使得分母等于 0! \n";
        return 0;
    }
    if(dVarX < -1 || dVarX >1)
    {//防止有异常数据传入出错
        std::cout << "传入的 dVarX 数据不能小于-1 或大于 1! \n";
        return 0;
    }
    double d0 = asin(dVarX + dDeltaX);//调用 arcsinx 函数
    double d1 = asin(dVarX);
    double d2 = d0 - d1;
    if(d2 == 0)
    {
        std::cout << "超越精度,提示用上次数据! \n";
        return 0;
    }
    double d3 = d2 / dDeltaX;
    return d3;
}
//返回 1/√(1-x^2)
double Get32312FunValue(double dVarX)
{
    double d4 = pow(dVarX, 2);
    if(d4 == 1 || d4 >1)
    {//防止有异常数据传入出错
        std::cout << "分母必须有正确数据且不能等于 0! \n";
        return 0;
    }
```

```cpp
        double d5 = 1 / pow(1-d4,1.0/2);
        return d5;
}
int main()
{
        double dxz = 0;//左边的变量
        double dxy = 0;//右边的变量
        double dVariationalX = 0;
        std::cout << "请输入求导数的参数值:";
        std::cin >> dVariationalX;
        while(dVariationalX >1 || dVariationalX <-1 || abs(dVariationalX)= =1)
        {//保证输入的数据正确
            std::cout << "数据有误! \n 请重新输入合适求导数的参数值,必须在-1 到 1 之间:";
            std::cin >> dVariationalX;

        }
        double dRightResult = Get32312FunValue(dVariationalX);
        std::cout << "求出导数正确的值是:" << dRightResult << endl;
        dxz = dcDeltaX - dcPrecision;//左边开始求值的变量
        double dPre = 0;//上一次求的 y 值
        double dNow = Get32311FunValue(dxz, dVariationalX);//当前求得 y 值
        double dSpaceTemp = dcPrecision;
        ///
        dPre = dNow;//上一次求的 y 值
        dSpaceTemp = dSpaceTemp / 2;//靠近的距离的变化越来越小
        dxz = dxz + dSpaceTemp;//变量不断靠近趋向值
        ///
        while(dxz < dcDeltaX)
        {//找到左极限
            double dTemp = Get32311FunValue(dxz, dVariationalX);//当前求得 y 值
            if(dTemp == 0)
            {//本次计算有误,用上次数据,计算完成
                dNow = dPre;
            }
            else
            {
                dNow = dTemp;
            }
            if(abs(dPre - dNow)< dTininessVal)
            {//发现值不再变化,找到左极限
                std::cout << " \n 左极限是:" << dNow << " \n";
                break;
            }
            dPre = dNow;//上一次求的 y 值
```

```
        dSpaceTemp = dSpaceTemp / 2;//靠近的距离的变化越来越小
        dxz = dxz + dSpaceTemp;//变量不断靠近趋向值
}
if( dxz > dcDeltaX || dxz == dcDeltaX )
{//如果 dxz 已经移到 dX 了,肯定就找到极限了
        std::cout << "\n左极限是:" << dNow << "\n";
}
if( abs( dNow - dRightResult )< dMinorVal )
{
        std::cout << "用导数定义求得左极限值与直接用导函数求得值一致！\n";
}
else
{
        std::cout << "用导数定义求得左极限值与直接用导函数求得值不一致！\n";
}
dxy = dcDeltaX + dcPrecision;//重新设定自变量的值,从常量右边开始求值
dNow = Get32311FunValue( dxy, dVariationalX );//当前求得 y 值
dSpaceTemp = dcPrecision;//重新设定自变量需要变化的值
///
dPre = dNow;//上一次求的 y 值
dSpaceTemp = dSpaceTemp / 2;//靠近的距离的变化越来越小
dxy = dxy - dSpaceTemp;//变量不断靠近趋向值
///
while( dxy > dcDeltaX )
{//找到右极限
        double dTemp = Get32311FunValue( dxy, dVariationalX );//当前求得 y 值
        if( dTemp == 0 )
        {//本次计算有误,用上次数据,计算完成
                dNow = dPre;
        }
        else
        {
                dNow = dTemp;
        }
        if( abs( dPre - dNow )< dTininessVal )
        {//发现值不再变化,找到右极限
                std::cout << "\n右极限是:" << dNow << "\n";
                break;
        }
        dPre = dNow;//上一次求的 y 值
        dSpaceTemp = dSpaceTemp / 2;//靠近的距离的变化越来越小
        dxy = dxy - dSpaceTemp;//变量不断靠近趋向值
}
```

```
if(dxy < dcDeltaX || dxy == dcDeltaX)
{//如果 dxy 已经移到 dX 了,肯定就找到极限了
    std::cout << "\n 右极限是:" << dNow << "\n";
}
if(abs(dNow - dRightResult)< dMinorVal)
{
    std::cout << "用导数定义求得右极限值与直接用导函数求得值一致! \n";
}
else
{
    std::cout << "用导数定义求得右极限值与直接用导函数求得值不一致! \n";
}
}
```

完成代码修改后,请同时按住键盘的"Ctrl"和"F7"键,即可以编译程序 Program3-6。编译通过后,我们可以直接按键盘的"F5"键来对程序进行调试运行。如果有问题,仔细核对以上代码,如果没有问题,调试通过,运行程序后我们可以看到运行的结果如图 3-8 所示。

图 3-8　程序 Program3-6 运行结果(例 3-6-1)

经过以上一系列程序代码的修改和运行,我们能够看到实例与程序运行结果吻合,程序验证了实例的正确性。

针对例 3-6-2,可以把代码修改如下:

```
// Program3-6. cpp : 此文件包含"main"函数。程序执行将在此处开始并结束
//
#include <iostream>
#include <math. h>
using namespace std;//使用标准库时,需要加上这段代码
//设定一个非常小的值,用来做两个小数的相等比较
//在误差允许的范围内可认为两个数是相等的
double const dTininessVal = 0. 00000000000000001;
//设定一个较小的值,用来做直接求导与用导函数求导结果的相等比较
double const dMinorVal = 0. 0000001;//求导比较精度不能要求太高
double const dcDeltaX = 0;//设定求导数时,Δx 始终在 0 附近求导
```

double const dcPrecision = 0.11;//从离趋向值附近变量考虑的范围开始尝试求值,设置小数的后的数为质数数值,有利于防止出现异常情况,如果设置为0.1,得出的结果可能有问题

//返回(f(x+Δx)−f(x))/Δx,其中 f(x)= [(3x+2)]^4

```cpp
double Get32311FunValue(double dDeltaX, double dVarX)
{
    if(dDeltaX == 0)
    {//防止有异常数据传入出错
        std::cout << "传入的 dDeltaX 数据不能使得分母等于 0! \n";
        return 0;
    }
    double d0 = pow(3 * (dVarX + dDeltaX)+2, 4);
    double d1 = pow(3 * dVarX + 2, 4);
    double d2 = d0 − d1;
    if(d2 == 0)
    {
        std::cout << "超越精度,提示用上次数据! \n";
        return 0;
    }
    double d3 = d2 / dDeltaX;
    return d3;
}
//返回 12[(3x+2)]^3
double Get32312FunValue(double dVarX)
{
    double d4 = pow(3 * dVarX + 2, 3);
    double d5 = 12 * d4;
    return d5;
}
int main()
{
    double dxz = 0;//左边的变量
    double dxy = 0;//右边的变量
    double dVariationalX = 0;
    std::cout << "请输入求导数的参数值:";
    std::cin >> dVariationalX;
    double dRightResult = Get32312FunValue(dVariationalX);
    std::cout << "求出导数正确的值是:" << dRightResult << endl;
    dxz = dcDeltaX − dcPrecision;//左边开始求值的变量
    double dPre = 0;//上一次求的 y 值
    double dNow = Get32311FunValue(dxz, dVariationalX);//当前求得 y 值
    double dSpaceTemp = dcPrecision;
    ///
    dPre = dNow;//上一次求的 y 值
```

```
dSpaceTemp = dSpaceTemp / 2;//靠近的距离的变化越来越小
dxz = dxz + dSpaceTemp;//变量不断靠近趋向值
///
while(dxz < dcDeltaX)
{//找到左极限
    double dTemp = Get32311FunValue(dxz, dVariationalX);//当前求得 y 值
    if(dTemp == 0)
    {//本次计算有误,用上次数据,计算完成
        dNow = dPre;
    }
    else
    {
        dNow = dTemp;
    }
    if(abs(dPre - dNow)< dTininessVal)
    {//发现值不再变化,找到左极限
        std::cout << "\n 左极限是:" << dNow << "\n";
        break;
    }
    dPre = dNow;//上一次求的 y 值
    dSpaceTemp = dSpaceTemp / 2;//靠近的距离的变化越来越小
    dxz = dxz + dSpaceTemp;//变量不断靠近趋向值
}
if(dxz > dcDeltaX || dxz == dcDeltaX)
{//如果 dxz 已经移到 dX 了,肯定就找到极限了
    std::cout << "\n 左极限是:" << dNow << "\n";
}
if(abs(dNow - dRightResult)< dMinorVal)
{
    std::cout << "用导数定义求得左极限值与直接用导函数求得值一致!\n";
}
else
{
    std::cout << "用导数定义求得左极限值与直接用导函数求得值不一致!\n";
}
dxy = dcDeltaX + dcPrecision;//重新设定自变量的值,从常量右边开始求值
dNow = Get32311FunValue(dxy, dVariationalX);//当前求得 y 值
dSpaceTemp = dcPrecision;//重新设定自变量需要变化的值
///
dPre = dNow;//上一次求的 y 值
dSpaceTemp = dSpaceTemp / 2;//靠近的距离的变化越来越小
dxy = dxy - dSpaceTemp;//变量不断靠近趋向值
///
```

```
    while( dxy > dcDeltaX)
    {//找到右极限
        double dTemp = Get32311FunValue( dxy, dVariationalX);//当前求得 y 值
        if( dTemp = = 0)
        {//本次计算有误,用上次数据,计算完成
            dNow = dPre;
        }
        else
        {
            dNow = dTemp;
        }
        if( abs( dPre - dNow)< dTininessVal)
        {//发现值不再变化,找到右极限
            std::cout << " \n 右极限是:" << dNow << " \n";
            break;
        }
        dPre = dNow;//上一次求的 y 值
        dSpaceTemp = dSpaceTemp / 2;//靠近的距离的变化越来越小
        dxy = dxy - dSpaceTemp;//变量不断靠近趋向值
    }
    if( dxy < dcDeltaX || dxy = = dcDeltaX)
    {//如果 dxy 已经移到 dX 了,肯定就找到极限了
        std::cout << " \n 右极限是:" << dNow << " \n";
    }
    if( abs( dNow - dRightResult)< dMinorVal)
    {
        std::cout << "用导数定义求得右极限值与直接用导函数求得值一致! \n";
    }
    else
    {
        std::cout << "用导数定义求得右极限值与直接用导函数求得值不一致! \n";
    }
}
```

完成代码修改后,请同时按住键盘的"Ctrl"和"F7"键,即可以编译程序 Program3-6。编译通过后,我们可以直接按键盘的"F5"键来对程序进行调试运行。如果有问题,仔细核对以上代码,如果没有问题,调试通过,运行程序后我们可以看到运行的结果如图 3-9 所示。

经过以上一系列程序代码的修改和运行,我们能够看到程序运行结果的值是相等的,但是判断出现了问题。怎么会出现这样奇怪的事情呢? 我们设置断点进行调试,查看数据(图 3-10)我们发现"dNow = 58955.996981534088""dRightResult = 58956.000000000000",所以它们的差肯定大于"dMinorVal"的值"9.9999999999999995e-08"。但是根据我们的经验,"58955.996981534088"与"58956"可以认为已经相等了,所以我们修改程序算法重新判断。

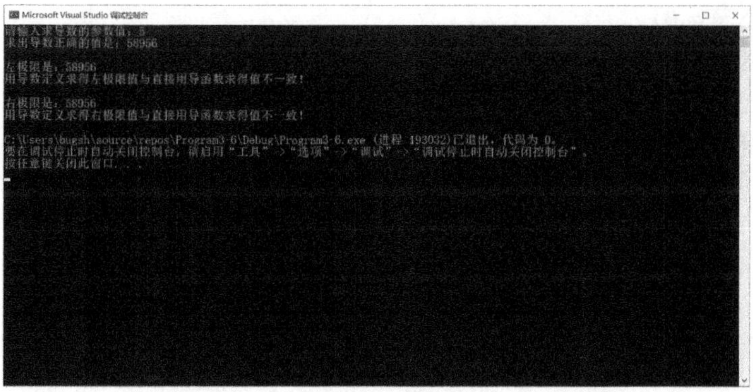

图 3-9 程序 Program3-6 运行结果(例 3-6-2)

图 3-10 程序 Program3-6 调试运行结果(例 3-6-2)

根据上面出现的问题,需要对比较数据进行分析,看标准值的数据是否是整数。如果是整数,必须都转换成整数进行比较,小数转换成整数时应遵循四舍五入的方法进行计算。修改后代码如下:

```
// Program3-6. cpp :此文件包含"main"函数。程序执行将在此处开始并结束
//
#include <iostream>
#include <math. h>
using namespace std;//使用标准库时,需要加上这段代码
//设定一个非常小的值,用来做两个小数的相等比较
//在误差允许的范围内可认为两个数是相等的
double const dTininessVal = 0. 00000000000000001;
//设定一个较小的值,用来做直接求导与用导函数求导结果的相等比较
double const dMinorVal = 0. 0000001;//求导比较精度不能要求太高
double const dcDeltaX = 0;//设定求导数时,Δx 始终在 0 附近求导
double const dcPrecision = 0. 11;//从离趋向值附近变量考虑的范围开始尝试求值,设置小数的后的
数为质数数值,有利于防止出现异常情况,如果设置为 0. 1,得出的结果可能有问题
//返回(f(x+Δx)-f(x))/Δx,其中 f(x)=〚(3x+2)〛^4
double Get32311FunValue(double dDeltaX, double dVarX)
{
```

— 127 —

C++解说微积分

```cpp
    if( dDeltaX == 0)
    {//防止有异常数据传入出错
        std::cout << "传入的 dDeltaX 数据不能使得分母等于 0! \n";
        return 0;
    }
    double d0 = pow(3 * (dVarX + dDeltaX)+2, 4);
    double d1 = pow(3 * dVarX + 2, 4);
    double d2 = d0 - d1;
    if( d2 == 0)
    {
        std::cout << "超越精度,提示用上次数据! \n";
        return 0;
    }
    double d3 = d2 / dDeltaX;
    return d3;
}
//返回 12〖(3x+2)〗^3
double Get32312FunValue( double dVarX)
{
    double d4 = pow(3 * dVarX + 2, 3);
    double d5 = 12 * d4;
    return d5;
}
int main( )
{
    double dxz = 0;//左边的变量
    double dxy = 0;//右边的变量
    double dVariationalX = 0;
    std::cout << "请输入求导数的参数值:";
    std::cin >> dVariationalX;
    double dRightResult = Get32312FunValue( dVariationalX);
    std::cout << "求出导数正确的值是:" << dRightResult << endl;
    dxz = dcDeltaX - dcPrecision;//左边开始求值的变量
    double dPre = 0;//上一次求的 y 值
    double dNow = Get32311FunValue( dxz, dVariationalX);//当前求得 y 值
    double dSpaceTemp = dcPrecision;
    ///
    dPre = dNow;//上一次求的 y 值
    dSpaceTemp = dSpaceTemp / 2;//靠近的距离的变化越来越小
    dxz = dxz + dSpaceTemp;//变量不断靠近趋向值
    ///
    while( dxz < dcDeltaX)
    {//找到左极限
```

— 128 —

```
double dTemp = Get32311FunValue(dxz, dVariationalX);//当前求得 y 值
if(dTemp == 0)
{//本次计算有误,用上次数据,计算完成
    dNow = dPre;
}
else
{
    dNow = dTemp;
}
if(abs(dPre - dNow)< dTininessVal)
{//发现值不再变化,找到左极限
    std::cout << "\n 左极限是:" << dNow << "\n";
    break;
}
dPre = dNow;//上一次求的 y 值
dSpaceTemp = dSpaceTemp / 2;//靠近的距离的变化越来越小
dxz = dxz + dSpaceTemp;//变量不断靠近趋向值
}
if(dxz > dcDeltaX || dxz == dcDeltaX)
{//如果 dxz 已经移到 dX 了,肯定就找到极限了
    std::cout << "\n 左极限是:" << dNow << "\n";
}

int nRightResult = dRightResult;
if(abs(dRightResult - nRightResult)< dMinorVal)//说明 dRightResult 值实际可认为是整数
{
    int nNow = 0;
    if(dNow > 0)
    {//保证 dNow 值转换为整数(四舍五入后),正数需要加 0.5,负数需要减 0.5
        nNow = dNow + 0.5;
    }
    else
    {
        nNow = dNow - 0.5;
    }
    if(nNow == nRightResult)
    {
        std::cout << "用导数定义求得左极限值与直接用导函数求得值一致! \n";
    }
    else
    {
        std::cout << "用导数定义求得左极限值与直接用导函数求得值不一致! \n";
    }
}
```

```
else
{
    if( abs( dNow - dRightResult )< dMinorVal )
    {
        std::cout << "用导数定义求得左极限值与直接用导函数求得值一致！\n";
    }
    else
    {
        std::cout << "用导数定义求得左极限值与直接用导函数求得值不一致！\n";
    }
}

dxy = dcDeltaX + dcPrecision;//重新设定自变量的值，从常量右边开始求值
dNow = Get32311FunValue( dxy, dVariationalX );//当前求得 y 值
dSpaceTemp = dcPrecision;//重新设定自变量需要变化的值
///
dPre = dNow;//上一次求的 y 值
dSpaceTemp = dSpaceTemp / 2;//靠近的距离的变化越来越小
dxy = dxy - dSpaceTemp;//变量不断靠近趋向值
///
while( dxy > dcDeltaX )
{//找到右极限
    double dTemp = Get32311FunValue( dxy, dVariationalX );//当前求得 y 值
    if( dTemp == 0 )
    {//本次计算有误,用上次数据,计算完成
        dNow = dPre;
    }
    else
    {
        dNow = dTemp;
    }
    if( abs( dPre - dNow )< dTininessVal )
    {//发现值不再变化,找到右极限
        std::cout << "\n 右极限是:" << dNow << "\n";
        break;
    }
    dPre = dNow;//上一次求的 y 值
    dSpaceTemp = dSpaceTemp / 2;//靠近的距离的变化越来越小
    dxy = dxy - dSpaceTemp;//变量不断靠近趋向值
}
if( dxy < dcDeltaX || dxy == dcDeltaX )
{//如果 dxy 已经移到 dX 了,肯定就找到极限了
    std::cout << "\n 右极限是:" << dNow << "\n";
```

```
    }
if( abs( dRightResult - nRightResult ) < dMinorVal )//说明 dRightResult 值实际可认为是整数
    {
        int nNow = 0;
        if( dNow > 0 )
        {//保证 dNow 值转换为整数(四舍五入后),正数需要加 0.5,负数需要减 0.5
            nNow = dNow + 0.5;
        }
        else
        {
            nNow = dNow - 0.5;
        }
        if( nNow == nRightResult )
        {
            std::cout << "用导数定义求得右极限值与直接用导函数求得值一致! \n";
        }
        else
        {
            std::cout << "用导数定义求得右极限值与直接用导函数求得值不一致! \n";
        }
    }
    else
    {
        if( abs( dNow - dRightResult ) < dMinorVal )
        {
            std::cout << "用导数定义求得右极限值与直接用导函数求得值一致! \n";
        }
        else
        {
            std::cout << "用导数定义求得右极限值与直接用导函数求得值不一致! \n";
        }
    }
}
```

完成代码修改,运行程序后我们可以看到运行的结果如图 3-11 所示。

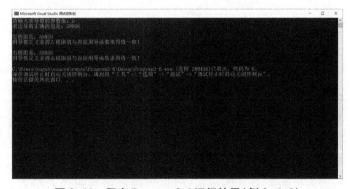

图 3-11 程序 Program3-6 运行结果(例 3-6-2)

— 131 —

经过以上一系列程序代码的修改和运行,我们能够看到实例与程序运行结果吻合,程序验证了实例的正确性。

3.2.4 解说隐函数、幂指函数和参数方程的求导方法

(1)隐函数有时不能从方程 $f(x,y)=0$ 解出 y 直接关于 x 的解析式 $y(x)$,y 不可显化成只有自变量 x 的式子,那么称这样的函数为隐函数。这时可用隐函数的求导方法:在方程 $f(x,y)=0$ 两边对 x 求导,含 y 的项式为 x 的函数,利用复合函数求导的链式法则,再解出 y' 即可。

(2)底数与指数部分均含有自变量形如 $y=u(x)^{v(x)}$ 的函数,称为幂指函数。求幂指函数的导数不能直接用幂函数或指数函数的求导公式。对幂指函数或多因子乘积形式的函数求导,可先对函数解析式两边取对数,利用对数性质进行化简后变为 $\ln y=v(x)\ln u(x)$,再按隐函数求导方法求导。这种先取对数化简后再求导的方法称为取对数求导方法。

(3)参数方程的一般式为 $\begin{cases} x=u(t) \\ y=v(t) \end{cases}$,其中,$t$ 为参数。确定 x 与 y 的函数关系式,那么就认为这个函数的关系就是由参数方程所确定的函数。

参数方程求导方法,即参数方程所确定函数的导数,为 $\dfrac{dy}{dx}=\dfrac{\frac{dy}{dt}}{\frac{dx}{dt}}=\dfrac{v'(t)}{u'(t)}$。

参数方程求导方法的要点是,分子为函数对 t 求导,分母为自变量对 t 求导。

实例 3-7

例 3-7-1　求椭圆函数 $\dfrac{x^2}{3}+\dfrac{y^2}{8}=1$ 在点 $(1,\dfrac{4}{3}\sqrt{3})$ 处切线的斜率。

解:

如图 3-12 所示,由导数的几何意义可以得出斜率 $k=\dfrac{dy}{dx}\big|_{x=1}$,即需要求出椭圆函数的导数。这个椭圆函数是个隐函数,可以在函数两边同时对 x 求导,即 $\dfrac{2x}{3}+\dfrac{2y}{8}y'=0$,化简求得 $y'=-\dfrac{8x}{3y}$,把 $x=1$,$y=\dfrac{4}{3}\sqrt{3}$ 代入上式可得 $y'=-\dfrac{8x}{3y}=-\dfrac{2\sqrt{3}}{3}$,即为点 $(1,\dfrac{4}{3}\sqrt{3})$ 处切线的斜率。

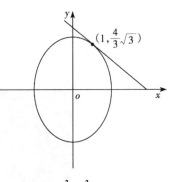

图 3-12　$\dfrac{x^2}{3}+\dfrac{y^2}{8}=1$ 切线分析

例 3-7-2　求函数 $f(x)=x^x$ 的导数。

解:

设 $y=f(x)=x^x$,因为该函数是幂指函数,所以可以对函数两边去对数后再利用隐函数求

导，即 $\ln y = x\ln x$，两边求导得 $\dfrac{y'}{y} = \ln x + 1$，则有 $y' = y(\ln x + 1)$。所以函数 $f(x) = x^x$ 的导数为 $x^x(\ln x + 1)$。

例 3-7-3　求椭圆方程 $\begin{cases} x = 4\sin t \\ y = 5\cos t \end{cases}$（$t$ 为参数）在 $t = \dfrac{\pi}{4}$ 处切线的斜率。

解：

根据导数的几何意义可知，切线的斜率就是函数的导数。

当 $t = \dfrac{\pi}{4}$ 时，椭圆上相应点的导数可根据参数方程求得

$$\frac{\mathrm{d}y}{\mathrm{d}x} = \frac{\dfrac{\mathrm{d}y}{\mathrm{d}t}}{\dfrac{\mathrm{d}x}{\mathrm{d}t}} = \frac{-5\sin t}{4\cos t} = -\frac{5}{4}\tan t = -\frac{5}{4}。$$

◉ 程序解说 3-7

针对上面的例题，可以用程序解说。前面的步骤请参照程序解说 1-1。在第 4 步，首先填写项目名称"Program3-7"，然后依次完成，最后在代码中修改。

针对例 3-7-1，可以把代码修改如下：

```
// Program3-7.cpp：此文件包含"main"函数。程序执行将在此处开始并结束
//
#include <iostream>
#include <math. h>
using namespace std;//使用标准库时,需要加上这段代码
//设定一个非常小的值,用来做两个小数的相等比较
//在误差允许的范围内可认为两个数是相等的
double const dTininessVal = 0.00000000000000001;
//设定一个较小的值,用来做直接求导与用导函数求导结果的相等比较
double const dMinorVal = 0.0000001;//求导比较精度不能要求太高
double const dcDeltaX = 0;//设定求导数时,Δx 始终在 0 附近求导
double const dcPrecision = 0.11;//从离趋向值附近变量考虑的范围开始尝试求值,设置小数的后的数为质数数值,有利于防止出现异常情况,如果设置为 0.1,得出的结果可能有问题
//double dVarYz = pow(8 * (1 - pow(dVariationalX + dxz, 2)/ 3), 1.0 / 2);
double Get32411FunValue(double dVarX)
{
    double d1 = pow(dVarX, 2);
    double d2 = 8 * (1 - d1 / 3);
    if(d2 < 0)
    {//防止有异常数据传入出错
        std::cout << "传入的 d2 数据不能小于 0! \n";
        return 0;
    }
```

```
        double d3 = pow(d2,1.0/2);
        return d3;
}
//返回(f(x+Δx)−f(x))/Δx,其中 f(x,y)= x^2/3+y^2/8=1
double Get32412FunValue(double dDeltaX, double dVarY, double dY)
{
    if(dDeltaX == 0)
    {//防止有异常数据传入出错
        std::cout << "传入的 dDeltaX 数据不能使得分母等于 0! \n";
        return 0;
    }

    double d1 = dVarY − dY;//Δy
    if(d1 == 0)
    {
        std::cout << "超越精度,提示用上次数据! \n";
        return 0;
    }
    double d2 = d1 / dDeltaX;
    return d2;
}
//返回−8x/3y
double Get32413FunValue(double dVarX, double dVarY)
{
    if(dVarY == 0)
    {//防止有异常数据传入出错
        std::cout << "传入的 dVarY 数据不能使得分母等于 0! \n";
        return 0;
    }
    return −8.0 * dVarX /(3.0 * dVarY);
}
int main()
{
    double dxz = 0;//左边的变量
    double dxy = 0;//右边的变量
    double dVariationalX = 1;
    double dVariationalY = 4 * pow(3,1.0/2)/3;//  4/3 √3
    //因为输入的数据要开根号,手动无法输入,所以用软件直接算出
    std::cout << "输入求导数的 x 参数值:";
    std::cout << dVariationalX;
    std::cout << "\n 输入求导数的 y 参数值:";
    std::cout << dVariationalY<<endl;
```

```cpp
double dRightResult = Get32413FunValue(dVariationalX, dVariationalY);
std::cout << "求出导数正确的值是:" << dRightResult << endl;
dxz = dcDeltaX - dcPrecision;//左边开始求值的变量
double dPre = 0;//上一次求的 y 值
double dVarYz = Get32411FunValue(dVariationalX + dxz);
double dNow = Get32412FunValue(dxz, dVarYz, dVariationalY);//当前求得导数值
double dSpaceTempX = dcPrecision;//自变量 x 的变化
double dSpaceTempY = dcPrecision;//因变量 y 的变化
///
dPre = dNow;//上一次求的 y 值
dSpaceTempX = dSpaceTempX / 2;//靠近的距离的变化越来越小
dxz = dxz + dSpaceTempX;//变量不断靠近趋向值
///
while(dxz < dcDeltaX)
{//找到左极限
    //找到 f(x+Δx)
    //先利用 dxz 求出对应的 y 值
    dVarYz = Get32411FunValue(dVariationalX + dxz);

    double dTemp = Get32412FunValue(dxz, dVarYz, dVariationalY);//当前求得 y 值
    if(dTemp == 0)
    {//本次计算有误,用上次数据,计算完成
        dNow = dPre;
    }
    else
    {
        dNow = dTemp;
    }
    if(abs(dPre - dNow)< dTininessVal)
    {//发现值不再变化,找到左极限
        std::cout << "\n 左极限是:" << dNow << "\n";
        break;
    }
    dPre = dNow;//上一次求的 y 值
    dSpaceTempX = dSpaceTempX / 2;//靠近的距离的变化越来越小
    dxz = dxz + dSpaceTempX;//变量不断靠近趋向值
}
if(dxz > dcDeltaX || dxz == dcDeltaX)
{//如果 dxz 已经移到 dX 了,肯定就找到极限了
    std::cout << "\n 左极限是:" << dNow << "\n";
}
int nRightResult = dRightResult;
```

```
if(abs(dRightResult - nRightResult)< dMinorVal)//说明 dRightResult 值实际可认为是整数
{
    int nNow = 0;
    if(dNow > 0)
    {//保证 dNow 值转换为整数(四舍五入后),正数需要加 0.5,负数需要减 0.5
        nNow = dNow + 0.5;
    }
    else
    {
        nNow = dNow - 0.5;
    }
    if(nNow == nRightResult)
    {
        std::cout << "用导数定义求得左极限值与直接用导函数求得值一致! \n";
    }
    else
    {
        std::cout << "用导数定义求得左极限值与直接用导函数求得值不一致! \n";
    }
}
else
{
    if(abs(dNow - dRightResult)< dMinorVal)
    {
        std::cout << "用导数定义求得左极限值与直接用导函数求得值一致! \n";
    }
    else
    {
        std::cout << "用导数定义求得左极限值与直接用导函数求得值不一致! \n";
    }
}
dxy = dcDeltaX + dcPrecision;//重新设定自变量的值,从常量右边开始求值
dNow = Get32412FunValue(dxy, dVarYz, dVariationalY);//当前求得 y 导数值
dSpaceTempX = dcPrecision;//重新设定自变量需要变化的值
///
dPre = dNow;//上一次求的 y 值
dSpaceTempX = dSpaceTempX / 2;//靠近的距离的变化越来越小
dxy = dxy - dSpaceTempX;//变量不断靠近趋向值
///
double dVarYy = 0;
while(dxy > dcDeltaX)
{//找到右极限
```

```
//先利用 dxy 求出对应的 y 值
dVarYz = Get32411FunValue( dVariationalX + dxy) ;
double dTemp = Get32412FunValue( dxy, dVarYz, dVariationalY) ;//当前求得 y 导数值
if( dTemp = = 0)
{//本次计算有误,用上次数据,计算完成
    dNow = dPre;
}
else
{
    dNow = dTemp;
}
if( abs( dPre - dNow) < dTininessVal)
{//发现值不再变化,找到右极限
    std::cout << " \n 右极限是:" << dNow << " \n";
    break;
}
dPre = dNow;//上一次求的 y 值
dSpaceTempX = dSpaceTempX / 2;//靠近的距离的变化越来越小
dxy = dxy - dSpaceTempX;//变量不断靠近趋向值
}
if( dxy < dcDeltaX || dxy = = dcDeltaX)
{//如果 dxy 已经移到 dX 了,肯定就找到极限了
    std::cout << " \n 右极限是:" << dNow << " \n";
}
if( abs( dRightResult - nRightResult) < dMinorVal)//说明 dRightResult 值实际可认为是整数
{
    int nNow = 0;
    if( dNow > 0)
    {//保证 dNow 值转换为整数(四舍五入后),正数需要加 0.5,负数需要减 0.5
        nNow = dNow + 0.5;
    }
    else
    {
        nNow = dNow - 0.5;
    }
    if( nNow = = nRightResult)
    {
        std::cout << "用导数定义求得右极限值与直接用导函数求得值一致! \n";
    }
    else
    {
        std::cout << "用导数定义求得右极限值与直接用导函数求得值不一致! \n";
```

```
                }
            }
        else
            {
                if( abs( dNow − dRightResult) < dMinorVal)
                {
                    std::cout << "用导数定义求得右极限值与直接用导函数求得值一致！\n";
                }
                else
                {
                    std::cout << "用导数定义求得右极限值与直接用导函数求得值不一致！\n";
                }
            }
    }
```

完成代码修改后，请同时按住键盘的"Ctrl"和"F7"键，即可以编译程序 Program3-7。编译通过后，我们可以直接按键盘的"F5"键来对程序进行调试运行。如果有问题,仔细核对以上代码,如果没有问题,调试通过,运行程序后我们可以看到运行的结果如图 3-13 所示。

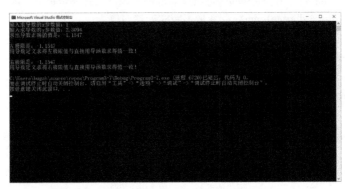

图 3-13　程序 Program3-7 运行结果（例 3-7-1）

经过以上一系列程序代码的修改和运行，我们能够看到实例与程序运行结果吻合，程序验证了实例的正确性。代码对利用导数定义和数学方法两种方法求出的结果进行了比较。

针对例 3-7-2,可以把代码修改如下:

```
// Program3-7.cpp : 此文件包含 "main" 函数。程序执行将在此处开始并结束
//
#include <iostream>
#include <math.h>
using namespace std;//使用标准库时,需要加上这段代码
//设定一个非常小的值,用来做两个小数的相等比较
//在误差允许的范围内可认为两个数是相等的
double const dTininessVal = 0.00000000000000001;
//设定一个较小的值,用来做直接求导与用导函数求导结果的相等比较
double const dMinorVal = 0.00001;//求导比较精度不能要求太高
```

double const dcDeltaX = 0;//设定求导数时,Δx 始终在 0 附近求导

double const dcPrecision = 0.11;//从离趋向值附近变量考虑的范围开始尝试求值,设置小数的后的数为质数数值,有利于防止出现异常情况,如果设置为 0.1,得出的结果可能有问题

```cpp
//double dVarYz = x^x;
double Get32421FunValue(double dVarX)
{
    double d1 = pow(dVarX, dVarX);
    return d1;
}
//返回(f(x+Δx)−f(x))/Δx,其中 f(x)= x^x
double Get32422FunValue(double dDeltaX, double dVarY, double dY)
{
    if(dDeltaX == 0)
    {//防止有异常数据传入出错
        std::cout << "传入的 dDeltaX 数据不能使得分母等于 0! \n";
        return 0;
    }

    double d1 = dVarY − dY;//Δy
    if(d1 == 0)
    {
        std::cout << "超越精度,提示用上次数据! \n";
        return 0;
    }
    double d2 = d1 / dDeltaX;
    return d2;
}
//返回 y(lnx + 1)
double Get32423FunValue(double dVarX, double dVarY)
{
    if(dVarX == 0 || dVarX < 0)
    {//防止有异常数据传入出错
        std::cout << "传入的 dVarY 数据不能小于或者等于 0! \n";
        return 0;
    }
    return dVarY ∗ (log(dVarX)+1);
}
int main()
{
    double dxz = 0;//左边的变量
    double dxy = 0;//右边的变量
    double dVariationalX = 0;
    double dVariationalY = 0;
```

```
std::cout << "请输入求导数的 x 参数值:";
std::cin >> dVariationalX;
std::cout << "请输入求导数的 y 参数值:";
std::cin >> dVariationalY;

double dRightResult = Get32423FunValue(dVariationalX, dVariationalY);
std::cout << "求出导数正确的值是:" << dRightResult << endl;
dxz = dcDeltaX - dcPrecision;//左边开始求值的变量
double dPre = 0;//上一次求的 y 值
double dVarYz = Get32421FunValue(dVariationalX + dxz);
double dNow = Get32422FunValue(dxz, dVarYz, dVariationalY);//当前求得导数值
double dSpaceTempX = dcPrecision;//自变量 x 的变化
///
dPre = dNow;//上一次求的 y 值
dSpaceTempX = dSpaceTempX / 2;//靠近的距离的变化越来越小
dxz = dxz + dSpaceTempX;//变量不断靠近趋向值
///
while(dxz < dcDeltaX)
{//找到左极限
    //找到 f(x+Δx)
    //先利用 dxz 求出对应的 y 值
    dVarYz = Get32421FunValue(dVariationalX + dxz);

    double dTemp = Get32422FunValue(dxz, dVarYz, dVariationalY);//当前求得 y 值
    if(dTemp == 0)
    {//本次计算有误,用上次数据,计算完成
        dNow = dPre;
    }
    else
    {
        dNow = dTemp;
    }
    if(abs(dPre - dNow)< dTininessVal)
    {//发现值不再变化,找到左极限
        std::cout << "\n 左极限是:" << dNow << "\n";
        break;
    }
    dPre = dNow;//上一次求的 y 值
    dSpaceTempX = dSpaceTempX / 2;//靠近的距离的变化越来越小
    dxz = dxz + dSpaceTempX;//变量不断靠近趋向值
}
if(dxz > dcDeltaX || dxz == dcDeltaX)
```

```
{//如果 dxz 已经移到 dX 了,肯定就找到极限了
    std::cout << "\n 左极限是:" << dNow << "\n";
}
int nRightResult = dRightResult;
if(abs(dRightResult - nRightResult)< dMinorVal)//说明 dRightResult 值实际可认为是整数
{
    int nNow = 0;
    if(dNow > 0)
    {//保证 dNow 值转换为整数(四舍五入后),正数需要加 0.5,负数需要减 0.5
        nNow = dNow + 0.5;
    }
    else
    {
        nNow = dNow - 0.5;
    }
    if(nNow == nRightResult)
    {
        std::cout << "用导数定义求得左极限值与直接用导函数求得值一致! \n";
    }
    else
    {
        std::cout << "用导数定义求得左极限值与直接用导函数求得值不一致! \n";
    }
}
else
{
    if(abs(dNow - dRightResult)< dMinorVal)
    {
        std::cout << "用导数定义求得左极限值与直接用导函数求得值一致! \n";
    }
    else
    {
        std::cout << "用导数定义求得左极限值与直接用导函数求得值不一致! \n";
    }
}
dxy = dcDeltaX + dcPrecision;//重新设定自变量的值,从常量右边开始求值
dNow = Get32422FunValue(dxy, dVarYz, dVariationalY);//当前求得 y 导数值
dSpaceTempX = dcPrecision;//重新设定自变量需要变化的值
///
dPre = dNow;//上一次求的 y 值
dSpaceTempX = dSpaceTempX / 2;//靠近的距离的变化越来越小
dxy = dxy - dSpaceTempX;//变量不断靠近趋向值
```

```
///
double dVarYy = 0;
while( dxy > dcDeltaX )
{//找到右极限
    //先利用 dxy 求出对应的 y 值
    dVarYz = Get32421FunValue( dVariationalX + dxy );
    double dTemp = Get32422FunValue( dxy, dVarYz, dVariationalY );//当前求得 y 导数值
    if( dTemp == 0 )
    {//本次计算有误,用上次数据,计算完成
        dNow = dPre;
    }
    else
    {
        dNow = dTemp;
    }
    if( abs( dPre - dNow )< dTininessVal )
    {//发现值不再变化,找到右极限
        std::cout << " \n 右极限是:" << dNow << " \n";
        break;
    }
    dPre = dNow;//上一次求的 y 值
    dSpaceTempX = dSpaceTempX / 2;//靠近的距离的变化越来越小
    dxy = dxy - dSpaceTempX;//变量不断靠近趋向值
}
if( dxy < dcDeltaX || dxy == dcDeltaX )
{//如果 dxy 已经移到 dX 了,肯定就找到极限了
    std::cout << " \n 右极限是:" << dNow << " \n";
}
if( abs( dRightResult - nRightResult )< dMinorVal )//说明 dRightResult 值实际可认为是整数
{
    int nNow = 0;
    if( dNow > 0 )
    {//保证 dNow 值转换为整数(四舍五入后),正数需要加 0.5,负数需要减 0.5
        nNow = dNow + 0.5;
    }
    else
    {
        nNow = dNow - 0.5;
    }
    if( nNow == nRightResult )
    {
        std::cout << "用导数定义求得右极限值与直接用导函数求得值一致! \n";
```

```
        }
    else
        {
            std::cout << "用导数定义求得右极限值与直接用导函数求得值不一致！\n";
        }
    }
else
    {
        if( abs( dNow - dRightResult ) < dMinorVal )
        {
            std::cout << "用导数定义求得右极限值与直接用导函数求得值一致！\n";
        }
    else
        {
            std::cout << "用导数定义求得右极限值与直接用导函数求得值不一致！\n";
        }
    }
}
```

完成代码修改后,请同时按住键盘的"Ctrl"和"F7"键,即可以编译程序 Program3-7。编译通过后,我们可以直接按键盘的"F5"键来对程序进行调试运行。如果有问题,仔细核对以上代码,如果没有问题,调试通过,运行程序后我们可以看到运行的结果如图 3-14 所示。

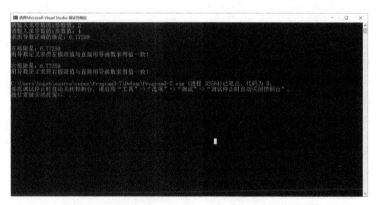

图 3-14 程序 Program3-7 运行结果(例 3-7-2)

经过以上一系列程序代码的修改和运行,我们能够看到实例与程序运行结果吻合,程序验证了实例的正确性。

针对例 3-7-3,可以把代码修改如下:

```
// Program3-7.cpp：此文件包含"main"函数。程序执行将在此处开始并结束
//
#include <iostream>
#include <math.h>
using namespace std;//使用标准库时,需要加上这段代码
```

//设定一个非常小的值,用来做两个小数的相等比较
//在误差允许的范围内可认为两个数是相等的
double const dTininessVal = 0.000000000000001;
//设定一个较小的值,用来做直接求导与用导函数求导结果的相等比较
double const dMinorVal = 0.00001;//求导比较精度不能要求太高
double const dcDeltaX = 0;//设定求导数时,Δx 始终在 0 附近求导
double const dcPrecision = 0.11;//从离趋向值附近变量考虑的范围开始尝试求值,设置小数的后的数为质数数值,有利于防止出现异常情况,如果设置为0.1,得出的结果可能有问题
//double y = 5cost; t = arcsin(x/4)
double Get32431FunValue(double dVarX)
{
    double d0 = asin(dVarX / 4.0);
    double d1 = 5 * cos(d0);
    return d1;
}
//返回(f(x+Δx)−f(x))/Δx
double Get32432FunValue(double dDeltaX, double dVarY, double dY)
{
    if(dDeltaX == 0)
    {//防止有异常数据传入出错
        std::cout << "传入的 dDeltaX 数据不能使得分母等于 0! \n";
        return 0;
    }

    double d1 = dVarY − dY;//Δy
    if(d1 == 0)
    {
        std::cout << "超越精度,提示用上次数据! \n";
        return 0;
    }
    double d2 = d1 / dDeltaX;
    return d2;
}
//返回−5/4tant
double Get32433FunValue(double dVarT)
{
    return −5 * tan(dVarT)/ 4 ;
}
int main()
{
    double dxz = 0;//左边的变量
    double dxy = 0;//右边的变量
    double dVariationalT = 0;

```cpp
double dVariationalX = 0;
double dVariationalY = 0;
std::cout << "输入求导数的 t 参数值:";
std::cin >> dVariationalT;
dVariationalX = 4 * sin(dVariationalT);
dVariationalY = 5 * cos(dVariationalT);


double dRightResult = Get32433FunValue(dVariationalT);
std::cout << "求出导数正确的值是:" << dRightResult << endl;
dxz = dcDeltaX - dcPrecision;//左边开始求值的变量
double dPre = 0;//上一次求的 y 值
double dVarYz = Get32431FunValue(dVariationalX + dxz);
double dNow = Get32432FunValue(dxz, dVarYz, dVariationalY);//当前求得导数值
double dSpaceTempX = dcPrecision;//自变量 x 的变化
double dSpaceTempY = dcPrecision;//因变量 y 的变化
///
dPre = dNow;//上一次求的 y 值
dSpaceTempX = dSpaceTempX / 2;//靠近的距离的变化越来越小
dxz = dxz + dSpaceTempX;//变量不断靠近趋向值
///
while(dxz < dcDeltaX)
{//找到左极限
    //找到 f(x+Δx)
    //先利用 dxz 求出对应的 y 值
    dVarYz = Get32431FunValue(dVariationalX + dxz);

    double dTemp = Get32432FunValue(dxz, dVarYz, dVariationalY);//当前求得 y 值
    if(dTemp == 0)
    {//本次计算有误,用上次数据,计算完成
        dNow = dPre;
    }
    else
    {
        dNow = dTemp;
    }
    if(abs(dPre - dNow)< dTininessVal)
    {//发现值不再变化,找到左极限
        std::cout << "\n左极限是:" << dNow << "\n";
        break;
    }
    dPre = dNow;//上一次求的 y 值
    dSpaceTempX = dSpaceTempX / 2;//靠近的距离的变化越来越小
    dxz = dxz + dSpaceTempX;//变量不断靠近趋向值
```

```
        }
        if( dxz > dcDeltaX || dxz == dcDeltaX )
        {//如果 dxz 已经移到 dX 了,肯定就找到极限了
            std::cout << " \n 左极限是:" << dNow << "\n";
        }
        int nRightResult = dRightResult;
        if( abs( dRightResult - nRightResult )< dMinorVal )//说明 dRightResult 值实际可认为是整数
        {
            int nNow = 0;
            if( dNow > 0)
            {//保证 dNow 值转换为整数(四舍五入后),正数需要加 0.5,负数需要减 0.5
                nNow = dNow + 0.5;
            }
            else
            {
                nNow = dNow - 0.5;
            }
            if( nNow == nRightResult )
            {
                std::cout << "用导数定义求得左极限值与直接用导函数求得值一致! \n";
            }
            else
            {
                std::cout << "用导数定义求得左极限值与直接用导函数求得值不一致! \n";
            }
        }
        else
        {
            if( abs( dNow - dRightResult )< dMinorVal )
            {
                std::cout << "用导数定义求得左极限值与直接用导函数求得值一致! \n";
            }
            else
            {
                std::cout << "用导数定义求得左极限值与直接用导函数求得值不一致! \n";
            }
        }
        dxy = dcDeltaX + dcPrecision;//重新设定自变量的值,从常量右边开始求值
        dNow = Get32432FunValue( dxy, dVarYz, dVariationalY );//当前求得 y 导数值
        dSpaceTempX = dcPrecision;//重新设定自变量需要变化的值
        ///
        dPre = dNow;//上一次求的 y 值
        dSpaceTempX = dSpaceTempX / 2;//靠近的距离的变化越来越小
```

```
dxy = dxy - dSpaceTempX;//变量不断靠近趋向值
///
double dVarYy = 0;
while( dxy > dcDeltaX)
{//找到右极限
    //先利用 dxy 求出对应的 y 值
    dVarYz = Get32431FunValue( dVariationalX + dxy);
    double dTemp = Get32432FunValue( dxy, dVarYz, dVariationalY);//当前求得 y 导数值
    if( dTemp == 0)
    {//本次计算有误,用上次数据,计算完成
        dNow = dPre;
    }
    else
    {
        dNow = dTemp;
    }
    if( abs( dPre - dNow)< dTininessVal)
    {//发现值不再变化,找到右极限
        std::cout << "\n 右极限是:" << dNow << "\n";
        break;
    }
    dPre = dNow;//上一次求的 y 值
    dSpaceTempX = dSpaceTempX / 2;//靠近的距离的变化越来越小
    dxy = dxy - dSpaceTempX;//变量不断靠近趋向值
}
if( dxy < dcDeltaX || dxy == dcDeltaX)
{//如果 dxy 已经移到 dX 了,肯定就找到极限了
    std::cout << "\n 右极限是:" << dNow << "\n";
}
if( abs( dRightResult - nRightResult)< dMinorVal)//说明 dRightResult 值实际可认为是整数
{
    int nNow = 0;
    if( dNow > 0)
    {//保证 dNow 值转换为整数(四舍五入后),正数需要加 0.5,负数需要减 0.5
        nNow = dNow + 0.5;
    }
    else
    {
        nNow = dNow - 0.5;
    }
    if( nNow == nRightResult)
    {
        std::cout << "用导数定义求得右极限值与直接用导函数求得值一致! \n";
```

```
        }
    else
        {
            std::cout << "用导数定义求得右极限值与直接用导函数求得值不一致！\n";
        }
    }
else
    {
        if( abs( dNow − dRightResult )< dMinorVal )
        {
            std::cout << "用导数定义求得右极限值与直接用导函数求得值一致！\n";
        }
        else
        {
            std::cout << "用导数定义求得右极限值与直接用导函数求得值不一致！\n";
        }
    }
}
```

完成代码修改后，请同时按住键盘的"Ctrl"和"F7"键，即可以编译程序 Program3-7。编译通过后，我们可以直接按键盘的"F5"键来对程序进行调试运行。如果有问题，仔细核对以上代码，如果没有问题，调试通过，运行程序后我们可以看到运行的结果如图 3-15 所示。

图 3-15 程序 Program3-7 运行结果（例 3-7-3）

经过以上一系列程序代码的修改和运行，我们能够看到实例与程序运行结果吻合，程序验证了实例的正确性。本程序变化的参数还是通过 x 来变化的，首先用 x 的变化反过来推导出 t 的变化，然后引起 y 的变化，再利用导数定义求出来，最后与实例的结果运算比较。这样做的好处是程序在不改变整个 Program3-7 原有的架构模式来完成的，有时候在软件开发项目组中，需要统一代码的风格，以便于管理。

3.2.5　解说高阶导数

假如函数 $y=f(x)$ 的导数 $y'=f'(x)$ 仍然是 x 的函数,那么称 $y'=f'(x)$ 为函数 $y=f(x)$ 的一阶导数,若一阶导数 $y'=f'(x)$ 仍然可导,则称 $y'=f'(x)$ 的导数为函数 $y=f(x)$ 的二阶导数,记作 y''、$f''(x)$、$\dfrac{\mathrm{d}^2 y}{\mathrm{d}x^2}$ 或 $\dfrac{\mathrm{d}^2 f(x)}{\mathrm{d}x^2}$。同样,二阶导数的导数为三阶导数,以此类推,二阶导数以上的导数称为高阶导数。

实例 3-8

例 3-8　求函数 $f(x)=\ln x+x^3$ 的二阶导数,并求出 $f''(1)$。

解:

$f(x)=\ln x+x^3$ 的一阶导数为 $f'(x)=\dfrac{1}{x}+3x^2$,二阶导数为 $f''(x)=-\dfrac{1}{x^2}+6x$,则 $f''(1)=5$。

程序解说 3-8

针对上面的例题,可以用程序解说。前面的步骤请参照程序解说 1-1。在第 4 步,首先填写项目名称"Program3-8",然后依次完成,最后在代码中修改。

针对例 3-8,可以把代码修改如下:

```
// Program3-8.cpp : 此文件包含 "main" 函数。程序执行将在此处开始并结束
//
#include <iostream>
#include <math.h>
using namespace std;//使用标准库时,需要加上这段代码
//设定一个非常小的值,用来做两个小数的相等比较
//在误差允许的范围内可认为两个数是相等的
double const dTininessVal = 0.0001;//二阶导数以上误差较大,所以设定精度比较值变大
//设定一个较小的值,用来做直接求导与用导函数求导结果的相等比较
double const dMinorVal = 0.00001;//求导比较精度不能要求太高
double const dcDeltaX = 0;//设定求导数时,Δx 始终在 0 附近求导
double const dcPrecision = 0.011;//从离趋向值附近变量考虑的范围开始尝试求值,设置小数的后的
数为质数数值,有利于防止出现异常情况,如果设置为 0.1,得出的结果可能有问题
//求得 f(x)= lnx + x^3 的值
double Get3251FunValue( double dVarX)
{
    double d0 = log( dVarX)+ pow( dVarX,3.0);
    //double d0 = pow( dVarX, 3.0);
    return d0;
}
//返回( f( x+Δx)−f( x))/Δx
double Get3252FunValue( double dDeltaX, double dDeltaY, double dY)
```

```
{
    if( dDeltaX == 0)
    {//防止有异常数据传入出错
        std::cout << "传入的 dDeltaX 数据不能使得分母等于0! \n";
        return 0;
    }
    double d1 = dDeltaY - dY;//Δy
    if( d1 == 0)
    {
        std::cout << "超越精度,提示用上次数据! \n";
        return 0;
    }
    double d2 = d1 / dDeltaX;
    return d2;
}
//返回 f(x)的一阶导数
double Get1FunValue( double dDeltaX, double dVarX)
{
    if( dDeltaX == 0)
    {//防止有异常数据传入出错
        std::cout << "传入的 dDeltaX 数据不能使得分母等于0! \n";
        return 0;
    }
    double dDeltaY = Get3251FunValue( dVarX + dDeltaX) ;
    double dVarY = Get3251FunValue( dVarX) ;
    double d0 = Get3252FunValue( dDeltaX,dDeltaY,dVarY) ;
    return d0;
}
//返回 f(x)的二阶导数
double Get2FunValue( double dDeltaX, double dVarX)
{
    if( dDeltaX == 0)
    {//防止有异常数据传入出错
        std::cout << "传入的 dDeltaX 数据不能使得分母等于0! \n";
        return 0;
    }
    double dDeltaY =  Get1FunValue( dDeltaX, dVarX + dDeltaX) ;
    double dVarY = Get1FunValue( dDeltaX, dVarX) ;
    double d0 = Get3252FunValue( dDeltaX, dDeltaY, dVarY) ;
    return d0;
}
//返回 1/x + 3x^2 ,直接计算一阶导数
double GetDirectFirstFunValue( double dVarT)
{
    return 3 * pow( dVarT,2) - 1 / dVarT;
    //return 3 * pow( dVarT, 2) ;
```

```
}
//返回-1/x^2 +6x,直接计算二阶导数
double GetDirectSecondFunValue( double dVarT)
{
    return 6 * dVarT -1 / pow( dVarT, 2);
    //return 6 * dVarT;
}
int main(   )
{
    double dxz = 0;//左边的变量
    double dxy = 0;//右边的变量
    double dVariationalX = 0;
    double dVariationalY = 0;
    std::cout << "输入求导数的 x 参数值:";
    std::cin >> dVariationalX;

    double dRightResult = GetDirectSecondFunValue( dVariationalX);
    std::cout << "求出导数正确的值是:" << dRightResult << endl;
    dxz = dcDeltaX - dcPrecision;//左边开始求值的变量
    double dPre = 0;//上一次求的 y 值
    double dNow = Get2FunValue( dxz, dVariationalX);//当前求得二阶导数值
    double dSpaceTempX = dcPrecision;//自变量 x 的变化
    ///
    dPre = dNow;//上一次求的 y 值
    dSpaceTempX = dSpaceTempX / 2;//靠近的距离的变化越来越小
    dxz = dxz + dSpaceTempX;//变量不断靠近趋向值
    ///
    while( dxz < dcDeltaX)
    {//找到左极限
        //找到 f( x+Δx)
        //先利用 dxz 求出对应的 y 值
        double dTemp = Get2FunValue( dxz, dVariationalX);
        if( dTemp == 0)
        {//本次计算有误,用上次数据,计算完成
            dNow = dPre;
        }
        else
        {
            dNow = dTemp;
        }
        if( abs( dPre - dNow)< dTininessVal)
        {//发现值不再变化,找到左极限
            std::cout << " \n 左极限是:" << dNow << " \n";
            break;
        }
        dPre = dNow;//上一次求的 y 值
```

```
        dSpaceTempX = dSpaceTempX / 2;//靠近的距离的变化越来越小
        dxz = dxz + dSpaceTempX;//变量不断靠近趋向值
    }
    if( dxz > dcDeltaX || dxz == dcDeltaX )
    {//如果 dxz 已经移到 dX 了,肯定就找到极限了
        std::cout << "\n 左极限是:" << dNow << "\n";
    }
    int nRightResult = dRightResult;
    if( abs( dRightResult - nRightResult)< dMinorVal )//说明 dRightResult 值实际可认为是整数
    {
        int nNow = 0;
        if( dNow > 0)
        {//保证 dNow 值转换为整数(四舍五入后),正数需要加 0.5,负数需要减 0.5
            nNow = dNow + 0.5;
        }
        else
        {
            nNow = dNow - 0.5;
        }
        if( nNow == nRightResult)
        {
            std::cout << "用导数定义求得左极限值与直接用导函数求得值一致! \n";
        }
        else
        {
            std::cout << "用导数定义求得左极限值与直接用导函数求得值不一致! \n";
        }
    }
    else
    {
        if( abs( dNow - dRightResult)< dMinorVal )
        {
            std::cout << "用导数定义求得左极限值与直接用导函数求得值一致! \n";
        }
        else
        {
            std::cout << "用导数定义求得左极限值与直接用导函数求得值不一致! \n";
        }
    }
    dxy = dcDeltaX + dcPrecision;//重新设定自变量的值,从常量右边开始求值
    dNow = Get2FunValue( dxy, dVariationalX );
    dSpaceTempX = dcPrecision;//重新设定自变量需要变化的值
    ///
    dPre = dNow;//上一次求的 y 值
    dSpaceTempX = dSpaceTempX / 2;//靠近的距离的变化越来越小
    dxy = dxy - dSpaceTempX;//变量不断靠近趋向值
```

```
///
double dVarYy = 0;
while( dxy > dcDeltaX)
{//找到右极限
    double dTemp = Get2FunValue( dxy, dVariationalX);
    if( dTemp = = 0)
    {//本次计算有误,用上次数据,计算完成
        dNow = dPre;
    }
    else
    {
        dNow = dTemp;
    }
    if( abs( dPre − dNow)< dTininessVal)
    {//发现值不再变化,找到右极限
        std::cout << "\n 右极限是:" << dNow << "\n";
        break;
    }
    dPre = dNow;//上一次求的 y 值
    dSpaceTempX = dSpaceTempX / 2;//靠近的距离的变化越来越小
    dxy = dxy − dSpaceTempX;//变量不断靠近趋向值
}
if( dxy < dcDeltaX || dxy = = dcDeltaX)
{//如果 dxy 已经移到 dX 了,肯定就找到极限了
    std::cout << "\n 右极限是:" << dNow << "\n";
}
if( abs( dRightResult − nRightResult)< dMinorVal)//说明 dRightResult 值实际可认为是整数
{
    int nNow = 0;
    if( dNow > 0)
    {//保证 dNow 值转换为整数(四舍五入后),正数需要加 0.5,负数需要减 0.5
        nNow = dNow + 0.5;
    }
    else
    {
        nNow = dNow − 0.5;
    }
    if( nNow = = nRightResult)
    {
        std::cout << "用导数定义求得右极限值与直接用导函数求得值一致! \n";
    }
    else
    {
        std::cout << "用导数定义求得右极限值与直接用导函数求得值不一致! \n";
    }
}
```

```
        else
        {
            if( abs( dNow - dRightResult)< dMinorVal)
            {
                std::cout << "用导数定义求得右极限值与直接用导函数求得值一致！\n";
            }
            else
            {
                std::cout << "用导数定义求得右极限值与直接用导函数求得值不一致！\n";
            }
        }
    }
```

完成代码修改后,请同时按住键盘的"Ctrl"和"F7"键,即可以编译程序 Program3-8。编译通过后,我们可以直接按键盘的"F5"键来对程序进行调试运行。如果有问题,仔细核对以上代码,如果没有问题,调试通过,运行程序后我们可以看到运行的结果如图 3-16 所示。

图 3-16 程序 Program3-8 运行结果(例 3-8)

经过以上一系列程序代码的修改和运行,我们能够看到实例与程序运行结果吻合,程序验证了实例的正确性。

3.3 解说函数的微分

由于函数的微分等于函数的导数与自变量增量的乘积,即 $dy = f'(x) dx$,程序解说部分与导数类似,故不再叙述。

第四章 解说导数应用

导数不仅是高等数学的重要概念,而且是研究函数的一个重要工具。本章先解说微分学中重要的中值定理,以此为理论依据,利用导数求未定式极限,研究函数的单调性、极值、凹凸性、拐点等性态,并准确描绘函数的图形。

4.1 解说中值定理

微分中值定理包括罗尔(Rolle)定理、拉格朗日(Lagrange)定理和柯西(Cauchy)定理。

4.1.1 解说罗尔定理

定理 4-1(罗尔定理) 如果函数 $y=f(x)$ 满足下列条件:

(1)在闭区间 $[a,b]$ 内函数 $y=f(x)$ 连续;

(2)在开区间 (a,b) 内函数 $y=f(x)$ 可导;

(3)在闭区间端点处的函数值 $f(a)=f(b)$。

那么,在 (a,b) 内至少存在一个点 ξ,使得 $f'(\xi)=0$。

实例 4-1

例 4-1 验证函数 $f(x)=x^3\sqrt{4-x}$ 在区间 $[0,4]$ 内满足罗尔定理,并求出 ξ。

解:

函数 $f(x)=x^3\sqrt{4-x}$ 在区间 $[0,4]$ 内连续,在 $(0,4)$ 内有 $f'(x)=3x^2\sqrt{4-x}-\dfrac{x^3}{2\sqrt{4-x}}=\dfrac{x^2(24-7x)}{2\sqrt{4-x}}$,又 $f(x)$ 在 $(0,4)$ 内可导,同时有 $f(0)=f(4)=0$,所以 $f(x)$ 在区间 $[0,4]$ 内满足罗尔定理的条件,即 $f'(\xi)=\dfrac{x^2(24-7x)}{2\sqrt{4-x}}=0$,又因为 $\xi\in(0,4)$,故 $\xi=24/7\approx3.42857$。

◉ 程序解说 4-1

针对上面的例题,可以用程序解说。前面的步骤请参照程序解说 1-1。在第 4 步,首先填写项目名称"Program4-1",然后依次完成,最后在代码中修改。

针对例 4-1,可以把代码修改如下:

```cpp
// Program4-1.cpp：此文件包含"main"函数。程序执行将在此处开始并结束
//
#include <iostream>
#include <math.h>
using namespace std;//使用标准库时,需要加上这段代码
//设定一个非常小的值,用来做两个小数的相等比较
//在误差允许的范围内可认为两个数是相等的
double const dTininessVal = 0.0000000001;//二阶导数以上误差较大,所以设定精度比较值变大
//设定一个较小的值,用来做直接求导与用导函数求导结果的相等比较
double const dMinorVal = 0.00001;//求导比较精度不能要求太高
double const dcDeltaX = 0;//设定求导数时,Δx 始终在 0 附近求导
double const dcPrecision = 0.011;//从离趋向值附近变量考虑的范围开始尝试求值,设置小数的后的
//数为质数数值,有利于防止出现异常情况,如果设置为0.1,得出的结果可能有问题
//求得 f(x)= x^3 √(4-x)的值
double Get4111OriginalFunValue( double dVarX)
{
    double d0 = 4 - dVarX;
    if( d0 < 0)
    {//防止有异常数据传入出错
        std::cout << "传入的 dVarX 数据不能使得根式小于 0！\n";
        return 0;
    }
    double d1 = pow( dVarX, 3.0) * pow( d0, 1.0 / 2);
    return d1;
}
//返回( f( x+Δx)-f( x))/Δx
double Get4112BasicDerivativeFunValue( double dDeltaX, double dDeltaY, double dY)
{
    if( dDeltaX == 0)
    {//防止有异常数据传入出错
        std::cout << "传入的 dDeltaX 数据不能使得分母等于 0！\n";
        return 0;
    }
    double d1 = dDeltaY - dY;//Δy
    if( d1 == 0)
    {
        std::cout << "超越精度,提示用上次数据！\n";
        return 0;
    }
    double d2 = d1 / dDeltaX;
    return d2;
```

```
}
//返回 f(x)的一阶导数
double Get4113FirstOrderFunValue(double dDeltaX, double dVarX, int nOrder = 1)
{
    if(dDeltaX == 0)
    {//防止有异常数据传入出错
        std::cout << "传入的 dDeltaX 数据不能使得分母等于 0! \n";
        return 0;
    }
    double dDeltaY = Get4111OriginalFunValue(dVarX + dDeltaX);
    double dVarY = Get4111OriginalFunValue(dVarX);
    double d0 = Get4112BasicDerivativeFunValue(dDeltaX, dDeltaY, dVarY);
    return d0;
}
//返回(x^2(24-7x))/(2√(4-x))的值
double Get4114DerivativeFunXValue(double dXValue)
{
    double d1 = 4 - dXValue;
    if(d1 < 0)
    {//防止有异常数据传入出错
        std::cout << "传入的 dXValue 数据必须使得分母有效! \n";
        return 0;
    }
    return pow(dXValue, 2) * (24 - 7 * dXValue)/(2 * pow(d1, 1.0 / 2));
}
//返回 f(x)的一阶导数值为 0 的对应的 x 值
double Get4115FunXValue(double dXBegin, double dXEnd, double dYValue)
{
    double dYBegin = 0;
    double dYEnd = 0;
    double dX = 0;
    double dY = 0;
    while(dXBegin < dXEnd)
    {
        dYBegin = Get4114DerivativeFunXValue(dXBegin);
        dYEnd = Get4114DerivativeFunXValue(dXEnd);
        dX =(dXBegin + dXEnd)/ 2;
        dY = Get4114DerivativeFunXValue(dX);
        if(dYBegin * dYEnd < 0)
        {//异号
            if(dYBegin * dY < 0)
            {
                dXEnd = dX;
```

```
                }
                else
                {
                    dXBegin = dX;
                }
            }
            else
            {//同号,移动开始值,直到出现异号
                dXBegin = dXBegin + dMinorVal;
            }
        }
        return dX;
    }
int main( )
{
    double dxz = 0;//左边的变量
    double dxy = 0;//右边的变量
    double dVariationalX = 0;
    double dXBegin = 0;
    double dXEnd = 0;
    std::cout << "输入求导数的 x 参数值:";
    std::cin >> dVariationalX;
    std::cout << "输入求 x 开始值:";
    std::cin >> dXBegin;
    std::cout << "输入求 x 结束值:";
    std::cin >> dXEnd;
    double dRightResult = Get4114DerivativeFunXValue( dVariationalX );
    std::cout << "求出导数正确的值是:" << dRightResult << endl;
    dxz = dcDeltaX - dcPrecision;//左边开始求值的变量
    double dPre = 0;//上一次求的 y 值
    double dNow = Get4113FirstOrderFunValue( dxz, dVariationalX );//当前求得一阶导数值
    double dSpaceTempX = dcPrecision;//自变量 x 的变化
    ///
    dPre = dNow;//上一次求的 y 值
    dSpaceTempX = dSpaceTempX / 2;//靠近的距离的变化越来越小
    dxz = dxz + dSpaceTempX;//变量不断靠近趋向值
    ///
    while( dxz < dcDeltaX )
    {//找到左极限
        //找到 f( x+Δx )
        //先利用 dxz 求出对应的 y 值
        double dTemp = Get4113FirstOrderFunValue( dxz, dVariationalX );
        if( dTemp == 0 )
```

```
  {//本次计算有误,用上次数据,计算完成
      dNow = dPre;
  }
  else
  {
      dNow = dTemp;
  }
  if( abs( dPre - dNow )< dTininessVal)
  {//发现值不再变化,找到左极限
      std::cout << " \n 左极限是:" << dNow << " \n";
      break;
  }
  dPre = dNow;//上一次求的 y 值
  dSpaceTempX = dSpaceTempX / 2;//靠近的距离的变化越来越小
  dxz = dxz + dSpaceTempX;//变量不断靠近趋向值
}
if( dxz > dcDeltaX || dxz = = dcDeltaX)
{//如果 dxz 已经移到 dX 了,肯定就找到极限了
    std::cout << " \n 左极限是:" << dNow << " \n";
}

int nRightResult = dRightResult;
if( abs( dRightResult - nRightResult )< dMinorVal)//说明 dRightResult 值实际可认为是整数
{
    int nNow = 0;
    if( dNow > 0)
    {//保证 dNow 值转换为整数(四舍五入后),正数需要加 0.5,负数需要减 0.5
        nNow = dNow + 0.5;
    }
    else
    {
        nNow = dNow - 0.5;
    }
    if( nNow = = nRightResult)
    {
        std::cout << "用导数定义求得左极限值与直接用导函数求得值一致! \n";
    }
    else
    {
        std::cout << "用导数定义求得左极限值与直接用导函数求得值不一致! \n";
    }
}
else
{
```

```cpp
        if( abs( dNow - dRightResult) < dMinorVal)
        {
            std::cout << "用导数定义求得左极限值与直接用导函数求得值一致！\n";
        }
        else
        {
            std::cout << "用导数定义求得左极限值与直接用导函数求得值不一致！\n";
        }
    }
    dxy = dcDeltaX + dcPrecision;//重新设定自变量的值，从常量右边开始求值
    dNow = Get4113FirstOrderFunValue( dxy, dVariationalX);
    dSpaceTempX = dcPrecision;//重新设定自变量需要变化的值
    ///
    dPre = dNow;//上一次求的 y 值
    dSpaceTempX = dSpaceTempX / 2;//靠近的距离的变化越来越小
    dxy = dxy - dSpaceTempX;//变量不断靠近趋向值
    ///
    double dVarYy = 0;
    while( dxy > dcDeltaX)
    {//找到右极限
        double dTemp = Get4113FirstOrderFunValue( dxy, dVariationalX);
        if( dTemp == 0)
        {//本次计算有误，用上次数据，计算完成
            dNow = dPre;
        }
        else
        {
            dNow = dTemp;
        }
        if( abs( dPre - dNow) < dTininessVal)
        {//发现值不再变化，找到右极限
            std::cout << "\n 右极限是:" << dNow << "\n";
            break;
        }
        dPre = dNow;//上一次求的 y 值
        dSpaceTempX = dSpaceTempX / 2;//靠近的距离的变化越来越小
        dxy = dxy - dSpaceTempX;//变量不断靠近趋向值
    }
    if( dxy < dcDeltaX || dxy == dcDeltaX)
    {//如果 dxy 已经移到 dX 了，肯定就找到极限了
        std::cout << "\n 右极限是:" << dNow << "\n";
    }
    if( abs( dRightResult - nRightResult) < dMinorVal)//说明 dRightResult 值实际可认为是整数
```

```
{
    int nNow = 0;
    if( dNow > 0 )
    {//保证 dNow 值转换为整数(四舍五入后),正数需要加 0.5,负数需要减 0.5
        nNow = dNow + 0.5;
    }
    else
    {
        nNow = dNow - 0.5;
    }
    if( nNow == nRightResult )
    {
        std::cout << "用导数定义求得右极限值与直接用导函数求得值一致! \n";
    }
    else
    {
        std::cout << "用导数定义求得右极限值与直接用导函数求得值不一致! \n";
    }
}
else
{
    if( abs( dNow - dRightResult )< dMinorVal )
    {
        std::cout << "用导数定义求得右极限值与直接用导函数求得值一致! \n";
    }
    else
    {
        std::cout << "用导数定义求得右极限值与直接用导函数求得值不一致! \n";
    }
}
//求满足罗尔定理的条件,并求出ξ
double dXkexi = Get4115FunXValue( dXBegin + dcPrecision, dXEnd - dcPrecision, 0 );
if( Get4114DerivativeFunXValue( dXkexi )- 0 < dcPrecision )
{
    std::cout << "满足罗尔定理的条件,求出的ξ是" << dXkexi << endl;
}
else
{
    std::cout << "没有找到满足罗尔定理的条件的ξ\n";
}
}
```

完成代码修改后,请同时按住键盘的"Ctrl"和"F7"键,即可以编译程序 Program4-1。编译通过后,我们可以直接按键盘的"F5"键来对程序进行调试运行。如果有问题,仔细核对以上代码,如果没有问题,调试通过,运行程序后我们可以看到运行的结果如图 4-1 所示。

图 4-1　程序 Program4-1 运行结果(例 4-1)

经过以上一系列程序代码的修改和运行,我们能够看到实例与程序运行结果吻合,程序验证了实例的正确性。首先对程序中通过导数定义求出的极限与实例中求出的导函数直接比对;然后通过不断缩小端点,找到导数值为 0 的点;最后把这个点代入导函数中,并判断其导数值是否为 0。

4.1.2　解说拉格朗日定理

定理 4-2(拉格朗日定理)　如果函数 $y=f(x)$ 满足下列条件:

(1)在闭区间 $[a,b]$ 内函数 $y=f(x)$ 连续;

(2)在开区间 (a,b) 内函数 $y=f(x)$ 可导。

那么,在 (a,b) 内至少存在一个点 ξ,使得 $f(b)-f(a)=f'(\xi)(b-a)$。

如果有 $f(b)-f(a)=0$,则 $f'(\xi)=0$,这就变成罗尔定理了。

实例 4-2

例 4-2-1　验证函数 $f(x)=x^3+2x$ 在区间 $[0,2]$ 内满足拉格朗日定理的条件,并求出 ξ。

解:

函数 $f(x)=x^3+2x$ 在区间 $[0,2]$ 内连续,设 $a=0,b=2$,则 $f(0)=0$,$f(2)=12$,$f'(\xi)=3\xi^2+2$。由拉格朗日定理得 $12-0=f'(\xi)(2-0)$,$f'(\xi)=3\xi^2+2=12/2=6$,则 $\xi=\sqrt{4/3}\approx1.1547$。

例 4-2-2　讨论当 $x>0$ 时,不等式 $\dfrac{1}{1+x}<\dfrac{\ln(1+x)}{x}<1$ 是否成立?

解:

分析不等式,对不等式先化简变形为 $\dfrac{x}{1+x}<\ln(1+x)<x$,然后设函数 $f(x)=\ln(1+x)$,则有

$f(x)$是初等函数,在定义域$[0,x]$内连续并可导,则满足拉格朗日定理的条件,并且$f'(x)=\dfrac{1}{1+x}$,所以存在$\xi\epsilon(0,x)$使得有

$$f(b)-f(a)=f'(\xi)(b-a),$$
$$f(x)-f(0)=f'(\xi)(x-0),$$
$$\ln(1+x)-0=\frac{1}{1+\xi}x,$$
$$\ln(1+x)=\frac{x}{1+\xi},$$
$$\frac{\ln(1+x)}{x}=\frac{1}{1+\xi}。$$

又因为$\xi\epsilon(0,x)$,故$0<\xi<x$,所以

$$\frac{1}{1+x}<\frac{\ln(1+x)}{x}<1。$$

程序解说 4-2

针对上面的例题,可以用程序解说。前面的步骤请参照程序解说1-1。在第4步,首先填写项目名称"Program4-2",然后依次完成,最后在代码中修改。

针对例4-2-1,可以把代码修改如下:

```
// Program4-2.cpp：此文件包含"main"函数。程序执行将在此处开始并结束
//
#include <iostream>
#include <math.h>
using namespace std;//使用标准库时,需要加上这段代码
//设定一个非常小的值,用来做两个小数的相等比较
//在误差允许的范围内可认为两个数是相等的
double const dTininessVal = 0.0000000001;//二阶导数以上误差较大,所以设定精度比较值变大
//设定一个较小的值,用来做直接求导与用导函数求导结果的相等比较
double const dMinorVal = 0.00001;//求导比较精度不能要求太高
double const dcDeltaX = 0;//设定求导数时,Δx 始终在 0 附近求导
double const dcPrecision = 0.011;//从离趋向值附近变量考虑的范围开始尝试求值,设置小数的后的
数为质数数值,有利于防止出现异常情况,如果设置为 0.1,得出的结果可能有问题
//求得 f(x)= x^3+2x 的值
double Get41211OriginalFunValue(double dVarX)
{
    return pow(dVarX, 3.0)+ 2 * dVarX;
}
//返回(f(x+Δx)-f(x))/Δx
double Get41212BasicDerivativeFunValue(double dDeltaX, double dDeltaY, double dY)
{
```

```
    if( dDeltaX == 0)
    {//防止有异常数据传入出错
        std::cout << "传入的 dDeltaX 数据不能使得分母等于 0！\n";
        return 0;
    }

    double d1 = dDeltaY - dY;//Δy
    if( d1 == 0)
    {
        std::cout << "超越精度,提示用上次数据！\n";
        return 0;
    }

    double d2 = d1 / dDeltaX;
    return d2;
}
//返回 f(x)的一阶导数
double Get41213FirstOrderFunValue( double dDeltaX, double dVarX, int nOrder = 1)
{
    if( dDeltaX == 0)
    {//防止有异常数据传入出错
        std::cout << "传入的 dDeltaX 数据不能使得分母等于 0！\n";
        return 0;
    }
    double dDeltaY = Get41211OriginalFunValue( dVarX + dDeltaX);
    double dVarY = Get41211OriginalFunValue( dVarX);
    double d0 = Get41212BasicDerivativeFunValue( dDeltaX, dDeltaY, dVarY);
    return d0;
}
//返回 3x^2+2 的值
double Get41214DerivativeFunXValue( double dXValue)
{
    return 3 * pow( dXValue, 2)+ 2;
}
//返回 f(x)的一阶导数值为 dYValue 对应的 x 值
double Get41215FunXValue( double dXBegin, double dXEnd, double dYValue)
{
    double dYBegin = 0;
    double dYEnd = 0;
    double dX = 0;
    double dY = 0;
    while( dXBegin < dXEnd)
    {
        dYBegin = Get41214DerivativeFunXValue( dXBegin)- dYValue;
        dYEnd = Get41214DerivativeFunXValue( dXEnd)- dYValue;
```

```
        dX = (dXBegin + dXEnd)/ 2;
        dY = Get41214DerivativeFunXValue(dX) - dYValue;
        if(dYBegin * dYEnd < 0)
        {//异号
            if(dYBegin * dY < 0)
            {
                dXEnd = dX;
            }
            else
            {
                dXBegin = dX;
            }
        }
        else
        {//同号,移动开始值,直到出现异号
            dXBegin = dXBegin + dMinorVal;
        }
    }
    return dX;
}
int main()
{
    double dxz = 0;//左边的变量
    double dxy = 0;//右边的变量
    double dVariationalX = 0;
    double dXBegin = 0;
    double dXEnd = 0;
    std::cout << "输入求导数的 x 参数值:";
    std::cin >> dVariationalX;
    std::cout << "输入求 x 开始值:";
    std::cin >> dXBegin;
    std::cout << "输入求 x 结束值:";
    std::cin >> dXEnd;
    double dRightResult = Get41214DerivativeFunXValue(dVariationalX);
    std::cout << "求出导数正确的值是:" << dRightResult << endl;
    dxz = dcDeltaX - dcPrecision;//左边开始值的变量
    double dPre = 0;//上一次求的 y 值
    double dNow = Get41213FirstOrderFunValue(dxz, dVariationalX);//当前求得一阶导数值
    double dSpaceTempX = dcPrecision;//自变量 x 的变化
    ///
    dPre = dNow;//上一次求的 y 值
    dSpaceTempX = dSpaceTempX / 2;//靠近的距离的变化越来越小
    dxz = dxz + dSpaceTempX;//变量不断靠近趋向值
```

```
///
while( dxz < dcDeltaX)
{//找到左极限
    //找到 f( x+Δx)
    //先利用 dxz 求出对应的 y 值
    double dTemp = Get41213FirstOrderFunValue( dxz, dVariationalX) ;
    if( dTemp = = 0)
    {//本次计算有误,用上次数据,计算完成
        dNow = dPre;
    }
    else
    {
        dNow = dTemp;
    }
    if( abs( dPre - dNow)< dTininessVal)
    {//发现值不再变化,找到左极限
        std::cout << " \n 左极限是:" << dNow << " \n";
        break;
    }
    dPre = dNow;//上一次求的 y 值
    dSpaceTempX = dSpaceTempX / 2;//靠近的距离的变化越来越小
    dxz = dxz + dSpaceTempX;//变量不断靠近趋向值
}
if( dxz > dcDeltaX || dxz = = dcDeltaX)
{//如果 dxz 已经移到 dX 了,肯定就找到极限了
    std::cout << " \n 左极限是:" << dNow << " \n";
}
int nRightResult = dRightResult;
if( abs( dRightResult - nRightResult)< dMinorVal)//说明 dRightResult 值实际可认为是整数
{
    int nNow = 0;
    if( dNow > 0)
    {//保证 dNow 值转换为整数( 四舍五入后),正数需要加 0.5,负数需要减 0.5
        nNow = dNow + 0.5;
    }
    else
    {
        nNow = dNow - 0.5;
    }
    if( nNow = = nRightResult)
    {
        std::cout << "用导数定义求得左极限值与直接用导函数求得值一致! \n";
    }
```

```
        else
        {
            std::cout << "用导数定义求得左极限值与直接用导函数求得值不一致！\n";
        }
    }
else
{
    if(abs(dNow - dRightResult)< dMinorVal)
    {
        std::cout << "用导数定义求得左极限值与直接用导函数求得值一致！\n";
    }
    else
    {
        std::cout << "用导数定义求得左极限值与直接用导函数求得值不一致！\n";
    }
}
dxy = dcDeltaX + dcPrecision;//重新设定自变量的值,从常量右边开始求值
dNow = Get41213FirstOrderFunValue(dxy, dVariationalX);
dSpaceTempX = dcPrecision;//重新设定自变量需要变化的值
///
dPre = dNow;//上一次求的 y 值
dSpaceTempX = dSpaceTempX / 2;//靠近的距离的变化越来越小
dxy = dxy - dSpaceTempX;//变量不断靠近趋向值
///
double dVarYy = 0;
while(dxy > dcDeltaX)
{//找到右极限
    double dTemp = Get41213FirstOrderFunValue(dxy, dVariationalX);
    if(dTemp == 0)
    {//本次计算有误,用上次数据,计算完成
        dNow = dPre;
    }
    else
    {
        dNow = dTemp;
    }
    if(abs(dPre - dNow)< dTininessVal)
    {//发现值不再变化,找到右极限
        std::cout << "\n 右极限是:" << dNow << "\n";
        break;
    }
    dPre = dNow;//上一次求的 y 值
    dSpaceTempX = dSpaceTempX / 2;//靠近的距离的变化越来越小
```

```
            dxy = dxy - dSpaceTempX;//变量不断靠近趋向值
    }
    if(dxy < dcDeltaX || dxy == dcDeltaX)
    {//如果 dxy 已经移到 dX 了,肯定就找到极限了
        std::cout << "\n 右极限是:" << dNow << "\n";
    }
    if(abs(dRightResult - nRightResult)< dMinorVal)//说明 dRightResult 值实际可认为是整数
    {
        int nNow = 0;
        if(dNow > 0)
        {//保证 dNow 值转换为整数(四舍五入后),正数需要加 0.5,负数需要减 0.5
            nNow = dNow + 0.5;
        }
        else
        {
            nNow = dNow - 0.5;
        }
        if(nNow == nRightResult)
        {
            std::cout << "用导数定义求得右极限值与直接用导函数求得值一致! \n";
        }
        else
        {
            std::cout << "用导数定义求得右极限值与直接用导函数求得值不一致! \n";
        }
    }
    else
    {
        if(abs(dNow - dRightResult)< dMinorVal)
        {
            std::cout << "用导数定义求得右极限值与直接用导函数求得值一致! \n";
        }
        else
        {
            std::cout << "用导数定义求得右极限值与直接用导函数求得值不一致! \n";
        }
    }
    //求满足罗尔定理的条件,并求出 ξ
    double dY =(Get41211OriginalFunValue(dXEnd)- Get41211OriginalFunValue(dXBegin))/
(dXEnd - dXBegin);
    double dXkexi = Get41215FunXValue(dXBegin + dcPrecision, dXEnd - dcPrecision, dY);
    if(Get41214DerivativeFunXValue(dXkexi)- dY < dcPrecision)
    {
```

```
        std::cout << "满足拉格朗日定理的条件,求出的ξ是" << dXkexi << endl;
    }
    else
    {
        std::cout << "没有找到满足拉格朗日定理的条件的ξ\n";
    }
}
```

完成代码修改后,请同时按住键盘的"Ctrl"和"F7"键,即可以编译程序 Program4-2。编译通过后,我们可以直接按键盘的"F5"键来对程序进行调试运行。如果有问题,仔细核对以上代码,如果没有问题,调试通过,运行程序后我们可以看到运行的结果如图 4-2 所示。

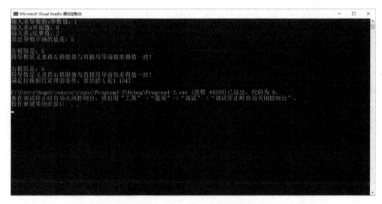

图 4-2 程序 Program4-2 运行结果(例 4-2-1)

经过以上一系列程序代码的修改和运行,我们能够看到实例与程序运行结果吻合,程序验证了实例的正确性。本程序沿用了前一个程序的主体,只是替换了函数里面的内容,然后把求解ξ的函数中的 y 值由原来的 0 值变成了 $f(b)-f(a)/(b-a)$,这样就变成来求解朗格朗日定理的ξ,这样的方法在软件开发工作中经常用到。

针对例 4-2-2,可以把代码修改如下:

```
// Program4-2.cpp:此文件包含"main"函数。程序执行将在此处开始并结束
//
#include <iostream>
#include <math.h>
using namespace std;//使用标准库时,需要加上这段代码
//设定一个非常小的值,用来做两个小数的相等比较
//在误差允许的范围内可认为两个数是相等的
double const dTininessVal = 0.0000000001;//二阶导数以上误差较大,所以设定精度比较值变大
//设定一个较小的值,用来做直接求导与用导函数求导结果的相等比较
double const dMinorVal = 0.00001;//求导比较精度不能要求太高
double const dcDeltaX = 0;//设定求导数时,Δx 始终在 0 附近求导
double const dcPrecision = 0.011;//从离趋向值附近变量考虑的范围开始尝试求值,设置小数的后的
数为质数数值,有利于防止出现异常情况,如果设置为 0.1,得出的结果可能有问题
//求得 f(x)=ln(1+x)的值
```

```cpp
double Get41221OriginalFunValue(double dVarX)
{
    if(dVarX < -1 || dVarX == -1)
    {//防止有异常数据传入出错
        std::cout << "传入的 dVarX 数据不能小于或者等于-1! \n";
        return 0;
    }
    return log(1 + dVarX);
}
//返回(f(x+Δx)-f(x))/Δx
double Get41222BasicDerivativeFunValue(double dDeltaX, double dDeltaY, double dY)
{
    if(dDeltaX == 0)
    {//防止有异常数据传入出错
        std::cout << "传入的 dDeltaX 数据不能使得分母等于0! \n";
        return 0;
    }
    double d1 = dDeltaY - dY;//Δy
    if(d1 == 0)
    {
        std::cout << "超越精度,提示用上次数据! \n";
        return 0;
    }
    double d2 = d1 / dDeltaX;
    return d2;
}
//返回 f(x)的一阶导数
double Get41223FirstOrderFunValue(double dDeltaX, double dVarX, int nOrder = 1)
{
    if(dDeltaX == 0)
    {//防止有异常数据传入出错
        std::cout << "传入的 dDeltaX 数据不能使得分母等于0! \n";
        return 0;
    }
    double dDeltaY = Get41221OriginalFunValue(dVarX + dDeltaX);
    double dVarY = Get41221OriginalFunValue(dVarX);
    double d0 = Get41222BasicDerivativeFunValue(dDeltaX, dDeltaY, dVarY);
    return d0;
}
//返回 1/(1+x)的值
double Get41224DerivativeFunXValue(double dXValue)
{
    if(dXValue == -1)
```

```
{//防止有异常数据传入出错
    std::cout << "传入的 dXValue 数据不能使得分母等于 0! \n";
    return 0;
}
return 1 /(1 + dXValue);
}
//返回 f(x)的一阶导数值为 dYValue 对应的 x 值
double Get41225FunXValue(double dXBegin, double dXEnd, double dYValue)
{
    double dYBegin = 0;
    double dYEnd = 0;
    double dX = 0;
    double dY = 0;
    while(dXBegin < dXEnd)
    {
        dYBegin = Get41224DerivativeFunXValue(dXBegin) - dYValue;
        dYEnd = Get41224DerivativeFunXValue(dXEnd) - dYValue;
        dX =(dXBegin + dXEnd)/ 2;
        dY = Get41224DerivativeFunXValue(dX) - dYValue;
        if(dYBegin * dYEnd < 0)
        {//异号
            if(dYBegin * dY < 0)
            {
                dXEnd = dX;
            }
            else
            {
                dXBegin = dX;
            }
        }
        else
        {//同号,移动开始值,直到出现异号
            dXBegin = dXBegin + dMinorVal;
        }
    }
    return dX;
}
int main()
{
    double dxz = 0;//左边的变量
    double dxy = 0;//右边的变量
    double dVariationalX = 0;
    double dXBegin = 0;
```

```cpp
double dXEnd = 0;
std::cout << "输入求导数的 x 参数值:";
std::cin >> dVariationalX;
std::cout << "输入求 x 开始值:";
std::cin >> dXBegin;
std::cout << "输入求 x 结束值:";
std::cin >> dXEnd;
double dRightResult = Get41224DerivativeFunXValue(dVariationalX);
std::cout << "求出导数正确的值是:" << dRightResult << endl;
dxz = dcDeltaX - dcPrecision;//左边开始求值的变量
double dPre = 0;//上一次求的 y 值
double dNow = Get41223FirstOrderFunValue(dxz, dVariationalX);//当前求得一阶导数值
double dSpaceTempX = dcPrecision;//自变量 x 的变化
///
dPre = dNow;//上一次求的 y 值
dSpaceTempX = dSpaceTempX / 2;//靠近的距离的变化越来越小
dxz = dxz + dSpaceTempX;//变量不断靠近趋向值
///
while(dxz < dcDeltaX)
{//找到左极限
    //找到 f(x+Δx)
    //先利用 dxz 求出对应的 y 值
    double dTemp = Get41223FirstOrderFunValue(dxz, dVariationalX);
    if(dTemp == 0)
    {//本次计算有误,用上次数据,计算完成
        dNow = dPre;
    }
    else
    {
        dNow = dTemp;
    }
    if(abs(dPre - dNow)< dTininessVal)
    {//发现值不再变化,找到左极限
        std::cout << "\n 左极限是:" << dNow << "\n";
        break;
    }
    dPre = dNow;//上一次求的 y 值
    dSpaceTempX = dSpaceTempX / 2;//靠近的距离的变化越来越小
    dxz = dxz + dSpaceTempX;//变量不断靠近趋向值
}
if(dxz > dcDeltaX || dxz == dcDeltaX)
{//如果 dxz 已经移到 dX 了,肯定就找到极限了
    std::cout << "\n 左极限是:" << dNow << "\n";
```

```
}
int nRightResult = dRightResult;
if( abs( dRightResult - nRightResult)< dMinorVal)//说明 dRightResult 值实际可认为是整数
{
    int nNow = 0;
    if( dNow > 0)
    {//保证 dNow 值转换为整数(四舍五入后),正数需要加 0.5,负数需要减 0.5
        nNow = dNow + 0.5;
    }
    else
    {
        nNow = dNow - 0.5;
    }
    if( nNow = = nRightResult)
    {
        std::cout << "用导数定义求得左极限值与直接用导函数求得值一致!\n";
    }
    else
    {
        std::cout << "用导数定义求得左极限值与直接用导函数求得值不一致!\n";
    }
}
else
{
    if( abs( dNow - dRightResult)< dMinorVal)
    {
        std::cout << "用导数定义求得左极限值与直接用导函数求得值一致!\n";
    }
    else
    {
        std::cout << "用导数定义求得左极限值与直接用导函数求得值不一致!\n";
    }
}
dxy = dcDeltaX + dcPrecision;//重新设定自变量的值,从常量右边开始求值
dNow = Get41223FirstOrderFunValue( dxy, dVariationalX);
dSpaceTempX = dcPrecision;//重新设定自变量需要变化的值
///
dPre = dNow;//上一次求的 y 值
dSpaceTempX = dSpaceTempX / 2;//靠近的距离的变化越来越小
dxy = dxy - dSpaceTempX;//变量不断靠近趋向值
///
double dVarYy = 0;
while( dxy > dcDeltaX)
```

```cpp
{//找到右极限
    double dTemp = Get41223FirstOrderFunValue( dxy, dVariationalX) ;
    if( dTemp == 0)
    {//本次计算有误,用上次数据,计算完成
        dNow = dPre;
    }
    else
    {
        dNow = dTemp;
    }
    if( abs( dPre - dNow) < dTininessVal)
    {//发现值不再变化,找到右极限
        std::cout << " \n 右极限是:" << dNow << " \n";
        break;
    }
    dPre = dNow;//上一次求的 y 值
    dSpaceTempX = dSpaceTempX / 2;//靠近的距离的变化越来越小
    dxy = dxy - dSpaceTempX;//变量不断靠近趋向值
}
if( dxy < dcDeltaX || dxy == dcDeltaX)
{//如果 dxy 已经移到 dX 了,肯定就找到极限了
    std::cout << " \n 右极限是:" << dNow << " \n";
}
if( abs( dRightResult - nRightResult) < dMinorVal)//说明 dRightResult 值实际可认为是整数
{
    int nNow = 0;
    if( dNow > 0)
    {//保证 dNow 值转换为整数(四舍五入后),正数需要加 0.5,负数需要减 0.5
        nNow = dNow + 0.5;
    }
    else
    {
        nNow = dNow - 0.5;
    }
    if( nNow == nRightResult)
    {
        std::cout << "用导数定义求得右极限值与直接用导函数求得值一致! \n";
    }
    else
    {
        std::cout << "用导数定义求得右极限值与直接用导函数求得值不一致! \n";
    }
}
else
{
    if( abs( dNow - dRightResult) < dMinorVal)
```

```
            {
                std::cout << "用导数定义求得右极限值与直接用导函数求得值一致！\n";
            }
            else
            {
                std::cout << "用导数定义求得右极限值与直接用导函数求得值不一致！\n";
            }
    }
    //求满足拉格朗日定理的条件,并求出ξ
    double dY = (Get41221OriginalFunValue(dXEnd) - Get41221OriginalFunValue(dXBegin))/(dXEnd -
dXBegin);
        double dXkexi = Get41225FunXValue(dXBegin + dcPrecision, dXEnd - dcPrecision, dY);
        if(Get41224DerivativeFunXValue(dXkexi) - dY < dcPrecision)
        {
            std::cout << "满足拉格朗日定理的条件,求出的ξ是" << dXkexi << endl;
            double dCompareVal = 1 /(1 + dXkexi);
            if(dCompareVal < 1 && dCompareVal >1 /(1 + dXEnd))
            {
                std::cout << "求出的ξ是符合不等式的!";
            }
        }
        else
        {
            std::cout << "没有找到满足拉格朗日定理的条件的ξ,无法判断不等式\n";
        }
}
```

完成代码修改后,请同时按住键盘的"Ctrl"和"F7"键,即可以编译程序 Program4-2。编译通过后,我们可以直接按键盘的"F5"键来对程序进行调试运行。如果有问题,仔细核对以上代码,如果没有问题,调试通过,运行程序后我们可以看到运行的结果如图 4-3 所示。

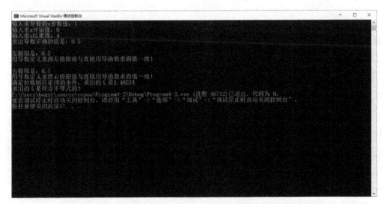

图 4-3　程序 Program4-2 运行结果(例 4-2-2)

经过以上一系列程序代码的修改和运行,我们能够看到实例与程序运行结果吻合,程序验证了实例的正确性。程序是通过朗格朗日定理来实现比对的,但对例 4-2-2 这个不等式我们可以从另外一个角度来分析,直接对不等式下手。在自变量 x 定义的范围内对所有值进行判断,看这个不等式是否成立。修改代码如下:

```cpp
// Program4-2.cpp：此文件包含"main"函数。程序执行将在此处开始并结束
//
#include <iostream>
#include <math.h>
using namespace std;//使用标准库时,需要加上这段代码
double const dMinorVal = 0.00001;
//求得 f(x)=ln(1+x)的值
double Get41221OriginalFunValue(double dVarX)
{
    if(dVarX <-1 || dVarX == -1)
    {//防止有异常数据传入出错
        std::cout << "传入的 dVarX 数据不能小于或者等于-1！\n";
        return 0;
    }
    return log(1+dVarX);
}
//返回 1/(1+x)的值
double Get41214DerivativeFunXValue(double dXValue)
{
    if(dXValue == -1)
    {//防止有异常数据传入出错
        std::cout << "传入的 dXValue 数据不能使得分母等于0！\n";
        return 0;
    }
    return 1/(1+dXValue);
}
int main()
{
    double dGapVal = 0;
    double dXBegin = 0;
    double dXEnd = 0;
    bool b = false;
    do{
        std::cout << "输入求 x 开始值:";
        std::cin >> dXBegin;
        std::cout << "输入求 x 结束值:";
        std::cin >> dXEnd;
        std::cout << "输入间隔值:";
        std::cin >> dGapVal;
        if(dXBegin < 0 || dXEnd < dXBegin)
```

```
    {//防止有异常数据传入出错
        std::cout << "传入的数据有误！请重新核实后输入！\n";
        b = true;
    }
    else
    {
        b = false;
    }
} while(b);


double dVal = 0;
for(double di = dXBegin + dMinorVal;di < dXEnd;di = di + dGapVal)
{
    dVal = Get41221OriginalFunValue(di)/ di;
    if(dVal <1 && dVal > Get41214DerivativeFunXValue(di))
    {
        continue;
    }
    else
    {
        std::cout << "发现了不符合不等式的值:"<<di;
        return 0;
    }
}
std::cout << "没有发现不符合不等式的值,不等式成立!";
}
```

完成代码修改后,请同时按住键盘的"Ctrl"和"F7"键,即可以编译程序 Program4-2。编译通过后,我们可以直接按键盘的"F5"键来对程序进行调试运行。如果有问题,仔细核对以上代码,如果没有问题,调试通过,运行程序后我们可以看到运行的结果如图 4-4 所示。

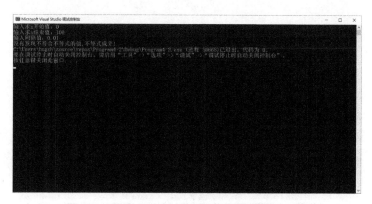

图 4-4　程序 Program4-2 运行结果(例 4-2-2)

我们能够看到实例与程序运行结果吻合,程序验证了实例的正确性。

4.1.3　解说柯西中值定理

定理 4-3(柯西中值定理)　设函数 $f(x)$、$g(x)$ 满足下列条件：

(1)在闭区间 $[a,b]$ 内函数 $y=f(x)$ 连续；

(2)在开区间 (a,b) 内函数 $y=f(x)$ 可导；

(3)在 (a,b) 内任意一个点 $g'(x)\neq0$。

则在 (a,b) 内至少存在一个点 ξ，使得

$$\frac{f(b)-f(a)}{g(b)-g(a)}=\frac{f'(\xi)}{g'(\xi)}。$$

如果取 $g(x)=x$，那么 $g(b)-g(a)=b-a,g'(x)=1$，因而上式就可以写成：

$$f(b)-f(a)=f'(\xi)(b-a)\quad(a<\xi<b)。$$

这就变成拉格朗日公式了。

实例 4-3

例 4-3　判断函数 $f(x)=x^2+1$ 和 $g(x)=x^3$ 在区间 $[m,n]$ 内是否符合柯西中值定理,其中,$0<m<n$。

解：

因为函数 $f(x)=x^2+1$ 和 $g(x)=x^3$ 是初等函数,在定义域 $[m,n]$ 内连续并可导,并且 $f'(x)=2x,g'(x)=3x^2$,其中有 $0<m<n$,故 $g'(x)\neq0$。

如果满足柯西中值定理,则有

$$\frac{f(n)-f(m)}{g(n)-g(m)}=\frac{f'(\xi)}{g'(\xi)},$$

即

$$\frac{n^2+1-(m^2+1)}{n^3-m^3}=\frac{2\xi}{3\xi^2},$$

化简得

$$\frac{n^2-m^2}{n^3-m^3}=\frac{2}{3\xi},$$

$$\frac{(n-m)(n+m)}{(n-m)(n^2+nm+m^2)}=\frac{2}{3\xi},$$

$$\frac{(n+m)}{(n^2+nm+m^2)}=\frac{2}{3\xi},$$

$$\xi=\frac{2(n^2+nm+m^2)}{3(n+m)}。$$

如果符合柯西中值定理,则存在一个 ξ 在 (m,n) 内符合上式,即 $m<\xi<n,m<\dfrac{2(n^2+nm+m^2)}{3(n+m)}<n$

成立。

先考虑 $m<\dfrac{2(n^2+nm+m^2)}{3(n+m)}$ 的情况：

变形得 $3mn+3m^2<2n^2+2nm+2m^2$，两边化简得 $mn+m^2<2n^2=n^2+n^2$，因为 $m<n$，所以有 $mn+m^2<n^2+n^2=2n^2$，故 $m<\dfrac{2(n^2+mn+m^2)}{3(n+m)}$ 成立。

同理，$\dfrac{2(n^2+mn+m^2)}{3(n+m)}<n$ 化简可得 $2mn<n^2+m^2$，即 $0<(n-m)^2$，因为 $m<n$，故 $0<(n-m)^2$ 成立，即 $\dfrac{2(n^2+mn+m^2)}{3(n+m)}<n$，所以存在一个 ξ 在 (m,n) 内符合 $\xi=\dfrac{2(n^2+nm+m^2)}{3(n+m)}$，即符合柯西中值定理。

◉ 程序解说 4-3

针对上面的例题，可以用程序解说。前面的步骤请参照程序解说 1-1。在第 4 步，首先填写项目名称"Program4-3"，然后依次完成，最后在代码中修改。

针对例 4-3，可以把代码修改如下：

```
// Program4-3.cpp : 此文件包含 "main" 函数。程序执行将在此处开始并结束
//
#include <iostream>
#include <math.h>
using namespace std;//使用标准库时，需要加上这段代码
//设定一个非常小的值，用来做两个小数的相等比较
//在误差允许的范围内可认为两个数是相等的
double const dTininessVal = 0.0000000000000001;//二阶导数以上误差较大，所以设定精度比较值变大
//设定一个较小的值，用来做直接求导与用导函数求导结果的相等比较
double const dMinorVal = 0.00001;//求导比较精度不能要求太高
double const dcDeltaX = 0;//设定求导数时，Δx 始终在 0 附近求导
double const dcPrecision = 0.011;//从离趋向值附近变量考虑的范围开始尝试求值，设置小数的后的数为质数数值，有利于防止出现异常情况，如果设置为 0.1，得出的结果可能有问题
int nG = 1;//设定一个全局变量
//求得 f(x)=x^2+1 的值
double Get4131OriginaFFunValue(double dVarX)
{
    return pow(dVarX, 2.0)+ 1;
}
//求得 g(x)=x^3 的值
double Get4132OriginaGFunValue(double dVarX)
{
    return pow(dVarX, 3.0);
}
```

```cpp
//返回(f(x+Δx)-f(x))/Δx
double Get4133BasicDerivativeFunValue(double dDeltaX, double dDeltaY, double dY)
{
    if(dDeltaX == 0)
    {//防止有异常数据传入出错
        std::cout << "传入的 dDeltaX 数据不能使得分母等于 0! \n";
        return 0;
    }
    double d1 = dDeltaY - dY;//Δy
    if(d1 == 0)
    {
        std::cout << "超越精度,提示用上次数据! \n";
        return 0;
    }
    double d2 = d1 / dDeltaX;
    return d2;
}
//返回 f(x)的一阶导数
double Get4134FirstOrderFunValue(double dDeltaX, double dVarX, int nOrder = 1)
{
    if(dDeltaX == 0)
    {//防止有异常数据传入出错
        std::cout << "传入的 dDeltaX 数据不能使得分母等于 0! \n";
        return 0;
    }
    double dDeltaY = 0;
    double dVarY = 0;
    if(nG == 1)
    {//1 代表是 F 函数
        dDeltaY = Get4131OriginaFFunValue(dVarX + dDeltaX);
        dVarY = Get4131OriginaFFunValue(dVarX);
    }
    else
    {//否则是 G 函数
        dDeltaY = Get4132OriginaGFunValue(dVarX + dDeltaX);
        dVarY = Get4132OriginaGFunValue(dVarX);
    }
    double d0 = Get4133BasicDerivativeFunValue(dDeltaX, dDeltaY, dVarY);
    return d0;
}
//返回 2 x 的值
double Get4135DerivativeFFunXValue(double dXValue)
{
```

```
        return 2 * dXValue;
    }
//返回 3(x)^2 的值
double Get4136DerivativeGFunXValue( double dXValue)
    {
        double d1 = 3 * pow( dXValue, 2);
        if( d1 == 0)
        {//防止有异常数据传入出错
            std::cout << "传入的 dXValue 数据不能使得分母等于 0! \n";
            return 0;
        }
        return   d1;
    }
//返回 f(x)/g(x)的一阶导数值为 dYValue 对应的 x 值
double Get4137FunXValue( double dXBegin, double dXEnd, double dYValue)
    {
        double dYBegin = 0;
        double dYEnd = 0;
        double dX = 0;
        double dY = 0;
        while( dXBegin < dXEnd)
        {
            dYBegin = Get4135DerivativeFFunXValue( dXBegin)/ Get4136DerivativeGFunXValue
( dXBegin) - dYValue;
            dYEnd = Get4135DerivativeFFunXValue( dXEnd)/ Get4136DerivativeGFunXValue( dXEnd) -
dYValue;
            dX =( dXBegin + dXEnd)/ 2;
            dY = Get4135DerivativeFFunXValue( dX)/ Get4136DerivativeGFunXValue( dX) - dYValue;
            if( dYBegin * dYEnd < 0)
            {//异号
                if( dYBegin * dY < 0)
                {
                    dXEnd = dX;
                }
                else
                {
                    dXBegin = dX;
                }
            }
            else
            {//同号,移动开始值,直到出现异号
                dXBegin = dXBegin + dMinorVal;
            }
```

```
        }
        return dX;
}
int main( )
{
        double dxz = 0;//左边的变量
        double dxy = 0;//右边的变量
        double dVariationalX = 0;
        double dXBegin = 0;
        double dXEnd = 0;
        std::cout << "输入求导数的 x 参数值:";
        std::cin >> dVariationalX;
        std::cout << "输入求 x 开始值:";
        std::cin >> dXBegin;
        std::cout << "输入求 x 结束值:";
        std::cin >> dXEnd;
        double dFFunRightResult = Get4135DerivativeFFunXValue( dVariationalX );
        {// 判断 F 函数
            std::cout << "开始判断 F 函数\n";
            std::cout << "求出 F 函数的导数正确的值是:" << dFFunRightResult << endl;
            dxz = dcDeltaX - dcPrecision;//左边开始求值的变量
            double dPre = 0;//上一次求的 y 值
            double dNow = Get4134FirstOrderFunValue( dxz, dVariationalX );//当前求得一阶导数值
            double dSpaceTempX = dcPrecision;//自变量 x 的变化
            ///
            dPre = dNow;//上一次求的 y 值
            dSpaceTempX = dSpaceTempX / 2;//靠近的距离的变化越来越小
            dxz = dxz + dSpaceTempX;//变量不断靠近趋向值
            ///
            while( dxz < dcDeltaX )
            {//找到左极限
                //找到 f( x+Δx )
                //先利用 dxz 求出对应的 y 值
                double dTemp = Get4134FirstOrderFunValue( dxz, dVariationalX );
                if( dTemp == 0 )
                {//本次计算有误,用上次数据,计算完成
                    dNow = dPre;
                }
                else
                {
                    dNow = dTemp;
                }
                if( abs( dPre - dNow )< dTininessVal )
```

```cpp
        {//发现值不再变化,找到左极限
            std::cout << " \n 左极限是:" << dNow << " \n";
            break;
        }
        dPre = dNow;//上一次求的 y 值
        dSpaceTempX = dSpaceTempX / 2;//靠近的距离的变化越来越小
        dxz = dxz + dSpaceTempX;//变量不断靠近趋向值
    }
    if( dxz > dcDeltaX || dxz == dcDeltaX)
    {//如果 dxz 已经移到 dX 了,肯定就找到极限了
        std::cout << " \n 左极限是:" << dNow << " \n";
    }
    int nRightResult = dFFunRightResult;
    if( abs( dFFunRightResult - nRightResult)< dMinorVal)//说明 dRightResult 值实际可认为是
整数
    {
        int nNow = 0;
        if( dNow > 0)
        {//保证 dNow 值转换为整数(四舍五入后),正数需要加 0.5,负数需要减 0.5
            nNow = dNow + 0.5;
        }
        else
        {
            nNow = dNow - 0.5;
        }
        if( nNow == nRightResult)
        {
            std::cout << "用导数定义求得左极限值与直接用导函数求得值一致! \n";
        }
        else
        {
            std::cout << "用导数定义求得左极限值与直接用导函数求得值不一致! \n";
        }
    }
    else
    {
        if( abs( dNow - dFFunRightResult)< dMinorVal)
        {
            std::cout << "用导数定义求得左极限值与直接用导函数求得值一致! \n";
        }
        else
        {
            std::cout << "用导数定义求得左极限值与直接用导函数求得值不一致! \n";
```

```
            }
        }
        dxy = dcDeltaX + dcPrecision;//重新设定自变量的值,从常量右边开始求值
        dNow = Get4134FirstOrderFunValue(dxy, dVariationalX);
        dSpaceTempX = dcPrecision;//重新设定自变量需要变化的值
        ///
        dPre = dNow;//上一次求的 y 值
        dSpaceTempX = dSpaceTempX / 2;//靠近的距离的变化越来越小
        dxy = dxy - dSpaceTempX;//变量不断靠近趋向值
        ///
        double dVarYy = 0;
        while(dxy > dcDeltaX)
        {//找到右极限
            double dTemp = Get4134FirstOrderFunValue(dxy, dVariationalX);
            if(dTemp == 0)
            {//本次计算有误,用上次数据,计算完成
                dNow = dPre;
            }
            else
            {
                dNow = dTemp;
            }
            if(abs(dPre - dNow)< dTininessVal)
            {//发现值不再变化,找到右极限
                std::cout << "\n 右极限是:" << dNow << "\n";
                break;
            }
            dPre = dNow;//上一次求的 y 值
            dSpaceTempX = dSpaceTempX / 2;//靠近的距离的变化越来越小
            dxy = dxy - dSpaceTempX;//变量不断靠近趋向值
        }
        if(dxy < dcDeltaX || dxy == dcDeltaX)
        {//如果 dxy 已经移到 dX 了,肯定就找到极限了
            std::cout << "\n 右极限是:" << dNow << "\n";
        }
        if(abs(dFFunRightResult - nRightResult)< dMinorVal)//说明 dRightResult 值实际可认为是
整数
        {
            int nNow = 0;
            if(dNow > 0)
            {//保证 dNow 值转换为整数(四舍五入后),正数需要加 0.5,负数需要减 0.5
                nNow = dNow + 0.5;
            }
```

```
        else
        {
            nNow = dNow - 0.5;
        }
        if(nNow == nRightResult)
        {
            std::cout << "用导数定义求得右极限值与直接用导函数求得值一致！\n";
        }
        else
        {
            std::cout << "用导数定义求得右极限值与直接用导函数求得值不一致！\n";
        }
    }
    else
    {
        if(abs(dNow - dFFunRightResult) < dMinorVal)
        {
            std::cout << "用导数定义求得右极限值与直接用导函数求得值一致！\n";
        }
        else
        {
            std::cout << "用导数定义求得右极限值与直接用导函数求得值不一致！\n";
        }
    }
}
{//判断 G 函数
    nG = 2;//保证函数调用为 G 函数
    std::cout << "开始判断 G 函数\n";
    double dGFunRightResult = Get4136DerivativeGFunXValue(dVariationalX);
    std::cout << "求出 G 函数的导数正确的值是:" << dGFunRightResult << endl;
    dxz = dcDeltaX - dcPrecision;//左边开始求值的变量
    double dPre = 0;//上一次求的 y 值
    double dNow = Get4134FirstOrderFunValue(dxz, dVariationalX);//当前求得一阶导数值
    double dSpaceTempX = dcPrecision;//自变量 x 的变化
    ///
    dPre = dNow;//上一次求的 y 值
    dSpaceTempX = dSpaceTempX / 2;//靠近的距离的变化越来越小
    dxz = dxz + dSpaceTempX;//变量不断靠近趋向值
    ///
    while(dxz < dcDeltaX)
    {//找到左极限
        //找到 f(x+Δx)
        //先利用 dxz 求出对应的 y 值
```

```
        double dTemp = Get4134FirstOrderFunValue(dxz, dVariationalX);
        if(dTemp == 0)
        {//本次计算有误,用上次数据,计算完成
            dNow = dPre;
        }
        else
        {
            dNow = dTemp;
        }
        if(abs(dPre - dNow)< dTininessVal)
        {//发现值不再变化,找到左极限
            std::cout << "\n 左极限是:" << dNow << "\n";
            break;
        }
        dPre = dNow;//上一次求的 y 值
        dSpaceTempX = dSpaceTempX / 2;//靠近的距离的变化越来越小
        dxz = dxz + dSpaceTempX;//变量不断靠近趋向值
    }
    if(dxz > dcDeltaX || dxz == dcDeltaX)
    {//如果 dxz 已经移到 dX 了,肯定就找到极限了
        std::cout << "\n 左极限是:" << dNow << "\n";
    }
    int nRightResult = dGFunRightResult;
    if(abs(dGFunRightResult - nRightResult)< dMinorVal)//说明 dRightResult 值实际可认为是
整数
    {
        int nNow = 0;
        if(dNow > 0)
        {//保证 dNow 值转换为整数(四舍五入后),正数需要加 0.5,负数需要减 0.5
            nNow = dNow + 0.5;
        }
        else
        {
            nNow = dNow - 0.5;
        }
        if(nNow == nRightResult)
        {
            std::cout << "用导数定义求得左极限值与直接用导函数求得值一致! \n";
        }
        else
        {
            std::cout << "用导数定义求得左极限值与直接用导函数求得值不一致! \n";
        }
```

```
    }
else
{
    if( abs( dNow - dGFunRightResult)< dMinorVal)
    {
        std::cout << "用导数定义求得左极限值与直接用导函数求得值一致！\n";
    }
    else
    {
        std::cout << "用导数定义求得左极限值与直接用导函数求得值不一致！\n";
    }
}
dxy = dcDeltaX + dcPrecision;//重新设定自变量的值,从常量右边开始求值
dNow = Get4134FirstOrderFunValue(dxy, dVariationalX);
dSpaceTempX = dcPrecision;//重新设定自变量需要变化的值
///
dPre = dNow;//上一次求的 y 值
dSpaceTempX = dSpaceTempX / 2;//靠近的距离的变化越来越小
dxy = dxy - dSpaceTempX;//变量不断靠近趋向值
///
double dVarYy = 0;
while( dxy > dcDeltaX)
{//找到右极限
    double dTemp = Get4134FirstOrderFunValue(dxy, dVariationalX);
    if( dTemp == 0)
    {//本次计算有误,用上次数据,计算完成
        dNow = dPre;
    }
    else
    {
        dNow = dTemp;
    }
    if( abs( dPre - dNow)< dTininessVal)
    {//发现值不再变化,找到右极限
        std::cout << "\n 右极限是:" << dNow << "\n";
        break;
    }
    dPre = dNow;//上一次求的 y 值
    dSpaceTempX = dSpaceTempX / 2;//靠近的距离的变化越来越小
    dxy = dxy - dSpaceTempX;//变量不断靠近趋向值
}
if( dxy < dcDeltaX || dxy == dcDeltaX)
{//如果 dxy 已经移到 dX 了,肯定就找到极限了
```

```
            std::cout << " \n 右极限是:" << dNow << " \n";
        }
        if( abs(dGFunRightResult - nRightResult)< dMinorVal)//说明 dRightResult 值实际可认为是
整数
        {
            int nNow = 0;
            if( dNow > 0)
            {//保证 dNow 值转换为整数(四舍五入后),正数需要加 0.5,负数需要减 0.5
                nNow = dNow + 0.5;
            }
            else
            {
                nNow = dNow - 0.5;
            }
            if( nNow == nRightResult)
            {
                std::cout << "用导数定义求得右极限值与直接用导函数求得值一致! \n";
            }
            else
            {
                std::cout << "用导数定义求得右极限值与直接用导函数求得值不一致! \n";
            }
        }
        else
        {
            if( abs( dNow - dGFunRightResult)< dMinorVal)
            {
                std::cout << "用导数定义求得右极限值与直接用导函数求得值一致! \n";
            }
            else
            {
                std::cout << "用导数定义求得右极限值与直接用导函数求得值不一致! \n";
            }
        }
    }
    //以下判断是否可以继续
    double dInputKexi = 0;
    double dGapVal = 0;
    bool b = 0;
    std::cout << "输入 0 表示退出,输入 1 表示继续! \n";
    std::cin >> b;
    if( ! b)
    {
```

```
        std::cout << "程序退出";
        return 0;//退出!
    }
    double dF = Get4131OriginaFFunValue(dXEnd) - Get4131OriginaFFunValue(dXBegin);
    double dG = Get4132OriginaGFunValue(dXEnd) - Get4132OriginaGFunValue(dXBegin);
    if(dG == 0)
    {
        std::cout << "求出的 G 函数值使得柯西中值定理的分母为 0,无法计算! 程序退出! \n";
        return 0;
    }
    double dKexiX = Get4137FunXValue(dXBegin + dTininessVal, dXEnd + dTininessVal, dF / dG);
    if(dKexiX > dXBegin&& dKexiX < dXEnd)
    {
        std::cout << "找到符合柯西中值定理的ξ值为:" << dKexiX;
    }
    else
    {
        std::cout << "Sorry! 没有找到符合柯西中值定理的ξ值! \n";
    }
}
```

　　完成代码修改后,请同时按住键盘的"Ctrl"和"F7"键,即可以编译程序 Program4-3。编译通过后,我们可以直接按键盘的"F5"键来对程序进行调试运行。如果有问题,仔细核对以上代码,如果没有问题,调试通过,运行程序后我们可以看到运行的结果如图 4-5 所示。

图 4-5　程序 Program4-3 运行结果(例 4-3)

　　经过以上一系列程序代码的修改和运行,我们能够看到实例与程序运行结果吻合,程序验证了实例的正确性。程序先通过导数定义分别求出 $f(x)$ 和 $g(x)$ 的导数,与实例的导数进行对比,符合后再进行柯西中值定理的判断。

4.2　解说洛必达法则

　　本书第二章已讨论过较简单的未定式极限问题,洛必达法则是求解未定式极限的一种简便和有效的方法,这种方法的理论基础就是柯西中值定理。

4.2.1 解说 $\frac{0}{0}$ 型未定式的极限

定理4-4(洛必达法则1) 如果 $f(x)$ 和 $g(x)$ 满足下列条件:

(1)在 x_a 的某去心邻域 (x_a-t, x_a+t) 内可导,并且 $g'(x) \neq 0$;

(2) $\lim\limits_{x \to x_a} f(x) = 0, \lim\limits_{x \to x_a} g(x) = 0$;

(3) $\lim\limits_{x \to x_a} \dfrac{f'(x)}{g'(x)}$ 存在极限或极限为无穷大。

则有

$$\lim_{x \to x_a} \frac{f(x)}{g(x)} = \lim_{x \to x_a} \frac{f'(x)}{g'(x)}。$$

定理4-4说明:当上等式右极限存在时,两者相等,则可求出极限;当上等式右极限不存在时,但如果 $\lim\limits_{x \to x_a} \dfrac{f'(x)}{g'(x)}$ 仍然为 $\dfrac{0}{0}$ 型的未定式,并且 $f'(x)$ 和 $g'(x)$ 满足上述条件,则针对 $\lim\limits_{x \to x_a} \dfrac{f'(x)}{g'(x)}$ 还可以继续使用定理4-4(洛必达法则1)。只要符合条件,可以依次使用。

实例4-4

例4-4-1 求极限 $\lim\limits_{x \to 0} \dfrac{2x}{\sin x}$。

解:

因为极限满足洛必达法则1,则 $\lim\limits_{x \to 0} \dfrac{2x}{\sin x} = \lim\limits_{x \to 0} \dfrac{(2x)'}{(\sin x)'} = \lim\limits_{x \to 0} \dfrac{2}{\cos x} = 2$。

程序解说4-4

针对上面的例题,可以用程序解说。前面的步骤请参照程序解说1-1。在第4步,首先填写项目名称"Program4-4",然后依次完成,最后在代码中修改。

针对例4-4,可以把代码修改如下:

```cpp
// Program4-4.cpp：此文件包含"main"函数。程序执行将在此处开始并结束
//
#include <iostream>
#include <math.h>
using namespace std;//使用标准库时,需要加上这段代码
//设定一个非常小的值,用来做两个小数的相等比较
//在误差允许的范围内可认为两个数是相等的
double const dTininessVal = 0.00000000000001;//二阶导数以上误差较大,所以设定精度比较值变大
//设定一个较小的值,用来做直接求导与用导函数求导结果的相等比较
```

double const dMinorVal = 0.00001;//求导比较精度不能要求太高

double const dcDeltaX = 0;//设定求导数时,Δx 始终在 0 附近求导

double const dcPrecision = 0.011;//从离趋向值附近变量考虑的范围开始尝试求值,设置小数的后的数为质数数值,有利于防止出现异常情况,如果设置为 0.1,得出的结果可能有问题

```
//求得 f(x)= 2x 的值
double Get42111OriginaFFunValue( double dVarX)
{

    return 2 * dVarX;

}
//求得 g(x)= sinx 的值
double Get42112OriginaGFunValue( double dVarX)
{

    return sin( dVarX) ;

}
//返回(f( x+Δx)−f( x))/Δx
double Get42113BasicDerivativeFunValue( double dDeltaX, double dDeltaY, double dY)
{

    if( dDeltaX == 0)
    {//防止有异常数据传入出错
        std::cout << "传入的 dDeltaX 数据不能使得分母等于 0! \n";
        return 0;

    }
    double d1 = dDeltaY − dY;//Δy
    if( d1 == 0)
    {

        std::cout << "超越精度,提示用上次数据! \n";
        return 0;

    }
    double d2 = d1 / dDeltaX;
    return d2;

}
//返回 f(x)的一阶导数
double Get42114FirstOrderFunValue( double dDeltaX, double dVarX, int nNumberFun)
{

    if( dDeltaX == 0)
    {//防止有异常数据传入出错
        std::cout << "传入的 dDeltaX 数据不能使得分母等于 0! \n";
        return 0;

    }
    double dDeltaY = 0;
    double dVarY = 0;
    if( nNumberFun == 1)
    {//1 代表是 F 函数
```

```
            dDeltaY = Get42111OriginaFFunValue(dVarX + dDeltaX);
            dVarY = Get42111OriginaFFunValue(dVarX);
        }
        else
        {//否则是 G 函数
            dDeltaY = Get42112OriginaGFunValue(dVarX + dDeltaX);
            dVarY = Get42112OriginaGFunValue(dVarX);
        }
        double d0 = Get42113BasicDerivativeFunValue(dDeltaX, dDeltaY, dVarY);
        return d0;
    }
    //返回 2/cosx 的值
    double Get42115DerivativeFFunXValue(double dXValue)
    {
        double d1 = cos(dXValue);
        if(d1 == 0)
        {//防止有异常数据传入出错
            std::cout << "传入的 dDeltaX 数据不能使得分母等于 0! \n";
            return 0;
        }
        return 2.0 / d1;
    }
    int main()
    {
        double dxz = 0;//左边的变量
        double dxy = 0;//右边的变量
        double dVariationalX = 0;
        double dQuotient = 0;//最后求得极限的比值
        std::cout << "输入求极限趋近的 x 参数值:";
        std::cin >> dVariationalX;
        double dLimitFunRightResult = Get42115DerivativeFFunXValue(dVariationalX);
        std::cout << "直接用洛必达法则求出正确的值是:" << dLimitFunRightResult << endl;
        dxz = dcDeltaX - dcPrecision;//左边开始求值的变量
        double dPreYVal[2] = { 0 };//上一次求的 y 值
        double dNowYVal[2] = { 0 };//当前求得一阶导数值
        dNowYVal[0] = Get42114FirstOrderFunValue(dxz, dVariationalX, 1);//当前求得 F 函数一阶导
数值
        dNowYVal[1] = Get42114FirstOrderFunValue(dxz, dVariationalX, 2);//当前求得 G 函数一阶导
数值
        double dSpaceTempX = dcPrecision;//自变量 x 的变化
        ///
        dPreYVal[0] = dNowYVal[0];//上一次求的 y 值
        dPreYVal[1] = dNowYVal[01];//上一次求的 y 值
```

```
dSpaceTempX = dSpaceTempX / 2;//靠近的距离的变化越来越小
dxz = dxz + dSpaceTempX;//变量不断靠近趋向值
///
while(dxz < dcDeltaX)
{//找到左极限
    //找到 f(x+Δx)
    //先利用 dxz 求出对应的 y 值
    double dTemp[2] = {0};
    dTemp[0] = Get42114FirstOrderFunValue(dxz, dVariationalX, 1);
    dTemp[1] = Get42114FirstOrderFunValue(dxz, dVariationalX, 2);
    if(dTemp[0] == 0 || dTemp[1] == 0)
    {//本次计算有误,用上次数据,计算完成
        dNowYVal[0] = dPreYVal[0];
        dNowYVal[1] = dPreYVal[1];
    }
    else
    {
        dNowYVal[0] = dTemp[0];
        dNowYVal[1] = dTemp[1];
    }
    if(abs(dPreYVal[0] - dNowYVal[0])< dTininessVal
        || abs(dPreYVal[1] - dNowYVal[1])< dTininessVal)
    {//发现值不再变化,找到左极限
        if(dNowYVal[1] == 0)
        {
            std::cout << "\n无法求出左极限,再想办法吧！因为\ndNowYVal[0]"
<< dNowYVal[0] << "\dNowYVal[1]" << dNowYVal[1];
        }
        else
        {
            dQuotient = dNowYVal[0] / dNowYVal[1];
            std::cout << "\n左极限是:" << dQuotient << "\n";
        }
        break;
    }
    dPreYVal[0] = dNowYVal[0];//上一次求的 y 值
    dPreYVal[1] = dNowYVal[1];//上一次求的 y 值
    dSpaceTempX = dSpaceTempX / 2;//靠近的距离的变化越来越小
    dxz = dxz + dSpaceTempX;//变量不断靠近趋向值
}
if(dxz > dcDeltaX || dxz == dcDeltaX)
{//如果 dxz 已经移到 dX 了,肯定就找到极限了
    if(dNowYVal[1] == 0)
```

```
            {
                std::cout << "\n 无法求出左极限,再想办法吧! 因为\ndNowYVal[0]" << dNowYVal[0]
<< "\dNowYVal[1]" << dNowYVal[1];
            }
            else
            {
                dQuotient = dNowYVal[0] / dNowYVal[1];
                std::cout << "\n 左极限是:" << dQuotient << "\n";
            }std::cout << "\n 左极限是:" << dNowYVal[0] << "\n";
        }
        int nRightResult = dLimitFunRightResult;
        if( abs( dLimitFunRightResult - nRightResult) < dMinorVal)//说明 dRightResult 值实际可认为是
整数
        {
            int nNow = 0;
            if( dQuotient > 0)
            {//保证 dNow 值转换为整数(四舍五入后),正数需要加 0.5,负数需要减 0.5
                nNow = dQuotient + 0.5;
            }
            else
            {
                nNow = dQuotient - 0.5;
            }
            if( nNow == nRightResult)
            {
                std::cout << "用导数定义求得左极限值与直接用导函数求得值一致! \n";
            }
            else
            {
                std::cout << "用导数定义求得左极限值与直接用导函数求得值不一致! \n";
            }
        }
        else
        {
            if( abs( dQuotient - dLimitFunRightResult) < dMinorVal)
            {
                std::cout << "用导数定义求得左极限值与直接用导函数求得值一致! \n";
            }
            else
            {
                std::cout << "用导数定义求得左极限值与直接用导函数求得值不一致! \n";
            }
        }
```

```
dxy = dcDeltaX + dcPrecision;//重新设定自变量的值,从常量右边开始求值
dNowYVal[0] = Get42114FirstOrderFunValue(dxy, dVariationalX, 1);
dNowYVal[1] = Get42114FirstOrderFunValue(dxy, dVariationalX, 2);
dSpaceTempX = dcPrecision;//重新设定自变量需要变化的值
///
dPreYVal[0] = dNowYVal[0];//上一次求的 y 值
dPreYVal[1] = dNowYVal[1];//上一次求的 y 值
dSpaceTempX = dSpaceTempX / 2;//靠近的距离的变化越来越小
dxy = dxy - dSpaceTempX;//变量不断靠近趋向值
///
double dVarYy = 0;
while(dxy > dcDeltaX)
{//找到右极限
    double dTemp[2] = { 0 };
    dTemp[0] = Get42114FirstOrderFunValue(dxy, dVariationalX, 1);
    dTemp[1] = Get42114FirstOrderFunValue(dxy, dVariationalX, 2);
    if(dTemp[0] == 0 || dTemp[1] == 0)
    {//本次计算有误,用上次数据,计算完成
        dNowYVal[0] = dPreYVal[0];
        dNowYVal[1] = dPreYVal[1];
    }
    else
    {
        dNowYVal[0] = dTemp[0];
        dNowYVal[1] = dTemp[1];
    }
    if(abs(dPreYVal[0] - dNowYVal[0])< dTininessVal
        || abs(dPreYVal[1] - dNowYVal[1])< dTininessVal)
    {//发现值不再变化,找到右极限
        if(dNowYVal[1] == 0)
        {
            std::cout << "\n 无法求出右极限,再想办法吧! 因为\ndNowYVal[0]"
<< dNowYVal[0] << "\dNowYVal[1]" << dNowYVal[1];
        }
        else
        {
            dQuotient = dNowYVal[0] / dNowYVal[1];
            std::cout << "\n 右极限是:" << dQuotient << "\n";
        }
        break;
    }
    dPreYVal[0] = dNowYVal[0];//上一次求的 y 值
    dPreYVal[1] = dNowYVal[1];//上一次求的 y 值
```

```
                dSpaceTempX = dSpaceTempX / 2;//靠近的距离的变化越来越小
                dxy = dxy - dSpaceTempX;//变量不断靠近趋向值
        }
    if( dxy < dcDeltaX || dxy == dcDeltaX)
    {//如果 dxy 已经移到 dX 了,肯定就找到极限了
        if( dNowYVal[1] == 0)
        {
            std::cout << "\n 无法求出右极限,再想办法吧! 因为\ndNowYVal[0]" << dNowYVal[0]
<< "\dNowYVal[1]" << dNowYVal[1];
        }
        else
        {
            dQuotient = dNowYVal[0] / dNowYVal[1];
            std::cout << "\n 右极限是:" << dQuotient << "\n";
        }
    }
    if( abs( dLimitFunRightResult - nRightResult) < dMinorVal)//说明 dRightResult 值实际可认为是
整数
    {
        int nNow = 0;
        if( dQuotient > 0)
        {//保证 dNow 值转换为整数(四舍五入后),正数需要加 0.5,负数需要减 0.5
            nNow = dQuotient + 0.5;
        }
        else
        {
            nNow = dQuotient - 0.5;
        }
        if( nNow == nRightResult)
        {
            std::cout << "用导数定义求得右极限值与直接用导函数求得值一致! \n";
        }
        else
        {
            std::cout << "用导数定义求得右极限值与直接用导函数求得值不一致! \n";
        }
    }
    else
    {
        if( abs( dQuotient - dLimitFunRightResult) < dMinorVal)
        {
            std::cout << "用导数定义求得右极限值与直接用导函数求得值一致! \n";
        }
```

```
    else
    {
        std::cout << "用导数定义求得右极限值与直接用导函数求得值不一致！\n";
    }
    }
}
```

完成代码修改后,请同时按住键盘的"Ctrl"和"F7"键,即可以编译程序 Program4-4。编译通过后,我们可以直接按键盘的"F5"键来对程序进行调试运行。如果有问题,仔细核对以上代码,如果没有问题,调试通过,运行程序后我们可以看到运行的结果如图 4-6 所示。

图 4-6 程序 Program4-4 运行结果(例 4-4)

经过以上一系列程序代码的修改和运行,我们能够看到实例与程序运行结果吻合,程序验证了实例的正确性。程序同时对分式上下两个函数求极限来获得各自的导数,自变量一样,有利于判断结果的合理性,但是由于精度等问题,出现误差可能存在偏大的情况。

4.2.2 解说 $\frac{\infty}{\infty}$ 型未定式的极限

定理 4-5(洛必达法则 2) 如果 $f(x)$ 和 $g(x)$ 满足下列条件:
(1)在 x_a 的某去心邻域 (x_a-t, x_a+t) 内可导,并且 $g'(x) \neq 0$;
(2) $\lim\limits_{x \to x_a} f(x) = \infty$, $\lim\limits_{x \to x_a} g(x) = \infty$;
(3) $\lim\limits_{x \to x_a} \dfrac{f'(x)}{g'(x)}$ 存在极限或极限为无穷大。
则有

$$\lim\limits_{x \to x_a} \frac{f(x)}{g(x)} = \lim\limits_{x \to x_a} \frac{f'(x)}{g'(x)}。$$

定理 4-5 说明:当上等式右极限存在时,两者相等,则可求出极限;当上等式右极限不存在时,但如果 $\lim\limits_{x \to x_a} \dfrac{f'(x)}{g'(x)}$ 仍然为 $\dfrac{\infty}{\infty}$ 型的未定式,并且 $f'(x)$ 和 $g'(x)$ 满足上述条件,则针对 $\lim\limits_{x \to x_a} \dfrac{f'(x)}{g'(x)}$ 还可以继续使用定理 4-5(洛必达法则 2)。只要符合条件,可以依次使用。

— 197 —

实例 4-5

例 4-5　求极限 $\lim\limits_{x\to\infty}\dfrac{\ln x}{x^3}$。

解：

因为极限满足洛必达法则 2，则 $\lim\limits_{x\to\infty}\dfrac{\ln x}{x^3}=\lim\limits_{x\to\infty}\dfrac{(\ln x)'}{(x^3)'}=\lim\limits_{x\to\infty}\dfrac{\dfrac{1}{x}}{3x^2}=\lim\limits_{x\to\infty}\dfrac{1}{3x^3}=0$。

⊙ 程序解说 4-5

针对上面的例题，可以用程序解说。前面的步骤请参照程序解说 1-1。在第 4 步，首先填写项目名称"Program4-5"，然后依次完成，最后在代码中修改。

针对例 4-5，可以把代码修改如下：

```cpp
// Program4-5.cpp : 此文件包含"main"函数。程序执行将在此处开始并结束
//
#include <iostream>
#include <math.h>
using namespace std;//使用标准库时,需要加上这段代码
//设定一个非常小的值,用来做两个小数的相等比较
//在误差允许的范围内可认为两个数是相等的
double const dTininessVal = 0.00000000000001;//二阶导数以上误差较大,所以设定精度比较值变大
//设定一个较小的值,用来做直接求导与用导函数求导结果的相等比较
double const dMinorVal = 0.00001;//求导比较精度不能要求太高
double const dcDeltaX = 0;//设定求导数时,Δx 始终在 0 附近求导
double const dcPrecision = 0.011;//从离趋向值附近变量考虑的范围开始尝试求值,设置小数的后的
数为质数数值,有利于防止出现异常情况,如果设置为 0.1,得出的结果可能有问题
//求得 f(x)= lnx 的值
double Get4221OriginaFFunValue( double dVarX)
{
    if( dVarX == 0 || dVarX < 0)
    {//防止有异常数据传入出错
        std::cout << "传入的 dVarX 数据不能小于或者等于 0! \n";
        return 0;
    }
    return log( dVarX);
}
//求得 g(x)= x^3 的值
double Get4222OriginaGFunValue( double dVarX)
{
    return pow( dVarX,3.0);
}
```

```
//返回(f(x+Δx)-f(x))/Δx
double Get4223BasicDerivativeFunValue(double dDeltaX, double dDeltaY, double dY)
{
    if(dDeltaX == 0)
    {//防止有异常数据传入出错
        std::cout << "传入的 dDeltaX 数据不能使得分母等于 0！\n";
        return 0;
    }
    double d1 = dDeltaY - dY;//Δy
    if(d1 == 0)
    {
        std::cout << "超越精度,提示用上次数据！\n";
        return 0;
    }
    double d2 = d1 / dDeltaX;
    return d2;
}
//返回 f(x)的一阶导数
double Get4224FirstOrderFunValue(double dDeltaX, double dVarX, int nNumberFun)
{
    if(dDeltaX == 0)
    {//防止有异常数据传入出错
        std::cout << "传入的 dDeltaX 数据不能使得分母等于 0！\n";
        return 0;
    }
    double dDeltaY = 0;
    double dVarY = 0;
    if(nNumberFun == 1)
    {//1 代表是 F 函数
        dDeltaY = Get4221OriginaFFunValue(dVarX + dDeltaX);
        dVarY = Get4221OriginaFFunValue(dVarX);
    }
    else
    {//否则是 G 函数
        dDeltaY = Get4222OriginaGFunValue(dVarX + dDeltaX);
        dVarY = Get4222OriginaGFunValue(dVarX);
    }
    double d0 = Get4223BasicDerivativeFunValue(dDeltaX, dDeltaY, dVarY);
    return d0;
}
//返回 f(x)的 N 阶导数
double Get4225NOrderFunValue(double dDeltaX, double dVarX, int nOrder, int nNumberFun)
{
```

```
    if( nOrder < 1 )
    {//防止有异常数据传入出错
        std::cout << "传入的 nOrder 数据不能小于 1! \n";
        return 0;
    }
    if( nOrder == 1 )
    {//直接调用一阶求导函数
        return Get4224FirstOrderFunValue( dDeltaX, dVarX, nNumberFun );
    }
    if( dDeltaX == 0 )
    {//防止有异常数据传入出错
        std::cout << "传入的 dDeltaX 数据不能使得分母等于 0! \n";
        return 0;
    }
    double dDeltaY = 0;
    double dVarY = 0;
    if( nOrder > 2 )
    {//求 N 阶导数
        dDeltaY = Get4225NOrderFunValue( dDeltaX, dVarX + dDeltaX, nOrder - 1, nNumberFun );
        dVarY = Get4225NOrderFunValue( dDeltaX, dVarX, nOrder - 1, nNumberFun );
    }
    else
    {
        dDeltaY = Get4224FirstOrderFunValue( dDeltaX, dVarX + dDeltaX, nNumberFun );
        dVarY = Get4224FirstOrderFunValue( dDeltaX, dVarX, nNumberFun );
    }
    double d0 = 0;
    d0 = Get4223BasicDerivativeFunValue( dDeltaX, dDeltaY, dVarY );//直接调用一阶导数计算
    return d0;
}
//返回 1/(3x^3)的值
double Get4226DerivativeFFunXValue( double dXValue )
{
    double d1 = 3 * pow( dXValue,3.0 );
    if( d1 == 0 )
    {//防止有异常数据传入出错
        std::cout << "传入的 dDeltaX 数据不能使得分母等于 0! \n";
        return 0;
    }
    return  1 / d1;
}
int main( )
{
```

```
double dxz = 0;//左边的变量
double dxy = 0;//右边的变量
double dVariationalX = 0;
double dQuotient = 0;//最后求得极限的比值
int nOrderNum = 0;//求导的阶数
std::cout << "输入求极限趋近的 x 参数值:";
std::cin >> dVariationalX;
std::cout << "\n 输入求导的阶数值:";
std::cin >> nOrderNum;
double dLimitFunRightResult = Get4226DerivativeFFunXValue(dVariationalX);
std::cout << "直接用洛必达法则求出正确的值是:" << dLimitFunRightResult << endl;
dxz = dcDeltaX - dcPrecision;//左边开始求值的变量
double dPreYVal[2] = { 0 };//上一次求的 y 值
double dNowYVal[2] = { 0 };//当前求得一阶导数值
dNowYVal[0] = Get4225NOrderFunValue(dxz, dVariationalX, nOrderNum, 1);//当前求得 F 函
数一阶导数值
dNowYVal[1] = Get4225NOrderFunValue(dxz, dVariationalX, nOrderNum, 2);//当前求得 G 函
数一阶导数值
double dSpaceTempX = dcPrecision;//自变量 x 的变化
///
dPreYVal[0] = dNowYVal[0];//上一次求的 y 值
dPreYVal[1] = dNowYVal[01];//上一次求的 y 值
dSpaceTempX = dSpaceTempX / 2;//靠近的距离的变化越来越小
dxz = dxz + dSpaceTempX;//变量不断靠近趋向值
///
while(dxz < dcDeltaX)
{//找到左极限
    //找到 f(x+Δx)
    //先利用 dxz 求出对应的 y 值
    double dTemp[2] = { 0 };
    dTemp[0] = Get4225NOrderFunValue(dxz, dVariationalX, nOrderNum, 1);
    dTemp[1] = Get4225NOrderFunValue(dxz, dVariationalX, nOrderNum, 2);
    if(dTemp[0] == 0 || dTemp[1] == 0)
    {//本次计算有误,用上次数据,计算完成
        dNowYVal[0] = dPreYVal[0];
        dNowYVal[1] = dPreYVal[1];
    }
    else
    {
        dNowYVal[0] = dTemp[0];
        dNowYVal[1] = dTemp[1];
    }
    if(abs(dPreYVal[0] - dNowYVal[0])< dTininessVal
```

```
                        || abs(dPreYVal[1] - dNowYVal[1]) < dTininessVal)
                {//发现值不再变化,找到左极限
                    if(dNowYVal[1] == 0)
                    {
                        std::cout << "\n当前无法求出左极限,再另想办法吧! \ndNowYVal[0]" <<
dNowYVal[0] << "\dNowYVal[1]" << dNowYVal[1];
                    }
                    else
                    {
                        dQuotient = dNowYVal[0] / dNowYVal[1];
                        std::cout << "\n左极限是:" << dQuotient << "\n";
                    }
                    break;
                }
                dPreYVal[0] = dNowYVal[0];//上一次求的 y 值
                dPreYVal[1] = dNowYVal[1];//上一次求的 y 值
                dSpaceTempX = dSpaceTempX / 2;//靠近的距离的变化越来越小
                dxz = dxz + dSpaceTempX;//变量不断靠近趋向值
            }
            if(dxz > dcDeltaX || dxz == dcDeltaX)
            {//如果 dxz 已经移到 dX 了,肯定就找到极限了
                if(dNowYVal[1] == 0)
                {
                    std::cout << "\n无法求出左极限,再想办法吧! 因为\ndNowYVal[0]" << dNowYVal[0]
<< "\dNowYVal[1]" << dNowYVal[1];
                }
                else
                {
                    dQuotient = dNowYVal[0] / dNowYVal[1];
                    std::cout << "\n左极限是:" << dQuotient << "\n";
                }
            }
            int nRightResult = dLimitFunRightResult;
            if(abs(dLimitFunRightResult - nRightResult) < dMinorVal)//说明 dRightResult 值实际可认为是
整数
            {
                int nNow = 0;
                if(dQuotient > 0)
                {//保证 dNow 值转换为整数(四舍五入后),正数需要加 0.5,负数需要减 0.5
                    nNow = dQuotient + 0.5;
                }
                else
                {
```

```
            nNow = dQuotient - 0.5;
        }
    if( nNow = = nRightResult)
        {
            std::cout << "用导数定义求得左极限值与直接用导函数求得值一致! \n";
        }
    else
        {
            std::cout << "用导数定义求得左极限值与直接用导函数求得值不一致! \n";
        }
}
else
{
    if( abs( dQuotient - dLimitFunRightResult)< dMinorVal)
        {
            std::cout << "用导数定义求得左极限值与直接用导函数求得值一致! \n";
        }
    else
        {
            std::cout << "用导数定义求得左极限值与直接用导函数求得值不一致! \n";
        }
}
dxy = dcDeltaX + dcPrecision;//重新设定自变量的值,从常量右边开始求值
dNowYVal[0] = Get4224FirstOrderFunValue(dxy, dVariationalX, 1);
dNowYVal[1] = Get4224FirstOrderFunValue(dxy, dVariationalX, 2);
dSpaceTempX = dcPrecision;//重新设定自变量需要变化的值
///
dPreYVal[0] = dNowYVal[0];//上一次求的 y 值
dPreYVal[1] = dNowYVal[1];//上一次求的 y 值
dSpaceTempX = dSpaceTempX / 2;//靠近的距离的变化越来越小
dxy = dxy - dSpaceTempX;//变量不断靠近趋向值
///
double dVarYy = 0;
while( dxy > dcDeltaX)
{//找到右极限
    double dTemp[2] = { 0 };
    dTemp[0] = Get4224FirstOrderFunValue(dxy, dVariationalX, 1);
    dTemp[1] = Get4224FirstOrderFunValue(dxy, dVariationalX, 2);
    if( dTemp[0] = = 0 || dTemp[1] = = 0)
    {//本次计算有误,用上次数据,计算完成
        dNowYVal[0] = dPreYVal[0];
        dNowYVal[1] = dPreYVal[1];
    }
```

```
        else
        {
            dNowYVal[0] = dTemp[0];
            dNowYVal[1] = dTemp[1];
        }
        if( abs( dPreYVal[0] - dNowYVal[0] ) < dTininessVal
            || abs( dPreYVal[1] - dNowYVal[1] ) < dTininessVal )
        {//发现值不再变化,找到右极限
            if( dNowYVal[1] == 0 )
            {
                std::cout << "\n 无法求出右极限,再想办法吧! 因为\ndNowYVal[0]"
<< dNowYVal[0] << "\dNowYVal[1]" << dNowYVal[1];
            }
            else
            {
                dQuotient = dNowYVal[0] / dNowYVal[1];
                std::cout << "\n 右极限是:" << dQuotient << "\n";
            }
            break;
        }
        dPreYVal[0] = dNowYVal[0];//上一次求的 y 值
        dPreYVal[1] = dNowYVal[1];//上一次求的 y 值
        dSpaceTempX = dSpaceTempX / 2;//靠近的距离的变化越来越小
        dxy = dxy - dSpaceTempX;//变量不断靠近趋向值
    }
    if( dxy < dcDeltaX || dxy == dcDeltaX )
    {//如果 dxy 已经移到 dX 了,肯定就找到极限了
        if( dNowYVal[1] == 0 )
        {
            std::cout << "\n 无法求出右极限,再想办法吧! 因为\ndNowYVal[0]" << dNowYVal[0]
<< "\dNowYVal[1]" << dNowYVal[1];
        }
        else
        {
            dQuotient = dNowYVal[0] / dNowYVal[1];
            std::cout << "\n 右极限是:" << dQuotient << "\n";
        }
    }
    if( abs( dLimitFunRightResult - nRightResult ) < dMinorVal )//说明 dRightResult 值实际可认为是
整数
    {
        int nNow = 0;
        if( dQuotient > 0 )
```

```
    {//保证 dNow 值转换为整数(四舍五入后),正数需要加 0.5,负数需要减 0.5
        nNow = dQuotient + 0.5;
    }
    else
    {
        nNow = dQuotient - 0.5;
    }
    if( nNow == nRightResult)
    {
        std::cout << "用导数定义求得右极限值与直接用导函数求得值一致!\n";
    }
    else
    {
        std::cout << "用导数定义求得右极限值与直接用导函数求得值不一致!\n";
    }
    }
    else
    {
        if( abs( dQuotient - dLimitFunRightResult) < dMinorVal)
        {
            std::cout << "用导数定义求得右极限值与直接用导函数求得值一致!\n";
        }
        else
        {
            std::cout << "用导数定义求得右极限值与直接用导函数求得值不一致!\n";
        }
    }
}
```

完成代码修改后,请同时按住键盘的"Ctrl"和"F7"键,即可以编译程序 Program4-5。编译通过后,我们可以直接按键盘的"F5"键来对程序进行调试运行。如果有问题,仔细核对以上代码,如果没有问题,调试通过,运行程序后我们可以看到运行的结果如图 4-7 所示。

图 4-7　程序 Program4-5 运行结果(例 4-5)

经过以上一系列程序代码的修改和运行,我们能够看到实例与程序运行结果吻合,程序验证了实例的正确性。本程序中需要输入的数据是一个无穷大的数,在测试的时候,输入能确保是很大的一个数,就基本能够验证了。

4.2.3 解说其他类型未定式的极限

除了比较好求解的$\frac{0}{0}$型和$\frac{\infty}{\infty}$型未定式,还有其他类型的未定式。对于其他类型的未定式($0\cdot\infty$、$\infty-\infty$、0^0、∞^0、1^∞等),可以先转化为$\frac{0}{0}$型或$\frac{\infty}{\infty}$型未定式,再用洛必达法则。

实例 4-6

例 4-6 求极限 $\lim\limits_{x\to 0^+}x\ln x$。

解:

这是$0\cdot\infty$型未定式,把0因子移到分母,化为$\frac{0}{0}$型或$\frac{\infty}{\infty}$型未定式,即 $\lim\limits_{x\to 0^+}x\ln x=\lim\limits_{x\to 0^+}\dfrac{\ln x}{\frac{1}{x}}=$

$\lim\limits_{x\to 0^+}\dfrac{(\ln x)'}{(\frac{1}{x})'}=\lim\limits_{x\to 0^+}\dfrac{\frac{1}{x}}{-\frac{1}{x^2}}=-x$。

程序解说 4-6

针对上面的例题,可以用程序解说。前面的步骤请参照程序解说1-1。在第4步,首先填写项目名称"Program4-6",然后依次完成,最后在代码中修改。

针对例4-6,可以把代码修改如下:

```
// Program4-6. cpp：此文件包含"main"函数。程序执行将在此处开始并结束
//
#include <iostream>
#include <math. h>
using namespace std;//使用标准库时,需要加上这段代码
//设定一个非常小的值,用来做两个小数的相等比较
//在误差允许的范围内可认为两个数是相等的
double const dTininessVal = 0.00000000000001;//二阶导数以上误差较大,所以设定精度比较值变大
//设定一个较小的值,用来做直接求导与用导函数求导结果的相等比较
double const dMinorVal = 0.00001;//求导比较精度不能要求太高
double const dcDeltaX = 0;//设定求导数时,Δx始终在0附近求导
double const dcPrecision = 0.011;//从离趋向值附近变量考虑的范围开始尝试求值,设置小数的后的
```
数为质数数值,有利于防止出现异常情况,如果设置为0.1,得出的结果可能有问题

```
//求得 f(x)=lnx 的值
double Get42311OriginaFFunValue(double dVarX)
{
    if(dVarX == 0 || dVarX < 0)
    {//防止有异常数据传入出错
        std::cout << "传入的 dVarX 数据不能小于或者等于0! \n";
        return 0;
    }
    return log(dVarX);
}
//求得 g(x)=1/x 的值
double Get42312OriginaGFunValue(double dVarX)
{
    if(dVarX == 0)
    {//防止有异常数据传入出错
        std::cout << "传入的 dVarX 数据不能等于0! \n";
        return 0;
    }
    return 1/dVarX;
}
//返回(f(x+Δx)-f(x))/Δx,
double Get42313BasicDerivativeFunValue(double dDeltaX, double dDeltaY, double dY)
{
    if(dDeltaX == 0)
    {//防止有异常数据传入出错
        std::cout << "传入的 dDeltaX 数据不能使得分母等于0! \n";
        return 0;
    }
    double d1 = dDeltaY - dY;//Δy
    if(d1 == 0)
    {
        std::cout << "超越精度,提示用上次数据! \n";
        return 0;
    }
    double d2 = d1 / dDeltaX;
    return d2;
}
//返回 f(x)的一阶导数
double Get42314FirstOrderFunValue(double dDeltaX, double dVarX, int nNumberFun)
{
    if(dDeltaX == 0)
    {//防止有异常数据传入出错
        std::cout << "传入的 dDeltaX 数据不能使得分母等于0! \n";
```

```
            return 0;
        }
        double dDeltaY = 0;
        double dVarY = 0;
        if( nNumberFun = = 1)
        {//1 代表是 F 函数
            dDeltaY = Get42311OriginaFFunValue( dVarX + dDeltaX) ;
            dVarY = Get42311OriginaFFunValue( dVarX) ;
        }
        else
        {//否则是 G 函数
            dDeltaY = Get42312OriginaGFunValue( dVarX + dDeltaX) ;
            dVarY = Get42312OriginaGFunValue( dVarX) ;
        }
        double d0 = Get42313BasicDerivativeFunValue( dDeltaX, dDeltaY, dVarY) ;
        return d0;
    }
//返回 f(x)的 N 阶导数
double Get42315NOrderFunValue( double dDeltaX, double dVarX, int nOrder, int nNumberFun)
{
    if( nOrder < 1)
    {//防止有异常数据传入出错
        std::cout << "传入的 nOrder 数据不能小于 1! \n";
        return 0;
    }
    if( nOrder = = 1)
    {//直接调用一阶求导函数
        return Get42314FirstOrderFunValue( dDeltaX, dVarX, nNumberFun) ;
    }
    if( dDeltaX = = 0)
    {//防止有异常数据传入出错
        std::cout << "传入的 dDeltaX 数据不能使得分母等于 0! \n";
        return 0;
    }
    double dDeltaY = 0;
    double dVarY = 0;
    if( nOrder > 2)
    {//代表求 N 阶导数
        dDeltaY = Get42315NOrderFunValue( dDeltaX, dVarX + dDeltaX, nOrder - 1, nNumberFun) ;
        dVarY = Get42315NOrderFunValue( dDeltaX, dVarX, nOrder - 1, nNumberFun) ;
    }
    else
    {
```

```
            dDeltaY = Get42314FirstOrderFunValue(dDeltaX, dVarX + dDeltaX, nNumberFun);
            dVarY = Get42314FirstOrderFunValue(dDeltaX, dVarX, nNumberFun);
        }
        double d0 = 0;
        d0 = Get42313BasicDerivativeFunValue(dDeltaX, dDeltaY, dVarY);//直接调用一阶导数计算
        return d0;
    }
    //nSign=1 为求右极限;nSign=-1 为求左极限
    //返回 lim┬(x→0^+)xlnx 的值
    double Get42316DerivativeFFunXValue(double dXValue,int nSign)
    {
        double dx = 0;
        dx = dXValue + nSign * dcPrecision;//左边开始求值的变量
        double dPre = 0;//上一次求的 y 值
        double dNow = Get42311OriginaFFunValue(dx)/Get42312OriginaGFunValue(dx);//当前求得
y 值
        double dSpaceTemp = dcPrecision;
        while(dx * nSign - dXValue > 0)
        {
            dPre = dNow;//上一次求的 y 值
            dSpaceTemp = dSpaceTemp / 2;//靠近的距离的变化越来越小
            dx = dx - nSign *   dSpaceTemp;//变量不断靠近趋向值

            double dTemp = Get42311OriginaFFunValue(dx)/ Get42312OriginaGFunValue(dx);//当前求
得 y 值
            if(dTemp == 0)
            {//本次计算有误,用上次数据,计算完成
                dNow = dPre;
            }
            else
            {
                dNow = dTemp;
            }
            if(abs(dPre - dNow)< dTininessVal)
            {//发现值不再变化,找到左极限
                //std::cout << "\n 极限是:" << dNow << "\n";
                break;
            }
        }
        if(dx * nSign - dXValue < 0 || dx * nSign - dXValue ==0)
        {//如果 dxz 已经移到 dX 了,肯定就找到极限了
            //std::cout << "\n 极限是:" << dNow << "\n";
        }
```

```
        return dNow;
    }
int main( )
{
    double dxz = 0;//左边的变量
    double dxy = 0;//右边的变量
    double dVariationalX = 0;
    double dQuotient = 0;//最后求得极限的比值
    int nOrderNum = 0;//求导的阶数
    std::cout << "输入求极限趋近的 x 参数值:";
    std::cin >> dVariationalX;
    std::cout << "\n 输入求导的阶数值:";
    std::cin >> nOrderNum;
    double dLimitFunRightResult = Get42316DerivativeFFunXValue( dVariationalX, 1 );
    std::cout << "直接用求极限方法求出正确的值是:" << dLimitFunRightResult << endl;

    double dPreYVal[2] = { 0 };//上一次求的 y 值
    double dNowYVal[2] = { 0 };//当前求得一阶导数值
    double dSpaceTempX = 0;
    int nRightResult = 0;
    dxy = dcDeltaX + dcPrecision;//重新设定自变量的值,从常量右边开始求值
    dNowYVal[0] = Get42314FirstOrderFunValue( dxy, dVariationalX, 1 );
    dNowYVal[1] = Get42314FirstOrderFunValue( dxy, dVariationalX, 2 );
    dSpaceTempX = dcPrecision;//重新设定自变量需要变化的值
    ///
    dPreYVal[0] = dNowYVal[0];//上一次求的 y 值
    dPreYVal[1] = dNowYVal[1];//上一次求的 y 值
    dSpaceTempX = dSpaceTempX / 2;//靠近的距离的变化越来越小
    dxy = dxy - dSpaceTempX;//变量不断靠近趋向值
    ///
    double dVarYy = 0;
    while( dxy > dcDeltaX )
    {//找到右极限
        double dTemp[2] = { 0 };
        dTemp[0] = Get42314FirstOrderFunValue( dxy, dVariationalX, 1 );
        dTemp[1] = Get42314FirstOrderFunValue( dxy, dVariationalX, 2 );
        if( dTemp[0] == 0 || dTemp[1] == 0 )
        {//本次计算有误,用上次数据,计算完成
            dNowYVal[0] = dPreYVal[0];
            dNowYVal[1] = dPreYVal[1];
        }
        else
        {
```

```
                dNowYVal[0] = dTemp[0];
                dNowYVal[1] = dTemp[1];
            }
        if( abs( dPreYVal[0] - dNowYVal[0] )< dTininessVal
            || abs( dPreYVal[1] - dNowYVal[1] )< dTininessVal)
        {//发现值不再变化,找到右极限
            if( dNowYVal[1] == 0)
            {
                std::cout << "\n 无法求出右极限,再想办法吧! 因为\ndNowYVal[0]"
<< dNowYVal[0] << "\dNowYVal[1]" << dNowYVal[1];
            }
            else
            {
                dQuotient = dNowYVal[0] / dNowYVal[1];
                std::cout << "\n 右极限是:" << dQuotient << "\n";
            }
            break;
        }
        dPreYVal[0] = dNowYVal[0];//上一次求的 y 值
        dPreYVal[1] = dNowYVal[1];//上一次求的 y 值
        dSpaceTempX = dSpaceTempX / 2;//靠近的距离的变化越来越小
        dxy = dxy - dSpaceTempX;//变量不断靠近趋向值
    }
    if( dxy < dcDeltaX || dxy == dcDeltaX)
    {//如果 dxy 已经移到 dX 了,肯定就找到极限了
        if( dNowYVal[1] == 0)
        {
            std::cout << "\n 无法求出右极限,再想办法吧! 因为\ndNowYVal[0]" << dNowYVal[0]
<< "\dNowYVal[1]" << dNowYVal[1];
        }
        else
        {
            dQuotient = dNowYVal[0] / dNowYVal[1];
            std::cout << "\n 右极限是:" << dQuotient << "\n";
        }
    }
    if( abs( dLimitFunRightResult - nRightResult )< dMinorVal)//说明 dRightResult 值实际可认为是
整数
    {
        int nNow = 0;
        if( dQuotient > 0)
        {//保证 dNow 值转换为整数(四舍五入后),正数需要加 0.5,负数需要减 0.5
            nNow = dQuotient + 0.5;
```

```
        }
        else
        {
            nNow = dQuotient - 0.5;
        }
        if( nNow = = nRightResult)
        {
            std::cout << "用导数定义求得右极限值与直接用导函数求得值一致！\n";
        }
        else
        {
            std::cout << "用导数定义求得右极限值与直接用导函数求得值不一致！\n";
        }
    }
    else
    {
        if( abs( dQuotient - dLimitFunRightResult)< dMinorVal)
        {
            std::cout << "用导数定义求得右极限值与直接用导函数求得值一致！\n";
        }
        else
        {
            std::cout << "用导数定义求得右极限值与直接用导函数求得值不一致！\n";
        }
    }
}
```

完成代码修改后,请同时按住键盘的"Ctrl"和"F7"键,即可以编译程序 Program4-6。编译通过后,我们可以直接按键盘的"F5"键来对程序进行调试运行。如果有问题,仔细核对以上代码,如果没有问题,调试通过,运行程序后我们可以看到运行的结果如图 4-8 所示。

图 4-8　程序 Program4-6 调试运行结果(例 4-6)

从图 4-8 我们发现输入的数据出错了,程序不能正确执行。问题出在哪里呢? 我们看到求极限的函数 $\lim\limits_{x\to 0^+}x\ln x$,发现要在 x 趋向于 0^+ 的时候求 $\ln x$ 的导数值,根据导数的定义来求,需要得到 ln0,这似乎不可能。怎么办? 怎么办也不能超越定义、超越规则去做。这就说明,我们不能用导数定义去求解这个问题。从图 4-8 我们已经看到极限非常接近 0 了,这就说明,通过求极限的方法我们已经证明了这个实例的答案就是 0,与实例的解法答案一致,问题已经被证实了。

4.3 解说函数的形态

在本节中,我们将使用前面描述的导数来分析函数的单调性、极值、图像的凹凸性、图像的拐点,并描述函数的图像。

4.3.1 解说函数的单调性和极值

(1)函数的单调性

假设有函数 $y=f(x)$ 在某个间隔内单调增加(或单调减少),则其图形沿 x 轴正方向上升(或下降)的曲线。如果曲线上升,曲线上方每个点的切线均以锐角的方式与 x 轴的正方向相交,假设夹角为 α,则其斜率 $\tan\alpha$ 是非负值,即有函数的导数 $y'=f'(x)\geq0$;如果曲线下降,则其上每个点的切线均以钝角与 x 轴的正方向相交,同样假设夹角为 α,其斜率 $\tan\alpha$ 为非正值,即有函数的导数 $y'=f'(x)\leq0$。这样一来,能够得到函数的单调性与导数的符号密切相关。

定理 4-6 假设函数 $y=f(x)$ 区间 (a,b) 内可导,如果一定有 $f'(x)\geq0$[或 $f'(x)\leq0$],则函数 $y=f(x)$ 在 (a,b) 内单调增加(或单调减少)。

根据上述定理,讨论该函数的单调性可以按照以下步骤进行:

第一,确定函数定义域的范围;

第二,求函数的一阶导数 $f'(x)$,找到 $f'(x)=0$ 和 $f'(x)$ 不存在的点,并将这些点作为边界点,将域划分为几个区间;

第三,在每个间隔中根据 $f'(x)$ 的符号确定 $f(x)$ 的单调性。

(2)函数的极值

如果连续函数 $y=f(x)$ 在点 x_c 附近的左侧和右侧具有不同的单调性,则曲线 $y=f(x)$ 在点 (x_c,y_c) 处上凸或下凹。

定义 4-1 如果在点 x_c 或附近定义了函数 $y=f(x)$,并且在 x_c 附近的所有点 x 对应的函数值比 $f(x_c)$ 的值都大(或都小),可表达为 $f(x)>f(x_c)$[或 $f(x)<f(x_c)$],这样我们就认为在 x_c 点可以取得极小值(或极大值),这个点 x_c 就叫函数 $f(x)$ 的极小值点(或极大值点)。函数的极小值和极大值统称为函数的极值,而取得极大值和极小值的点都叫极值点。

定理 4-7 若函数 $f(x)$ 在点 x_c 处取得极值,并且在点 x_c 附近连续可导,那么 $f'(x_c)=0$。我们将对于函数 $f(x)$ 能使得某一点 x_c 的 $f'(x_c)=0$,则称点 x_c 是函数 $f(x)$ 的驻点。结论表明:可导函数的极值点肯定是它的驻点,但反之不一定。

定理 4-8　假设函数 $f(x)$ 在点 x_c 处附近连续可导,并且存在 $f'(x_c)=0$,那么:

第一,假设存在自变量 x 小于 x_c 时,存在函数的导数 $f'(x)$ 大于 0,反之当自变量 x 大于 x_c 时,存在函数的导数 $f'(x)$ 小于 0,则函数 $f(x)$ 在点 x_c 处取得极大值;

第二,假设存在自变量 x 小于 x_c 时,存在函数的导数 $f'(x)$ 小于 0,反之当自变量 x 大于 x_c 时,存在函数的导数 $f'(x)$ 大于 0,则函数 $f(x)$ 在点 x_c 处取得极小值;

第三,假设自变量 x 在 x_c 两侧,$f'(x)$ 的符号都不发生变化,则函数 $f(x)$ 在点 x_c 处不会取得极值。

因此,可以得出寻找和判别函数图像极值的步骤:

第一,求出函数的导数 $f'(x)$;

第二,找出函数 $f(x)$ 的驻点及导数不存在的点;

第三,分析函数 $f(x)$ 在这些点左右两侧的导数 $f'(x)$ 的符号。

有时,确定一阶导数的正负符号的变化有点麻烦,而使用它的二阶导数的正负号来确定极值更简单。方法如下:

定理 4-9　让函数 $f(x)$ 在点 x_c 处具有一阶和二阶导数,并且有 $f'(x_c)=0$。

第一,如果函数的二阶导数 $f''(x_c)$ 小于 0,函数 $f(x)$ 在点 x_c 处取得最大值为 $f(x_c)$;

第二,如果函数的二阶导数 $f''(x_c)$ 大于 0,函数 $f(x)$ 在点 x_c 处取得最小值为 $f(x_c)$;

第三,如果函数的二阶导数 $f''(x_c)$ 等于 0,则无法确定。

可以看出,上面的定理计算很方便,但是不能在不可导的函数或二阶导数为 0 的点确定。

（3）函数的最大值和最小值

函数的最大值、最小值是对于某确定的区间而言的,而函数的极值只是在某一点的邻域内分析的,它们是有区别的。在一个闭区间上的连续函数肯定存在最大值和最小值,当然它们也许就是区间内的极大值、极小值,但也许是区间端点的函数值。这样一来,我们在求函数的最大值和最小值的时候,就只要计算出极大值和极小值及端点对应的函数值,然后在这些数之间进行比较,就可以得出函数的最大值和最小值;也可以先求驻点和导数不存在点及端点的函数值,再进行比较即可。

实例 4-7

例 4-7　讨论函数 $f(x)=x^3+3x^2-9x+9$ 的单调性。

解:

易知函数 $f(x)$ 的定义域为 $(-\infty,+\infty)$,并且求出一阶导数:

$$f'(x)=3x^2+6x-9=3(x^2+2x-3)=3(x+3)(x-1)。$$

令 $f'(x)=0$,能够求得 $x=-3$ 或 $x=1$,则 $x=-3$ 和 $x=1$ 这两点把函数 $f(x)$ 的定义域分为 3 个区间,即 $(-\infty,-3]$、$[-3,1]$、$[1,+\infty)$。在区间 $(-\infty,-3]$ 和 $[1,+\infty)$ 内 $f'(x)>0$,函数 $f(x)$ 单调递增;在区间 $[-3,1]$ 内 $f'(x)<0$,函数 $f(x)$ 单调递减。

程序解说 4-7

针对上面的例题,可以用程序解说。前面的步骤请参照程序解说 1-1。在第 4 步,首先填写项目名称"Program4-7",然后依次完成,最后在代码中修改。

　　针对例4-7,可以把代码修改如下:

```cpp
// Program4-7. cpp：此文件包含"main"函数。程序执行将在此处开始并结束
//
#include <iostream>
#include <math. h>
using namespace std;//使用标准库时,需要加上这段代码
//设定一个非常小的值,用来做两个小数的相等比较
//在误差允许的范围内可认为两个数是相等的
double const dTininessVal = 0.0000001;//二阶导数以上误差较大,所以设定精度比较值变大
//设定一个较小的值,用来做直接求导与用导函数求导结果的相等比较
double const dMinorVal = 0.00001;//求导比较精度不能要求太高
double const dcPrecision = 0.011;//从离趋向值附近变量考虑的范围开始尝试求值,设置小数的后的
//数为质数数值,有利于防止出现异常情况,如果设置为0.1,得出的结果可能有问题
//求得 x^3+3[ x ]^2-9x+9 的值
double Get43111OriginaFunValue( double dVarX)
{
    return pow( dVarX, 3.0) + 3 * pow( dVarX, 2.0) - 9 * dVarX + 9;
}
//返回(f( x+Δx) - f( x))/Δx
double Get43112BasicDerivativeFunValue( double dDeltaX, double dDeltaY, double dY)
{
    if( dDeltaX == 0)
    {//防止有异常数据传入出错
        std::cout << "传入的 dDeltaX 数据不能使得分母等于0! \n";
        return 0;
    }
    double d1 = dDeltaY - dY;//Δy
    if( d1 == 0)
    {
        std::cout << "超越精度,提示用上次数据! \n";
        return 0;
    }
    double d2 = d1 / dDeltaX;
    return d2;
}
//返回 f( x)的一阶导数
double Get43113FirstOrderFunValue( double dDeltaX, double dVarX)
{
    if( dDeltaX == 0)
    {//防止有异常数据传入出错
        std::cout << "传入的 dDeltaX 数据不能使得分母等于0! \n";
        return 0;
```

```
    }
    double dDeltaY = 0;
    double dVarY = 0;
    dDeltaY = Get43111OriginaFunValue(dVarX + dDeltaX);
    dVarY = Get43111OriginaFunValue(dVarX);
    double d0 = Get43112BasicDerivativeFunValue(dDeltaX, dDeltaY, dVarY);
    return d0;
}
//nSign=1 为求右极限;nSign=-1 为求左极限
//返回 lim┬(x→1)〖x^(1/(x-1))〗的值
double Get42352DerivativeFFunXValue(double dXValue, int nSign)
{
    double dDeltaX = 0;
    dDeltaX = nSign * dcPrecision;//左边开始求值的变量
    double dPre = 0;//上一次求的 y 值
    double dNow = Get43113FirstOrderFunValue(dDeltaX,dXValue);//当前求得 y 值
    double dSpaceTemp = dcPrecision;
    double dx = dXValue + dDeltaX;
    while(nSign == 1 ? dx > dXValue:dx < dXValue)
    {
        dPre = dNow;//上一次求的 y 值
        dSpaceTemp = dSpaceTemp / 2;//靠近的距离的变化越来越小
        dDeltaX = dDeltaX - nSign * dSpaceTemp;//变量不断靠近趋向值
        double dTemp = Get43113FirstOrderFunValue(dDeltaX, dXValue);//当前求得 y 值
        if(dTemp == 0)
        {//本次计算有误,用上次数据,计算完成
            dNow = dPre;
        }
        else
        {
            dNow = dTemp;
        }
        if(abs(dPre - dNow)< dTininessVal)
        {//发现值不再变化,找到左极限
            break;
        }
    }
    return dNow;
}
int main()
{
    double dXBegin = 0;
    double dXEnd = 0;
```

```cpp
double dGapVal = 0;//求大致极值点的间隔
double dGapValExact = 0;//求确切极值点的间隔
bool bDirection = false;//设定 false 为递减,ture 为递增
std::cout << "输入求 x 开始值:";
std::cin >> dXBegin;
std::cout << "输入求 x 结束值:";
std::cin >> dXEnd;
std::cout << "输入间隔值:";
std::cin >> dGapVal;
std::cout << "输入求确切极值点的间隔值:";
std::cin >> dGapValExact;
double dYBegin = Get43111OriginaFunValue(dXBegin);
double dYNow = Get43111OriginaFunValue(dXBegin + dGapVal);
if(dYNow > dYBegin)
{
    bDirection = true;
    std::cout << "\n 函数递增开始的 x 值是:" << dXBegin<<endl;
}
else
{
    bDirection = false;
    std::cout << "\n 函数递减开始的 x 值是:" << dXBegin << endl;
}
dYBegin = dYNow;
for(double di = dXBegin +2 * dGapVal; di < dXEnd; di = di + dGapVal)
{
    dYNow = Get43111OriginaFunValue(di);
    if(dYNow > dYBegin)
    {//为递增
        if(bDirection == true)
        {//说明一直是递增的
        }
        else
        {//从递减变成了递增
            //在这里需要通过求导,判断导数为 0,得出确切的极值点
            for(double dj = di - dGapVal - dGapValExact; dj < di; dj = dj + dGapValExact)
            {
                double ddaoshu = Get42352DerivativeFFunXValue(dj,1);
                //std::cout << "\n 导数值:" << ddaoshu;
                if(abs(ddaoshu - 0)< dMinorVal)
                {//真找到了
                    std::cout << "\n 从递减变成了递增的 x 值是:" << dj << endl;
                    break;
```

```
                        }
                    }
                    bDirection = true;
                }
            }
            else
            {//为递减
                if( bDirection == false )
                {//说明一直是递减的
                }
                else
                {//从递增变成了递减
                    //在这里需要通过求导,判断导数为 0,得出确切的极值点
                    for( double dj = di – dGapVal – dGapValExact; dj < di; dj = dj + dGapValExact )
                    {
                        double ddaoshu = Get42352DerivativeFFunXValue( dj, 1 );
                        //std::cout << " \n 导数值:" << ddaoshu;
                        if( abs( ddaoshu – 0 ) < dMinorVal )
                        {//真找到了
                            std::cout << " \n 从递增变成了递减的 x 值是:" << dj << endl;
                            break;
                        }
                    }
                    bDirection = false;
                }
            }
            dYBegin = dYNow;
        }
        std::cout << " \n 函数再无变化...直到程序结束! \n";
    }
```

完成代码修改后,请同时按住键盘的"Ctrl"和"F7"键,即可以编译程序 Program4-7。编译通过后,我们可以直接按键盘的"F5"键来对程序进行调试运行。如果有问题,仔细核对以上代码,如果没有问题,调试通过,运行程序后我们可以看到运行的结果如图 4-9 所示。

图 4-9　程序 Program4-7 运行结果(例 4-7)

经过以上一系列程序代码的修改和运行,我们能够看到实例与程序运行结果的函数递增与递减的范围基本上是一致的,程序验证了实例的正确性。

4.3.2 解说曲线的凹凸性与拐点

认识了函数的单调性和极值,进一步了解函数的其他性态对于我们准确掌握函数图形的主要特性有益。

（1）函数曲线的凹凸性

函数曲线的弯曲方向可以用曲线与它所有点上的切线的相对位置来描述。

定义 4-2 如果一条曲线在它所有点上切线的上面,我们认为这条曲线是凹的（图 4-10）;如果一条曲线在它所有点上切线的下面,我们认为这条曲线是凸的（图 4-11）。

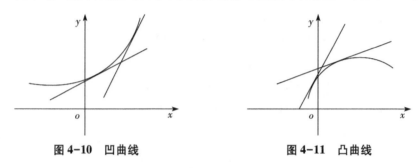

图 4-10 凹曲线   图 4-11 凸曲线

从图 4-10 和图 4-11 可以看出,一条曲线的所有点上切线位置的变化情况,可以体现这条曲线的凹凸性。

如果这条曲线为凹的,随着自变量 x 值的变大,它的切线与 x 轴正方向相交的夹角也会变大,对应的切线斜率 $f'(x)$ 是变大的,那么这个 $f'(x)$ 函数是递增函数,所以 $f'(x)$ 函数的导数 $f''(x) \geq 0$;反之,曲线为凸的,可以得出 $f''(x) \leq 0$。

从上面论述可以得到通过二阶导数与 0 做比较来判定曲线是凹还是凸的方法。

假定函数 $y=f(x)$ 在 (a,b) 上具有二阶导数,则:

第一,如果自变量 x 在 (a,b) 内,总会有 $f''(x)>0$ 成立,则曲线 $y=f(x)$ 在 (a,b) 上是凹的;

第二,如果自变量 x 在 (a,b) 内,总会有 $f''(x)<0$ 成立,则曲线 $y=f(x)$ 在 (a,b) 上是凸的。

（2）函数曲线的拐点

定义 4-3 如果一条曲线既有凹的部分又有凸的部分,那么这两部分的分界点就叫拐点,如图 4-12 所示。

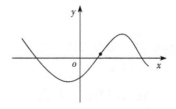

图 4-12 既有凹又有凸的曲线

由前面论述可知,连续曲线在凹的部分上有$f''(x) \geqslant 0$,在凸的部分上有$f''(x) \leqslant 0$,所以曲线在经过拐点时,$f''(x)$要变号,因此在拐点处如果二阶导数$f''(x)$存在,则一定会有$f''(x) = 0$;但是反过来,如果一个点的二阶导数$f''(x) = 0$,这个点不一定就是曲线的拐点。

从上面分析可以得出通过二阶导数与0做比较来确定曲线$y = f(x)$拐点的方法:

第一,先求二阶导数$f''(x)$,找出$f''(x) = 0$和$f''(x)$不存在的点,以这些点为分界点,把定义域分成不同的区间;

第二,在各个区间上分析$f''(x)$并与0做比较,以此确定各个区间上曲线$f(x)$的凹凸性;

第三,确定曲线上能使图形凹凸性发生变化的点,这些点就是曲线的拐点。

实例 4-8

例 4-8-1 判断曲线$f(x) = 2x^3$的凹凸性。

解:

易知函数$f(x) = 2x^3$是初等函数,其定义域为$(-\infty, +\infty)$,在定义域上连续可导,可得$f'(x) = 6x^2$,$f''(x) = 12x$。令$f''(x) = 0$,求得$x = 0$。

当$x < 0$时候,$f''(x) < 0$,说明曲线在$(-\infty, 0)$上是凸的;

当$x > 0$时候,$f''(x) > 0$,说明曲线在$(0, +\infty)$上是凹的。

例 4-8-2 判断曲线$f(x) = x^4 + 2x^3 + 2$的凹凸性与拐点。

解:

易知函数$f(x) = x^4 + 2x^3 + 2$是初等函数,其定义域为$(-\infty, +\infty)$,在定义域上连续可导,可得$f'(x) = 4x^3 + 6x^2$,$f''(x) = 12x^2 + 12x = 12x(x+1)$。令$f''(x) = 0$,求得$x = 0$,$x = -1$。

根据得到的值,可以列出结果判断(表4-1)。

表 4-1 结果判断

x	$(-\infty, -1)$	-1	$(-1, 0)$	0	$(0, +\infty)$
$f''(x)$	>0	=0	<0	=0	>0
$f(x)$	凹的	拐点1	凸的	拐点2	凹的

通过表4-1可得:

曲线$f(x)$在$(-\infty, -1)$上是凹的,在$(-1, 0)$上是凸的,在$(0, +\infty)$上是凹的。拐点为$(-1, 1)$和$(0, 2)$两点。

程序解说 4-8

针对上面的例题,可以用程序解说。因为涉及图形方面的知识,所以采用MFC来完成。

第一步,前面的步骤请参照程序解说2-3。在图2-7中输入"MFC Program4-8",图2-8需要修改,如图4-13所示,直接点"完成",即可进入如图4-14所示的MFC Program4-8程序初始界面。

图 4-13　选择"单个文档"并去掉"文档/视图结构支持"

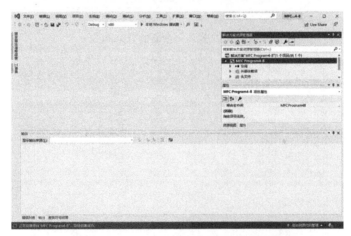

图 4-14　MFC Program4-8 程序初始界面

　　第二步,找到右边的"资源视图",点开"Dialog",点击鼠标右键插入一个"Dialog",如图 4-15 所示。然后右键点击对话框弹出会话,选择"添加类",类名取为"CViewData",点击"确定",如图 4-16 所示。

　　第三步,找到"资源视图",点开"Menu",再点击"IDR_MAINFRAME",弹出窗口。在窗口"帮助"的右边输入"查看",如图 4-17 所示。右键点击"查看",在弹出的会话中选择"属性",把"属性"中"外观"的"Popup"值由"Ture"改为"False",点击"确定",如图 4-18 所示。然后点击"查看",在弹出的会话中选择"添加事件处理程序",如图 4-19 所示。在弹出的对话框中,在"类列表"选择"CMainFrame",函数名填"OnView",点击"确定",如图 4-20 所示。

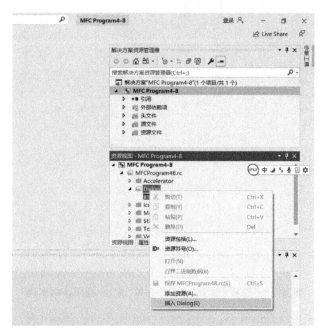

图 4-15　插入一个新的"Dialog"

图 4-16　给新建的对话框添加类名

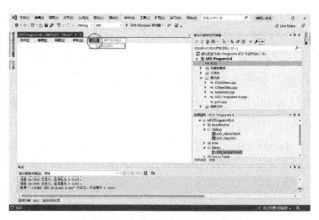

图 4-17　在菜单栏新建一个菜单

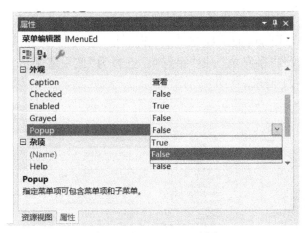

图 4-18 修改"查看"的属性

图 4-19 给"查看""添加事件处理程序"

图 4-20 给"查看""添加事件处理程序"填名称

第四步,在"解决方案资源管理器"中找到"MFC Program4-8",并右键点击,在弹出会话中选择"属性",弹出"MFC Program4-8 属性页"。在属性页里找到"配置属性"下面的"高级",点击后在右边的选项中找到"字符集",把"字符集"选择为"使用多字节字符集",然后点击"应用"并"确定",如图4-21所示。

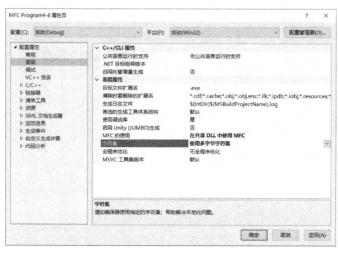

图4-21 设定属性为"使用多字节字符集"

第五步,在"解决方案资源管理器"中找到"MFC Program4-8",并右键点击,在弹出会话中选择"类向导"。在弹出的"类向导"对话框中,"类名"选择"CChildView",点击里面的"方法",如图4-22所示。点击"添加方法",弹出"添加函数"对话框,填写新的函数名为"GetFunVal",并添加参数"double dXVal",点击"确定"完成添加新的函数,如图4-23所示。

图4-22 "类向导"对话框

图 4-23　添加新的函数

第六步,继续修改"ChildView. cpp"文件,修改后代码如下:

```
// ChildView. cpp：CChildView 类的实现
//
#include " pch. h"
#include " framework. h"
#include " MFC Program4-8. h"
#include " ChildView. h"
#ifdef _DEBUG
#define new DEBUG_NEW
#endif
// CChildView
CChildView：：CChildView( )
{
}
CChildView：：~ CChildView( )
{
}
BEGIN_MESSAGE_MAP( CChildView, CWnd)
    ON_WM_PAINT( )
END_MESSAGE_MAP( )
```

```
//CChildView 消息处理程序
BOOL CChildView::PreCreateWindow(CREATESTRUCT& cs)
{
    if(! CWnd::PreCreateWindow(cs))
        return FALSE;
    cs.dwExStyle |= WS_EX_CLIENTEDGE;
    cs.style &= ~WS_BORDER;
    cs.lpszClass = AfxRegisterWndClass(CS_HREDRAW|CS_VREDRAW|CS_DBLCLKS,
        ::LoadCursor(nullptr, IDC_ARROW), reinterpret_cast<HBRUSH>(COLOR_WINDOW+1),
nullptr);
    return TRUE;
}
void CChildView::OnPaint()
{
    CPaintDC dc(this);//用于绘制的设备上下文

    //TODO:在此处添加消息处理程序代码

    //不要为绘制消息而调用 CWnd::OnPaint()

    CPen pen1;
    CPen pen2;
    //设定画笔粗细
    pen1.CreatePen(PS_SOLID, 1, RGB(0, 0, 0));
    pen2.CreatePen(PS_SOLID, 2, RGB(0, 0, 0));
    dc.SelectObject(pen1);
    //画坐标轴 x 轴
    dc.MoveTo(10, 300);
    dc.LineTo(1210, 300);
    //画坐标轴 y 轴
    dc.MoveTo(410, 10);
    dc.LineTo(410, 600);
    //画坐标轴的箭头
    dc.SelectObject(pen2);
    dc.MoveTo(1210, 300);
    dc.LineTo(1205, 305);
    dc.MoveTo(1210, 300);
    dc.LineTo(1205, 295);
    dc.MoveTo(410, 10);
    dc.LineTo(415, 15);
    dc.MoveTo(410, 10);
    dc.LineTo(405, 15);
    POINT pointYuandian;//设定坐标轴的原点
```

```
    pointYuandian. x = 410;
    pointYuandian. y = 300;
    dc. SelectObject(pen1);
    int nXYSpan = 50;//设定 50 个像素点为坐标轴的 1 个单位
    CString   csYVal;
    int nx = -6;//x 轴上最左边的初始值
    //标记 x 轴
    for(int ix = pointYuandian. x - 300;ix<pointYuandian. x +650;ix = ix+ nXYSpan)
    {
        csYVal. Format("%d", nx++);
        dc. MoveTo(ix,pointYuandian. y);
        dc. LineTo(ix,pointYuandian. y -5);
        dc. TextOut(ix+2, pointYuandian. y + 5, csYVal);
    }
    int ny = 5;//y 轴上最上面的初始值
    //标记 y 轴
    for(int iy = pointYuandian. y - 250; iy < pointYuandian. y + 300; iy = iy + nXYSpan)
    {
        csYVal. Format("%d", ny--);
        if(ny == -1)//在 y 轴的 0 点不要再做标记了,因为在 x 轴已经完成
            continue;
        dc. MoveTo(pointYuandian. x, iy);
        dc. LineTo(pointYuandian. x+5, iy);
        dc. TextOut(pointYuandian. x-20, iy -10, csYVal);
    }
    //开始画曲线
    double dY = GetFunVal(-6);
    dc. MoveTo(pointYuandian. x - 6 * nXYSpan, pointYuandian. y-dy * nXYSpan);
    for(double dx = -6; dx < 12; dx = dx + 1. 0 / 50)
    {
        double dY = GetFunVal(dx);
        dc. LineTo(pointYuandian. x +dx * nXYSpan, pointYuandian. y - dy * nXYSpan);
    }
}
//返回 f(x)= 2x^3 值
double CChildView::GetFunVal(double dXVal)
{
    //TODO:在此处添加实现代码
    return 2 * pow(dXVal, 3. 0);
}
```

第七步,完成第六步后,我们点开源文件"MainFrm. cpp",在头文件中插入代码"#include "CViewData. h"",然后在文件下面修改函数"OnView()"如下:

```
void CMainFrame::OnView()
{
    //TODO：在此处添加命令处理程序代码
    CViewData dx;
    dx.DoModal();
}
```

第八步，找到"资源视图"，点开"Dialog"，点击"IDD_DIALOG1"，弹出对话框如图4-24所示。首先找到左边的"工具箱"，如图4-25所示，找到"Static Text"，用鼠标拖动3个"Static Text"、2个"Edit Control"和1个"Button"到对话框上，并修改相应属性中的"Caption"，对话框如图4-26所示。其中，3个"Static Text"的ID依次设置为"IDC_STATIC_TITLE""IDC_STATIC_TO""IDC_STATIC_VIEW"。然后需要调整"IDC_STATIC_VIEW"对应控件的大小，如图4-26所示，以保证最后结果能够完全显示。最后双击"查看结果"的"Button"，即可进入事件处理程序函数"void CViewData::OnBnClickedButton1()"的编辑。

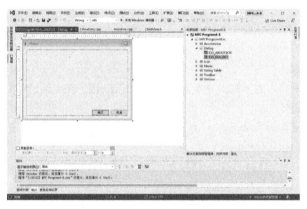

图4-24 打开对话框界面

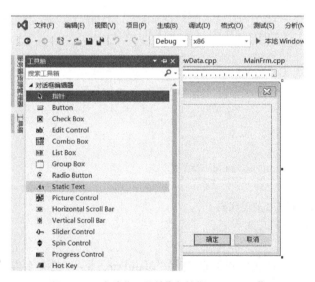

图4-25 查找"工具箱"中的"Static Text"

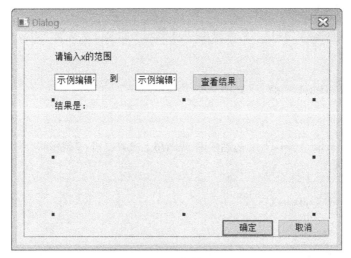

图 4-26 对话框设计

第九步,继续修改"CViewData. cpp"文件,修改后代码如下:

```
// CViewData.cpp:实现文件
//
#include "pch. h"
#include "MFC Program4-8. h"
#include "CViewData. h"
#include "afxdialogex. h"
#include "ChildView. h"
#include <math. h>
using namespace std;//使用标准库时,需要加上这段代码
//设定一个非常小的值,用来做两个小数的相等比较
//在误差允许的范围内可认为两个数是相等的
double const dTininessVal = 0. 0000001;//二阶导数以上误差较大,所以设定精度比较值变大
//设定一个较小的值,用来做直接求导与用导函数求导结果的相等比较
double const dMinorVal = 0. 00001;//求导比较精度不能要求太高
double const dcPrecision = 0. 011;//从离趋向值附近变量考虑的范围开始尝试求值,设置小数的后的
```
数为质数数值,有利于防止出现异常情况,如果设置为 0.1,得出的结果可能有问题
```
double const dcGap = 0. 01;//求 x 移动的间隔
//求得调用函数的值
double Get43211OriginaFunValue( double dVarX)
{
    CChildView dx;
    return dx. GetFunVal( dVarX) ;
}
//返回(f(x+Δx)-f(x))/Δx
double Get43212BasicDerivativeFunValue( double dDeltaX, double dDeltaY, double dY)
{
    if( dDeltaX = = 0)
```

```
    {//防止有异常数据传入出错
        //MessageBoxA(NULL,"传入的 dDeltaX 数据不能使得分母等于 0!","提示!", NULL);
        return 0;
    }
    double d1 = dDeltaY - dY;//Δy
    if(d1 == 0)
    {
        //MessageBoxA(NULL, "超越精度,提示用上次数据!","提示!", NULL);
        return 0;
    }
    double d2 = d1 / dDeltaX;
    return d2;
}
//返回 f(x)的一阶导数
double Get43213FirstOrderFunValue(double dDeltaX, double dVarX)
{
    if(dDeltaX == 0)
    {//防止有异常数据传入出错
        //MessageBoxA(NULL, "传入的 dDeltaX 数据不能使得分母等于 0!","提示!", NULL);
        return 0;
    }
    double dDeltaY = 0;
    double dVarY = 0;
    dDeltaY = Get43211OriginaFunValue(dVarX + dDeltaX);
    dVarY = Get43211OriginaFunValue(dVarX);
    double d0 = Get43212BasicDerivativeFunValue(dDeltaX, dDeltaY, dVarY);
    return d0;
}
//返回 f(x)的 N 阶导数
//nOrder 是求导的阶数
double Get43214NOrderFunValue(double dDeltaX, double dVarX, int nOrder)
{
    if(nOrder < 1)
    {//防止有异常数据传入出错
        //MessageBoxA(NULL, "传入的 nOrder 数据不能小于 1!","提示!", NULL);
        return 0;
    }
    if(nOrder == 1)
    {//直接调用一阶求导函数
        return Get43213FirstOrderFunValue(dDeltaX, dVarX);
    }
    if(dDeltaX == 0)
    {//防止有异常数据传入出错
```

```
        //MessageBoxA(NULL, "传入的 dDeltaX 数据不能使得分母等于 0!", "提示!", NULL);
        return 0;
    }
    double dDeltaY = 0;
    double dVarY = 0;
    if(nOrder > 2)
    {//代表求 N 阶导数
        dDeltaY = Get43214NOrderFunValue(dDeltaX, dVarX + dDeltaX, nOrder - 1);
        dVarY = Get43214NOrderFunValue(dDeltaX, dVarX, nOrder - 1);
    }
    else
    {
        dDeltaY = Get43213FirstOrderFunValue(dDeltaX, dVarX + dDeltaX);
        dVarY = Get43213FirstOrderFunValue(dDeltaX, dVarX);
    }
    double d0 = 0;
    d0 = Get43212BasicDerivativeFunValue(dDeltaX, dDeltaY, dVarY);//直接调用一阶导数计算
    return d0;
}
//选择求一阶导数还是求多阶导数
double Get43215WhichFun(double dDeltaX, double dXValue, int nOrder)
{
    if(nOrder == 1)
    {
        return Get43213FirstOrderFunValue(dDeltaX, dXValue);
    }
    else
    {
        return Get43214NOrderFunValue(dDeltaX, dXValue, nOrder);
    }
}
//nSign=1 为求右极限;nSign=-1 为求左极限
//返回 lim┬(x→1)〖x^(1/(x-1))〗的值
double Get43216DerivativeFFunXValue(double dXValue, int nSign, int nOrder)
{
    double dDeltaX = 0;
    dDeltaX = nSign * dcPrecision;//左边开始求值的变量
    double dPre = 0;//上一次求的 y 值
    double dNow = Get43215WhichFun(dDeltaX, dXValue, nOrder);//当前求得 y 值
    double dSpaceTemp = dcPrecision;
    double dx = dXValue + dDeltaX;
    while(nSign == 1 ? dx > dXValue:dx < dXValue)
    {
```

```
        dPre = dNow;//上一次求的 y 值
        dSpaceTemp = dSpaceTemp / 2;//靠近的距离的变化越来越小
        dDeltaX = dDeltaX − nSign ∗ dSpaceTemp;//变量不断靠近趋向值
        double dTemp = Get43215WhichFun(dDeltaX, dXValue, nOrder);//当前求得 y 值
        if(dTemp == 0)
        {//本次计算有误,用上次数据,计算完成
            dNow = dPre;
        }
        else
        {
            dNow = dTemp;
        }
        if(abs(dPre − dNow)< dTininessVal)
        {//发现值不再变化,找到左极限
            break;
        }
    }
    return dNow;
}
//CViewData 对话框
IMPLEMENT_DYNAMIC(CViewData, CDialogEx)
CViewData::CViewData(CWnd ∗ pParent / ∗ =nullptr ∗/)
    : CDialogEx(IDD_DIALOG1, pParent)
{

}
CViewData::~CViewData()
{
}
void CViewData::DoDataExchange(CDataExchange ∗ pDX)
{
    CDialogEx::DoDataExchange(pDX);
}
BEGIN_MESSAGE_MAP(CViewData, CDialogEx)
    ON_BN_CLICKED(IDC_BUTTON1, &CViewData::OnBnClickedButton1)
END_MESSAGE_MAP()
//CViewData 消息处理程序
void CViewData::OnBnClickedButton1()
{
    //TODO：在此处添加控件通知处理程序代码
    //CWnd ∗ pWnd2 = GetDlgItem(IDC_EDIT1);
    //pWnd2->SetWindowText("ddda");
    UpdateData(true);
```

```
int number1, number2;
number1 = GetDlgItemInt(IDC_EDIT1);
number2 = GetDlgItemInt(IDC_EDIT2);
CString csView = "结果是:\n 曲线的凹凸性:\n";
CString strResultx1;
strResultx1.Format(_T("%d"), number1);
csView += "从 x=";
csView += strResultx1;
double dff1 = Get43216DerivativeFFunXValue(number1, 1, 2);
double dff2;
bool bDirection;
if(dff1 > 0)
{
    bDirection = false;//说明曲线是凹的
    csView += "开始曲线是凹的 \n";
}
else
{
    bDirection = true;//说明曲线是凸的
    csView += "开始曲线是凸的 \n";
}
for(double ix = number1 + dcGap; ix <= number2; ix = ix + dcGap)
{
    double dff = Get43216DerivativeFFunXValue(ix, 1, 2);
    if(abs(dff - 0)< dTininessVal)
    {//找到二阶导数为 0 的点
        CString strResultx2;
        strResultx2.Format(_T("%.18f\n"), ix);
        csView += "二阶导数为 0 的点的 x=" + strResultx2+" \n";
        dff2 = Get43216DerivativeFFunXValue(ix + dcGap, 1, 2);
        if(dff2 > 0)
        {//说明曲线是凹的
            CString strResultx3;
            strResultx3.Format(_T("%.18f\n"), ix);
            csView += "从 x=" + strResultx3 + "开始曲线变成是凹的 \n";
        }
        else
        {//说明曲线是凸的
            CString strResultx3;
            strResultx3.Format(_T("%.18f\n"), ix);
            csView += "从 x=" + strResultx3 + "开始曲线变成是凸的 \n";
        }
        dff1 = dff2;
```

```
        }
    }
    CString strResultx4;
    strResultx4. Format(_T("%d"), number2);
    csView += "一直到 x =" + strResultx4+ "曲线凹凸性一直没有变化\n";
    CWnd * pWnd = GetDlgItem(IDC_STATIC_VIEW);
    pWnd->SetWindowText(csView);
    UpdateData(false);//把数据更新到界面,使得界面马上能够看到最新数据

}
```

　　第十步,完成代码修改后,请同时按住键盘的"Ctrl"和"F7"键,即可以编译程序 Program4-8。编译通过后,我们可以直接按键盘的"F5"键来对程序进行调试运行。如果有问题,仔细核对以上代码,如果没有问题,调试通过,运行程序后我们可以看到运行的结果如图 4-27 所示。点击图 4-27 中的"查看",在弹出的对话框中输入"-2"和"2",点击"查看结果",如图 4-28 所示。

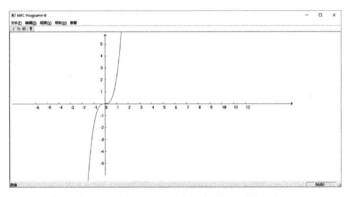

图 4-27　程序 Program4-8 运行结果(例 4-8-1)

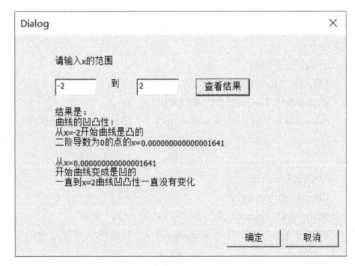

图 4-28　查看结果(例 4-8-1)

　　经过以上一系列程序代码的修改和运行,我们能够看到实例与程序运行结果吻合,程序验证了实例的正确性。程序运用了 MFC 相关技术,涉及弹出对话框,以及相关设计、画线等技术,对以后从事 C++界面开发工作的人员会有一定的帮助。

　　例 4-8-2 与例 4-8-1 的程序与步骤大体一致,只是在第八步进行对话框设计时,需要往下拉长,以便"IDC_STATIC_VIEW"可以往下拉长,保证能看到全部数据,拉长后的效果如图 4-29 所示。

图 4-29　拉长对话框

　　对"ChildView. cpp"文件的 GetFunVal( )函数修改如下:

```
//返回 f(x)= x^4+2x^3+2 值
double CChildView::GetFunVal( double dXVal)
{
    // TODO：在此处添加实现代码
    return pow(dXVal, 4.0)+ 2 * pow(dXVal,3.0)+2;
}
```

　　然后对"CViewData. cpp"文件代码修改如下:

```
// CViewData. cpp：实现文件
//
#include "pch. h"
#include "MFC Program4-8. h"
#include "CViewData. h"
#include "afxdialogex. h"
#include "ChildView. h"
```

```
#include <math.h>
using namespace std;//使用标准库时,需要加上这段代码
//设定一个非常小的值,用来做两个小数的相等比较
//在误差允许的范围内可认为两个数是相等的
double const dTininessVal = 0.0000001;//二阶导数以上误差较大,所以设定精度比较值变大
//设定一个较小的值,用来做直接求导与用导函数求导结果的相等比较
double const dMinorVal = 0.0001;//求导比较精度不能要求太高
double const dcPrecision = 0.011;//从离趋向值附近变量考虑的范围开始尝试求值,设置小数的后的
数为质数数值,有利于防止出现异常情况,如果设置为0.1,得出的结果可能有问题
double const dcGap = 0.01;//求 x 移动的间隔
//求得调用函数的值
double Get43221OriginaFunValue(double dVarX)
{
    CChildView dx;
    return dx.GetFunVal(dVarX);
}
//返回(f(x+Δx)-f(x))/Δx
double Get43222BasicDerivativeFunValue(double dDeltaX, double dDeltaY, double dY)
{
    if(dDeltaX == 0)
    {//防止有异常数据传入出错
        //MessageBoxA(NULL,"传入的 dDeltaX 数据不能使得分母等于 0!","提示!",NULL);
        return 0;
    }
    double d1 = dDeltaY - dY;//Δy
    if(d1 == 0)
    {
        //MessageBoxA(NULL, "超越精度,提示用上次数据!","提示!",NULL);
        return 0;
    }
    double d2 = d1 / dDeltaX;
    return d2;
}
//返回 f(x)的一阶导数
double Get43223FirstOrderFunValue(double dDeltaX, double dVarX)
{
    if(dDeltaX == 0)
    {//防止有异常数据传入出错
        //MessageBoxA(NULL, "传入的 dDeltaX 数据不能使得分母等于 0!","提示!",NULL);
        return 0;
    }
    double dDeltaY = 0;
    double dVarY = 0;
```

```
    dDeltaY = Get43221OriginaFunValue( dVarX + dDeltaX) ;
    dVarY = Get43221OriginaFunValue( dVarX) ;
    double d0 = Get43222BasicDerivativeFunValue( dDeltaX, dDeltaY, dVarY) ;
    return d0;
}
//返回 f(x) 的 N 阶导数
//nOrder 是求导的阶数
double Get43224NOrderFunValue( double dDeltaX, double dVarX, int nOrder)
{
    if( nOrder < 1)
    {//防止有异常数据传入出错
        //MessageBoxA( NULL, "传入的 nOrder 数据不能小于 1!", "提示!", NULL) ;
        return 0;
    }
    if( nOrder = = 1)
    {//直接调用一阶求导函数
        return Get43223FirstOrderFunValue( dDeltaX, dVarX) ;
    }
    if( dDeltaX = = 0)
    {//防止有异常数据传入出错
        //MessageBoxA( NULL, "传入的 dDeltaX 数据不能使得分母等于 0!", "提示!", NULL) ;
        return 0;
    }
    double dDeltaY = 0;
    double dVarY = 0;
    if( nOrder > 2)
    {//代表求 N 阶导数
        dDeltaY = Get43224NOrderFunValue( dDeltaX, dVarX + dDeltaX, nOrder - 1) ;
        dVarY = Get43224NOrderFunValue( dDeltaX, dVarX, nOrder - 1) ;
    }
    else
    {
        dDeltaY = Get43223FirstOrderFunValue( dDeltaX, dVarX + dDeltaX) ;
        dVarY = Get43223FirstOrderFunValue( dDeltaX, dVarX) ;
    }
    double d0 = 0;
    d0 = Get43222BasicDerivativeFunValue( dDeltaX, dDeltaY, dVarY) ;//直接调用一阶导数计算
    return d0;
}
//选择求一阶导数还是求多阶导数
double Get43225WhichFun( double dDeltaX, double dXValue, int nOrder)
{
    if( nOrder = = 1)
```

```
        {
            return Get43223FirstOrderFunValue(dDeltaX, dXValue);
        }
        else
        {
            return Get43224NOrderFunValue(dDeltaX, dXValue, nOrder);
        }
}
//nSign=1 为求右极限;nSign=-1 为求左极限
//返回 lim┬(x→1)〖x^(1/(x-1))〗的值
double Get43226DerivativeFFunXValue(double dXValue, int nSign, int nOrder)
{
        double dDeltaX = 0;
        dDeltaX = nSign * dcPrecision;//左边开始求值的变量
        double dPre = 0;//上一次求的 y 值
        double dNow = Get43225WhichFun(dDeltaX, dXValue, nOrder);//当前求得 y 值
        double dSpaceTemp = dcPrecision;
        double dx = dXValue + dDeltaX;
        while(nSign == 1 ? dx > dXValue:dx < dXValue)
        {
            dPre = dNow;//上一次求的 y 值
            dSpaceTemp = dSpaceTemp / 2;//靠近的距离的变化越来越小
            dDeltaX = dDeltaX - nSign * dSpaceTemp;//变量不断靠近趋向的值
            double dTemp = Get43225WhichFun(dDeltaX, dXValue, nOrder);//当前求得 y 值
            if(dTemp == 0)
            {//本次计算有误,用上次数据,计算完成
                dNow = dPre;
            }
            else
            {
                dNow = dTemp;
            }
            if(abs(dPre - dNow)< dTininessVal)
            {//发现值不再变化,找到左极限
                break;
            }
        }
        return dNow;
}
//CViewData 对话框
IMPLEMENT_DYNAMIC(CViewData, CDialogEx)
CViewData::CViewData(CWnd * pParent /* =nullptr */)
        : CDialogEx(IDD_DIALOG1, pParent)
```

```
    {

    }
    CViewData::~CViewData()
    {

    }
    void CViewData::DoDataExchange(CDataExchange * pDX)
    {
        CDialogEx::DoDataExchange(pDX);
    }
    BEGIN_MESSAGE_MAP(CViewData, CDialogEx)
        ON_BN_CLICKED(IDC_BUTTON1, &CViewData::OnBnClickedButton1)
    END_MESSAGE_MAP()
    //CViewData 消息处理程序
    void CViewData::OnBnClickedButton1()
    {
        //TODO：在此处添加控件通知处理程序代码
        UpdateData(true);
        int number1, number2;
        number1 = GetDlgItemInt(IDC_EDIT1);
        number2 = GetDlgItemInt(IDC_EDIT2);
        CString csView = "结果是:\n 曲线的凹凸性:\n";
        CString strResultx1;
        strResultx1.Format(_T("%d"), number1);
        csView += "从 x=";
        csView += strResultx1;
        double dff1 = Get43226DerivativeFFunXValue(number1, 1, 2);
        double dff2;
        bool bDirection;
        if(dff1 > 0)
        {
            bDirection = false;//说明曲线是凹的
            csView += "开始曲线是凹的\n";
        }
        else
        {
            bDirection = true;//说明曲线是凸的
            csView += "开始曲线是凸的\n";
        }
        for(double ix = number1 + dcGap; ix <= number2; ix = ix + dcGap)
        {
            double dff = Get43226DerivativeFFunXValue(ix, 1, 2);
            if(abs(dff - 0)< dMinorVal)
```

```
{//找到二阶导数为 0 的点
    CString strResultx2;
    strResultx2. Format(_T("%. 10f\n"), ix);
    csView += "二阶导数为 0 的点的 x=" + strResultx2+" \n";
    dff2 = Get43226DerivativeFFunXValue(ix + dcGap, 1, 2);
    if( dff2 > 0)
    {//说明曲线是凹的
        CString strResultx3;
        strResultx3. Format(_T("%. 10f\n"), ix);
        csView += "从 x=" + strResultx3 + "开始曲线变成是凹的\n";
    }
    else
    {//说明曲线是凸的
        CString strResultx3;
        strResultx3. Format(_T("%. 10f\n"), ix);
        csView += "从 x=" + strResultx3 + "开始曲线变成是凸的\n";
    }
    dff1 = dff2;
    }
}
CString strResultx4;
strResultx4. Format(_T("%d"), number2);
csView += "一直到 x=" + strResultx4+ "曲线凹凸性一直没有变化\n";
CWnd * pWnd = GetDlgItem(IDC_STATIC_VIEW);
pWnd->SetWindowText(csView);
UpdateData(false);//把数据更新到界面,使得界面马上能够看到最新数据
}
```

完成代码修改后,请同时按住键盘的"Ctrl"和"F7"键,即可以编译程序 Program4-8。编译通过后,我们可以直接按键盘的"F5"键来对程序进行调试运行。如果有问题,仔细核对以上代码,如果没有问题,调试通过,运行程序后我们可以看到运行的结果如图 4-30 所示。点击图 4-30 中的"查看",输入"-3"和"2",点击"查看结果",得到如图 4-31 所示结果。

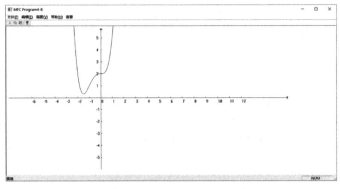

图 4-30　程序 Program4-8 运行结果(例 4-8-2)

图 4-31 查看结果(例 4-8-2)

经过以上一系列程序代码的修改和运行,我们能够看到实例与程序运行结果吻合,程序验证了实例的正确性。在程序调试过程中,开始可能会发现得不到正确的结果,可能是由于求出的二阶导数应该接近 0 的时候,但是出现了不是非常接近的情况,导致出现了问题,这时需要调整与 0 的比较,使得二阶导数应该为 0 的时候为 0,这样就能够得到正确的结果。

4.3.3 解说曲线的渐近线

函数都有定义域和值域,有的是无限区间,有的是有限区间。有限区间函数的图形将会局限于一定的范围,如圆、椭圆等曲线都会局限于某个区间;而那些定义域或值域是无穷区间函数的图形向无穷远处延伸,就不会局限于某个区间了,如抛物线、对数曲线等都会向无穷远处延伸。有些曲线向无穷远处呈现越来越接近某一直线的形态,这种直线就是曲线的渐近线。

定义 4-4 如果曲线上的一点沿着曲线趋于无穷远,该点与某条直线的距离将会无限接近,但是不会相交,则称此直线为曲线的渐近线。

如果给定函数曲线的方程为 $y=f(x)$,怎样确定该曲线是否有渐近线呢? 如果有渐近线,又怎样求出呢? 下面分两种情况讨论。

(1)水平渐近线

若函数 $f(x)$ 的定义域是无限区间,并且有 $\lim\limits_{x\to\infty}f(x)=A$ 或 $\lim\limits_{x\to-\infty}f(x)=A$ 或 $\lim\limits_{x\to+\infty}f(x)=A$,其中 A 为常数,则直线 $y=A$ 是曲线 $y=f(x)$ 的一条水平渐近线,如图 4-32 所示。

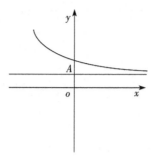

图 4-32　水平接近线

（2）垂直渐近线

若曲线 $y=f(x)$ 在点 x_a 处有 $\lim\limits_{x\to x_a}f(x)=\infty$ 或 $\lim\limits_{x\to x_a^-}f(x)=\infty$ 或 $\lim\limits_{x\to x_a^+}f(x)=\infty$，则直线 $x=x_a$ 是曲线 $y=f(x)$ 的一条垂直渐近线，如图 4-33 所示。

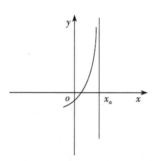

图 4-33　垂直渐近线

> **实例 4-9**

例 4-9-1　求曲线 $f(x)=3^x$ 的水平渐近线。

解：

因为 $\lim\limits_{x\to+\infty}f(x)=\lim\limits_{x\to+\infty}3^x=+\infty$，$\lim\limits_{x\to-\infty}f(x)=\lim\limits_{x\to-\infty}3^x=0$，因为 0 是常数，所以曲线 $f(x)=3^x$ 有水平渐近线，直线 $y=0$ 是曲线 $f(x)=3^x$ 的一条水平渐近线。

例 4-9-2　求曲线 $f(x)=e^{\frac{1}{x-1}}$ 的渐近线。

解：

因为 $\lim\limits_{x\to\infty}f(x)=\lim\limits_{x\to\infty}e^{\frac{1}{x-1}}=1$，$\lim\limits_{x\to1^+}f(x)=\lim\limits_{x\to1^+}e^{\frac{1}{x-1}}=+\infty$，$\lim\limits_{x\to1^-}f(x)=\lim\limits_{x\to1^-}e^{\frac{1}{x-1}}=0$。

因此，直线 $y=1$ 是曲线 $f(x)=e^{\frac{1}{x-1}}$ 的一条水平渐近线，直线 $x=1$ 是曲线 $f(x)=e^{\frac{1}{x-1}}$ 的一条垂直渐近线。

◉ **程序解说 4-9**

针对例 4-9-1，与程序解说 4-8 的例 4-8-1 的程序与步骤大体一致。在第一步的图 2-7 中输入"MFC Program4-9"，其余部分大致相同，直到第五步。

第六步,继续修改"ChildView.cpp"文件,修改后代码如下:

```
//ChildView.cpp: CChildView 类的实现
//
#include " pch. h"
#include " framework. h"
#include " MFC Program4-9. h"
#include " ChildView. h"
#ifdef _DEBUG
#define new DEBUG_NEW
#endif
// CChildView
CChildView::CChildView()
{
}
CChildView::~CChildView()
{
}

BEGIN_MESSAGE_MAP(CChildView, CWnd)
    ON_WM_PAINT()
END_MESSAGE_MAP()
//CChildView 消息处理程序
BOOL CChildView::PreCreateWindow(CREATESTRUCT& cs)
{
    if(! CWnd::PreCreateWindow(cs))
        return FALSE;
    cs. dwExStyle |= WS_EX_CLIENTEDGE;
    cs. style &= ~WS_BORDER;
    cs. lpszClass = AfxRegisterWndClass(CS_HREDRAW|CS_VREDRAW|CS_DBLCLKS,
        ::LoadCursor(nullptr, IDC_ARROW), reinterpret_cast<HBRUSH>(COLOR_WINDOW+1),
nullptr);
    return TRUE;
}
void CChildView::OnPaint()
{
    CPaintDC dc(this); //用于绘制的设备上下文

    //TODO:在此处添加消息处理程序代码

    //不要为绘制消息而调用 CWnd::OnPaint()
    CPen pen1;
    CPen pen2;
    //设定画笔粗细
    pen1. CreatePen(PS_SOLID, 1, RGB(0, 0, 0));
```

```
pen2. CreatePen(PS_SOLID, 2, RGB(0, 0, 0));
dc. SelectObject(pen1);
//画坐标轴 x 轴
dc. MoveTo(10, 300);
dc. LineTo(1210, 300);
//画坐标轴 y 轴
dc. MoveTo(410, 10);
dc. LineTo(410, 600);
//画坐标轴的箭头
dc. SelectObject(pen2);
dc. MoveTo(1210, 300);
dc. LineTo(1205, 305);
dc. MoveTo(1210, 300);
dc. LineTo(1205, 295);
dc. MoveTo(410, 10);
dc. LineTo(415, 15);
dc. MoveTo(410, 10);
dc. LineTo(405, 15);
POINT pointYuandian;//设定坐标轴的原点
pointYuandian. x = 410;
pointYuandian. y = 300;
dc. SelectObject(pen1);
int nXYSpan =100;//设定 100 个像素点为坐标轴的 1 个单位
CString   csYVal;
int nx = -6;//x 轴上最左边的初始值
//标记 x 轴
for(int ix = pointYuandian. x - 6 * nXYSpan; ix < pointYuandian. x + 11 * nXYSpan; ix = ix + nXYSpan)
    {
        csYVal. Format("%d", nx++);
        dc. MoveTo(ix, pointYuandian. y);
        dc. LineTo(ix, pointYuandian. y - 5);
        dc. TextOut(ix + 2, pointYuandian. y + 5, csYVal);
    }
int ny = 5;//y 轴上最上面的初始值
//标记 y 轴
for(int iy = pointYuandian. y - 5 * nXYSpan; iy < pointYuandian. y + 6 * nXYSpan; iy = iy + nXYSpan)
    {
        csYVal. Format("%d", ny--);
        if(ny == -1)//在 y 轴的 0 点不要再做标记了,因为在 x 轴已经完成
            continue;
        dc. MoveTo(pointYuandian. x, iy);
```

```
        dc.LineTo(pointYuandian.x + 5, iy);
        dc.TextOut(pointYuandian.x - 20, iy - 10, csYVal);
    }
    //开始画曲线
    double dY = GetFunVal(-6);
    dc.MoveTo(pointYuandian.x - 6 * nXYSpan, pointYuandian.y - dy * nXYSpan);
    for(double dx = -6; dx < 12; dx = dx + 1.0 / 50)
    {
        double dY = GetFunVal(dx);
        dc.LineTo(pointYuandian.x + dx * nXYSpan, pointYuandian.y - dy * nXYSpan);
    }
}
//返回 f(x)= 3^x 值
double CChildView::GetFunVal(double dXVal)
{
    //TODO：在此处添加实现代码
    return pow(3.0, dXVal);
}
```

第七步,与程序解说 4-8 的例 4-8-1 程序一致。

第八步,在对话框设计时,首先需要拖动 2 个"Static Text"、1 个 "Edit Control"和 1 个 "Button"到对话框上,并修改相应属性中的"Caption",如图 4-26 所示。其中,2 个"Static Text"的 ID 依次设置为"IDC_STATIC_TITLE""IDC_STATIC_VIEW"。然后需要调整"IDC_STATIC_VIEW"对应控件的大小,如图 4-34 所示,以保证最后结果能够完全显示。最后双击"查看结果"的"Button",即可进入事件处理程序函数"void CViewData::OnBnClickedButton1()"的编辑。

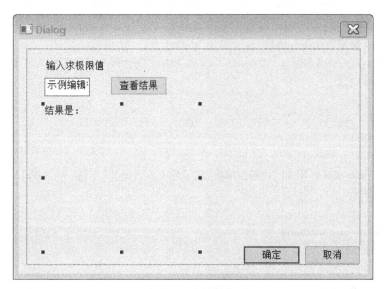

图 4-34　对话框设计

第九步,继续修改"CViewData.cpp"文件,修改后代码如下:

```
// CViewData.cpp：实现文件
//
#include "pch.h"
#include "MFC Program4-9.h"
#include "CViewData.h"
#include "afxdialogex.h"
#include "ChildView.h"
#include <math.h>
using namespace std;//使用标准库时,需要加上这段代码
//设定一个非常小的值,用来做两个小数的相等比较
//在误差允许的范围内可认为两个数是相等的
double const dTininessVal = 0.0000001;//二阶导数以上误差较大,所以设定精度比较值变大
//设定一个较小的值,用来做直接求导与用导函数求导结果的相等比较
double const dMinorVal = 0.0001;//求导比较精度不能要求太高
double const dcPrecision = 0.011;//从离趋向值附近变量考虑的范围开始尝试求值,设置小数的后的
数为质数数值,有利于防止出现异常情况,如果设置为0.1,得出的结果可能有问题
double const dcGap = 0.01;//求 x 移动的间隔
//求得调用函数的值
double Get43311OriginaFunValue(double dVarX)
{
    CChildView dx;
    return dx.GetFunVal(dVarX);
}
//返回(f(x+Δx)-f(x))/Δx
double Get43312BasicDerivativeFunValue(double dDeltaX, double dDeltaY, double dY)
{
    if(dDeltaX == 0)
    {//防止有异常数据传入出错
        //MessageBoxA(NULL,"传入的 dDeltaX 数据不能使得分母等于0!","提示!",NULL);
        return 0;
    }
    double d1 = dDeltaY - dY;//Δy
    if(d1 == 0)
    {
        //MessageBoxA(NULL,"超越精度,提示用上次数据!","提示!",NULL);
        return 0;
    }
    double d2 = d1 / dDeltaX;
    return d2;
}
//返回 f(x)的一阶导数
double Get43313FirstOrderFunValue(double dDeltaX, double dVarX)
{
```

```
    if( dDeltaX == 0)
    {//防止有异常数据传入出错
        //MessageBoxA(NULL, "传入的 dDeltaX 数据不能使得分母等于 0!", "提示!", NULL);
        return 0;
    }
    double dDeltaY = 0;
    double dVarY = 0;
    dDeltaY = Get43311OriginaFunValue(dVarX + dDeltaX);
    dVarY = Get43311OriginaFunValue(dVarX);
    double d0 = Get43312BasicDerivativeFunValue(dDeltaX, dDeltaY, dVarY);
    return d0;
}
//返回 f(x)的 N 阶导数
//nOrder 是求导的阶数
double Get43314NOrderFunValue(double dDeltaX, double dVarX, int nOrder)
{
    if(nOrder < 1)
    {//防止有异常数据传入出错
        //MessageBoxA(NULL, "传入的 nOrder 数据不能小于 1!", "提示!", NULL);
        return 0;
    }
    if(nOrder == 1)
    {//直接调用一阶求导函数
        return Get43313FirstOrderFunValue(dDeltaX, dVarX);
    }
    if(dDeltaX == 0)
    {//防止有异常数据传入出错
        //MessageBoxA(NULL, "传入的 dDeltaX 数据不能使得分母等于 0!", "提示!", NULL);
        return 0;
    }
    double dDeltaY = 0;
    double dVarY = 0;
    if(nOrder > 2)
    {//代表求 N 阶导数
        dDeltaY = Get43314NOrderFunValue(dDeltaX, dVarX + dDeltaX, nOrder - 1);
        dVarY = Get43314NOrderFunValue(dDeltaX, dVarX, nOrder - 1);
    }
    else
    {
        dDeltaY = Get43313FirstOrderFunValue(dDeltaX, dVarX + dDeltaX);
        dVarY = Get43313FirstOrderFunValue(dDeltaX, dVarX);
    }
    double d0 = 0;
```

```
    d0 = Get43312BasicDerivativeFunValue(dDeltaX, dDeltaY, dVarY);//直接调用一阶导数计算
    return d0;
}
//选择求一阶导数还是求多阶导数
double Get43315WhichFun(double dDeltaX, double dXValue, int nOrder)
{
    double dTemp = 0;
    switch(nOrder)
    {
    case 0: dTemp =   Get43311OriginaFunValue(dXValue + dDeltaX); break;
    case 1: dTemp = Get43313FirstOrderFunValue(dDeltaX, dXValue); break;
    default: dTemp = Get43314NOrderFunValue(dDeltaX, dXValue, nOrder); break;
    }
    return dTemp;
    if(nOrder == 1)
    {
        return Get43313FirstOrderFunValue(dDeltaX, dXValue);
    }
    else
    {
        return Get43314NOrderFunValue(dDeltaX, dXValue, nOrder);
    }
}
//nSign=1 为求右极限;nSign=-1 为求左极限
//返回 lim┬(x→1)〖x^(1/(x-1))〗的值
double Get43316DerivativeFFunXValue(double dXValue, int nSign, int nOrder)
{
    double dDeltaX = 0;
    dDeltaX = nSign * dcPrecision;//左边开始求值的变量
    double dPre = 0;//上一次求的 y 值
    double dNow = Get43315WhichFun(dDeltaX, dXValue, nOrder);//当前求得 y 值
    double dSpaceTemp = dcPrecision;
    double dx = dXValue + dDeltaX;
    while(nSign == 1 ? dx > dXValue:dx < dXValue)
    {
        dPre = dNow;//上一次求的 y 值
        dSpaceTemp = dSpaceTemp / 2;//靠近的距离的变化越来越小
        dDeltaX = dDeltaX - nSign * dSpaceTemp;//变量不断靠近趋向值
        double dTemp = Get43315WhichFun(dDeltaX, dXValue, nOrder);//当前求得 y 值
        if(dTemp == 0)
        {//本次计算有误,用上次数据,计算完成
            dNow = dPre;
        }
```

```
        else
        {
            dNow = dTemp;
        }
        if( abs( dPre - dNow)< dTininessVal)
        {//发现值不再变化,找到左极限
            break;
        }
    }
    return dNow;
}
// CViewData 对话框
IMPLEMENT_DYNAMIC( CViewData, CDialogEx)
CViewData::CViewData( CWnd * pParent / * = nullptr * / )
    : CDialogEx( IDD_DIALOG1, pParent)
{
}
CViewData::~CViewData( )
{
}
void CViewData::DoDataExchange( CDataExchange * pDX)
{
    CDialogEx::DoDataExchange( pDX) ;
}
BEGIN_MESSAGE_MAP( CViewData, CDialogEx)
    ON_BN_CLICKED( IDC_BUTTON1, &CViewData::OnBnClickedButton1)
END_MESSAGE_MAP( )
//CViewData 消息处理程序
void CViewData::OnBnClickedButton1( )
{
    //TODO:在此处添加控件通知处理程序代码
    UpdateData( true) ;
    int number1, number2;
    number1 = GetDlgItemInt( IDC_EDIT1) ;
    if( number1 > 550)
    {
        MessageBoxA( "传入的 dXVal 数据不能大于 550,否则求 pow( 3. 0, dXVal)越界出错! \n
请重新输入!", "提示!", NULL) ;
        return;
    }
    CString csView = "结果是:\n 曲线的极限在:\n" ;
    CString strResultx1;
    strResultx1. Format( _T( "%d" ) , number1) ;
    csView += "x=" ;
    csView += strResultx1;
    csView += "的极限是:\n" ;
```

```
double dY0 = Get43316DerivativeFFunXValue(number1, 1, 0);
CString strResultx2;
strResultx2.Format(_T("%.18f\n"), dy0);
csView += strResultx2;
if(number1 > 100 || number1 < -100)
{//说明是无穷大
    if(abs(dy0)< 100)
    {//说明是常数,有水平渐近线
        csView += "\n 有水平渐近线为 y=" + strResultx2;
    }
}
CWnd * pWnd = GetDlgItem(IDC_STATIC_VIEW);
pWnd->SetWindowText(csView);
UpdateData(false);//把数据更新到界面,使得界面马上能够看到最新数据
}
```

第十步,完成代码修改后,请同时按住键盘的"Ctrl"和"F7"键,即可以编译程序 Program4-9。编译通过后,我们可以直接按键盘的"F5"键来对程序进行调试运行。如果有问题,仔细核对以上代码,如果没有问题,调试通过,运行程序后我们可以看到运行的结果如图 4-35 所示。点击图 4-35 中的"查看",在弹出的对话框中分别输入"900""500""-500",点击"查看结果",如图 4-36、图 4-37 和图 4-38 所示。

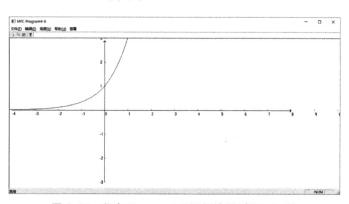

图 4-35　程序 Program4-9 运行结果(例 4-9-1)

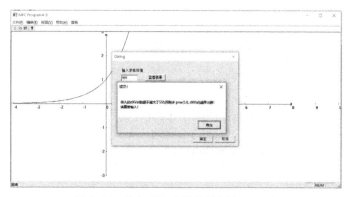

图 4-36　输入 900 查看结果(例 4-9-1)

图 4-37 输入 500 查看结果(例 4-9-1)

Dialog

输入求极限值

-500   查看结果

结果是:
曲线的极限在:
x=-500的极限是:
0.000000000000000

有水平渐近线为
y=0.000000000000000000

确定   取消

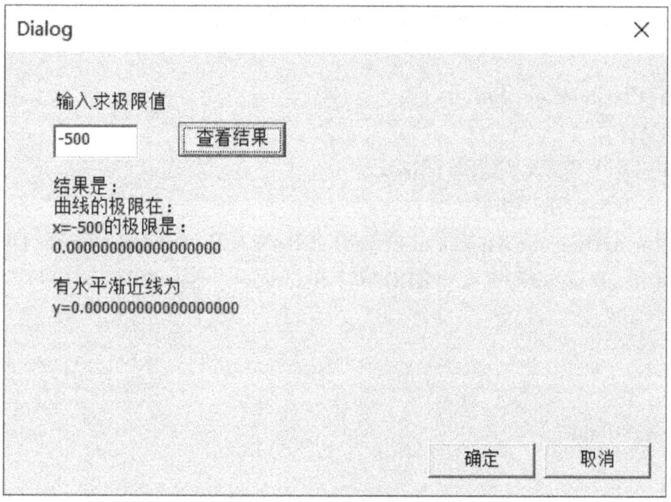

图 4-38 输入-500 查看结果(例 4-9-1)

经过以上一系列程序代码的修改和运行,我们能够看到实例与程序运行结果吻合,程序验证了实例的正确性。其中,曲线图形可以通过修改代码文件"ChildView. cpp"中的函数"void CChildView::OnPaint()"的"int nXYSpan = 100;//设定 100 个像素点为坐标轴的 1 个单位"代码来调整显示比例。

针对例 4-9-2,可以参照程序解说 4-9 的例 4-9-1 完成,第一步到第五步基本一致。

第六步,继续修改"ChildView. cpp"文件,修改后代码如下:

```
//ChildView. cpp: CChildView 类的实现
//
#include "pch. h"
#include "framework. h"
#include "MFC Program4-9. h"
#include "ChildView. h"
```

```
#ifdef _DEBUG
#define new DEBUG_NEW
#endif
double const dcE = 2.718281828;
// CChildView
CChildView::CChildView()
{

}
CChildView::~CChildView()
{

}

BEGIN_MESSAGE_MAP(CChildView, CWnd)
    ON_WM_PAINT()
END_MESSAGE_MAP()
//CChildView 消息处理程序
BOOL CChildView::PreCreateWindow(CREATESTRUCT& cs)
{
    if(! CWnd::PreCreateWindow(cs))
        return FALSE;
    cs.dwExStyle |= WS_EX_CLIENTEDGE;
    cs.style &= ~WS_BORDER;
    cs.lpszClass = AfxRegisterWndClass(CS_HREDRAW|CS_VREDRAW|CS_DBLCLKS,
        ::LoadCursor(nullptr, IDC_ARROW), reinterpret_cast<HBRUSH>(COLOR_WINDOW+1),
nullptr);
    return TRUE;
}
void CChildView::OnPaint()
{
    CPaintDC dc(this);//用于绘制的设备上下文

    //TODO：在此处添加消息处理程序代码

    //不要为绘制消息而调用 CWnd::OnPaint()
    CPen pen1;
    CPen pen2;
    //设定画笔粗细
    pen1.CreatePen(PS_SOLID, 1, RGB(0, 0, 0));
    pen2.CreatePen(PS_SOLID, 2, RGB(0, 0, 0));
    dc.SelectObject(pen1);
    //画坐标轴 x 轴
    dc.MoveTo(10, 300);
    dc.LineTo(1210, 300);
    //画坐标轴 y 轴
```

```
dc. MoveTo( 410, 10) ;
dc. LineTo( 410, 600) ;
//画坐标轴的箭头
dc. SelectObject( pen2) ;
dc. MoveTo( 1210, 300) ;
dc. LineTo( 1205, 305) ;
dc. MoveTo( 1210, 300) ;
dc. LineTo( 1205, 295) ;
dc. MoveTo( 410, 10) ;
dc. LineTo( 415, 15) ;
dc. MoveTo( 410, 10) ;
dc. LineTo( 405, 15) ;
POINT pointYuandian;//设定坐标轴的原点
pointYuandian. x = 410;
pointYuandian. y = 300;
dc. SelectObject( pen1) ;
int nXYSpan =30;//设定 30 个像素点为坐标轴的 1 个单位
CString  csYVal;
int nx = -6;//x 轴上最左边的初始值
//标记 x 轴
for( int ix = pointYuandian. x - 6 * nXYSpan; ix < pointYuandian. x + 11 * nXYSpan; ix = ix +
nXYSpan)
    {
        csYVal. Format( "%d" , nx++) ;
        dc. MoveTo( ix, pointYuandian. y) ;
        dc. LineTo( ix, pointYuandian. y - 5) ;
        dc. TextOut( ix + 2, pointYuandian. y + 5, csYVal) ;
    }
int ny = 5;//y 轴上最上面的初始值
//标记 y 轴
for( int iy = pointYuandian. y - 5 * nXYSpan; iy < pointYuandian. y + 6 * nXYSpan; iy = iy +
nXYSpan)
    {
        csYVal. Format( "%d" , ny--) ;
        if( ny = = -1)//在 y 轴的 0 点不要再做标记了,因为在 x 轴已经完成
            continue;
        dc. MoveTo( pointYuandian. x, iy) ;
        dc. LineTo( pointYuandian. x + 5, iy) ;
        dc. TextOut( pointYuandian. x - 20, iy - 10, csYVal) ;
    }
//开始画曲线
double dY = GetFunVal( -6) ;
dc. MoveTo( pointYuandian. x - 6 * nXYSpan, pointYuandian. y - dy * nXYSpan) ;
```

```
for( double dx = -6; dx < 12; dx = dx + 1.0 / 50)
{
    double dY = GetFunVal( dx);
    dc. LineTo( pointYuandian. x + dx * nXYSpan, pointYuandian. y - dy * nXYSpan);
}
}
//返回 f( x)= e^( 1/( x-1))值
double CChildView::GetFunVal( double dXVal)
{
    //TODO：在此处添加实现代码
    if( dXVal == 1)
    {
        MessageBoxA( "传入的 dXVal 数据不能等于 1,否则使得分母为 0 出错！\n 请重新输入！",
"提示！", NULL);
        return 0;
    }
    return pow( dcE, 1/( dXVal-1));
}
```

第七步,与例 4-9-1 程序一致。

第八步,在对话框设计时,首先在例 4-9-1 程序基础之上添加一个"Combo Box",如图 4-39 所示。然后右键点击这个控件,在弹出的会话中选择"添加变量",在弹出的界面中设置变量名称为"mComboBox",如图 4-40 所示,点击"完成"。接着右键点击这个对话框,在弹出的会话中选择"类向导",在"类向导"界面点击"虚函数",找到"OnInitDialog",点击右边的"添加函数"添加上这个函数,如图 4-41 所示。最后点击"应用"并"确定"。

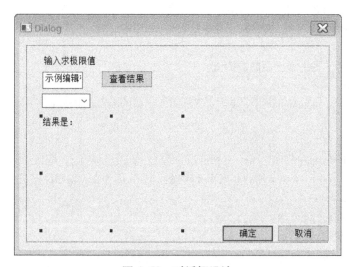

图 4-39　对话框设计

图4-40 设置"COMBOBOX"控件的变量

图4-41 在"类向导"界面插入"OnInitDialog"虚函数

第九步,继续修改"CViewData.cpp"文件,修改后代码如下:

```
// CViewData.cpp：实现文件
//
#include "pch.h"
#include "MFC Program4-9.h"
#include "CViewData.h"
#include "afxdialogex.h"
#include "ChildView.h"
#include <math.h>
using namespace std;//使用标准库时,需要加上这段代码
```

```
//设定一个非常小的值,用来做两个小数的相等比较
//在误差允许的范围内可认为两个数是相等的
double const dTininessVal = 0.0000001;//二阶导数以上误差较大,所以设定精度比较值变大
//设定一个较小的值,用来做直接求导与用导函数求导结果的相等比较
double const dMinorVal = 0.0001;//求导比较精度不能要求太高
double const dcPrecision = 0.011;//从离趋向值附近变量考虑的范围开始尝试求值,设置小数的后的
数为质数数值,有利于防止出现异常情况,如果设置为0.1,得出的结果可能有问题
double const dcGap = 0.01;//求 x 移动的间隔
double const dcINF = 99999999999999999;//设置一个很大的数认定为无穷大,防止程序越界进入死
循环
//求得调用函数的值
double Get43321OriginaFunValue(double dVarX)
{
    CChildView dx;
    return dx.GetFunVal(dVarX);
}
//返回(f(x+Δx)-f(x))/Δx,
double Get43322BasicDerivativeFunValue(double dDeltaX, double dDeltaY, double dY)
{
    if(dDeltaX == 0)
    {//防止有异常数据传入出错
        //MessageBoxA(NULL,"传入的 dDeltaX 数据不能使得分母等于0!","提示!",NULL);
        return 0;
    }
    double d1 = dDeltaY - dY;//Δy
    if(d1 == 0)
    {
        //MessageBoxA(NULL, "超越精度,提示用上次数据!","提示!",NULL);
        return 0;
    }
    double d2 = d1 / dDeltaX;
    return d2;
}
//返回 f(x)的一阶导数
double Get43323FirstOrderFunValue(double dDeltaX, double dVarX)
{
    if(dDeltaX == 0)
    {//防止有异常数据传入出错
        //MessageBoxA(NULL, "传入的 dDeltaX 数据不能使得分母等于0!","提示!",NULL);
        return 0;
    }
    double dDeltaY = 0;
    double dVarY = 0;
```

```
        dDeltaY = Get43321OriginaFunValue(dVarX + dDeltaX);
        dVarY = Get43321OriginaFunValue(dVarX);
        double d0 = Get43322BasicDerivativeFunValue(dDeltaX, dDeltaY, dVarY);
        return d0;
}
//返回 f(x)的 N 阶导数
//nOrder 是求导的阶数
double Get43324NOrderFunValue(double dDeltaX, double dVarX, int nOrder)
{
        if(nOrder < 1)
        {//防止有异常数据传入出错
            //MessageBoxA(NULL, "传入的 nOrder 数据不能小于 1!", "提示!", NULL);
            return 0;
        }
        if(nOrder == 1)
        {//直接调用一阶求导函数
            return Get43323FirstOrderFunValue(dDeltaX, dVarX);
        }
        if(dDeltaX == 0)
        {//防止有异常数据传入出错
            //MessageBoxA(NULL, "传入的 dDeltaX 数据不能使得分母等于 0!", "提示!", NULL);
            return 0;
        }
        double dDeltaY = 0;
        double dVarY = 0;
        if(nOrder > 2)
        {//代表求 N 阶导数
            dDeltaY = Get43324NOrderFunValue(dDeltaX, dVarX + dDeltaX, nOrder - 1);
            dVarY = Get43324NOrderFunValue(dDeltaX, dVarX, nOrder - 1);
        }
        else
        {
            dDeltaY = Get43323FirstOrderFunValue(dDeltaX, dVarX + dDeltaX);
            dVarY = Get43323FirstOrderFunValue(dDeltaX, dVarX);
        }
        double d0 = 0;
        d0 = Get43322BasicDerivativeFunValue(dDeltaX, dDeltaY, dVarY);//直接调用一阶导数计算
        return d0;
}
//选择求一阶导数还是求多阶导数
double Get43325WhichFun(double dDeltaX, double dXValue, int nOrder)
{
        double dTemp = 0;
```

```
    switch( nOrder)
    {
    case 0: dTemp =    Get43321OriginaFunValue(dXValue + dDeltaX); break;
    case 1: dTemp = Get43323FirstOrderFunValue(dDeltaX, dXValue); break;
    default: dTemp = Get43324NOrderFunValue(dDeltaX, dXValue, nOrder); break;
    }
    return dTemp;
    if( nOrder == 1)
    {
        return Get43323FirstOrderFunValue(dDeltaX, dXValue);
    }
    else
    {
        return Get43324NOrderFunValue(dDeltaX, dXValue, nOrder);
    }
}
//nSign=1 为求右极限;nSign=-1 为求左极限
//返回 lim┬(x→1)〖x^(1/(x-1))〗的值
double Get43326DerivativeFFunXValue( double dXValue, int nSign, int nOrder)
{
    double dDeltaX = 0;
    dDeltaX = nSign * dcPrecision;//左边开始求值的变量
    double dPre = 0;//上一次求的 y 值
    double dNow = Get43325WhichFun(dDeltaX, dXValue, nOrder);//当前求得 y 值
    double dSpaceTemp = dcPrecision;
    double dx = dXValue + dDeltaX;
    while( nSign == 1 ? dx > dXValue:dx < dXValue)
    {
        dPre = dNow;//上一次求的 y 值
        dSpaceTemp = dSpaceTemp / 2;//靠近的距离的变化越来越小
        dDeltaX = dDeltaX - nSign * dSpaceTemp;//变量不断靠近趋向值
        double dTemp = Get43325WhichFun(dDeltaX, dXValue, nOrder);//当前求得 y 值
        if( dTemp > dcINF)
        {
            break;//数值已经很大了,无须继续计算
        }
        if( dTemp == 0)
        {//本次计算有误,用上次数据,计算完成
            dNow = dPre;
        }
        else
        {
            dNow = dTemp;
```

```
        }
        if( abs( dPre - dNow)< dTininessVal)
        {//发现值不再变化,找到左极限
            break;
        }
    }
    return dNow;
}
//CViewData 对话框
IMPLEMENT_DYNAMIC( CViewData, CDialogEx)
CViewData::CViewData( CWnd * pParent /* =nullptr */)
    : CDialogEx(IDD_DIALOG1, pParent)
{

}

CViewData::~CViewData( )
{

}

void CViewData::DoDataExchange( CDataExchange * pDX)
{
    CDialogEx::DoDataExchange( pDX);
    DDX_Control( pDX, IDC_COMBO1, mComboBox);
}
BEGIN_MESSAGE_MAP( CViewData, CDialogEx)
    ON_BN_CLICKED( IDC_BUTTON1, &CViewData::OnBnClickedButton1)
    ON_STN_CLICKED( IDC_STATIC_VIEW, &CViewData::OnStnClickedStaticView)
END_MESSAGE_MAP( )
//CViewData 消息处理程序
void CViewData::OnBnClickedButton1( )
{
    //TODO: 在此处添加控件通知处理程序代码
    UpdateData( true);
    int number1;
    number1 = GetDlgItemInt( IDC_EDIT1);
    //if( number1 > 550)
    //{
    //MessageBoxA("传入的 dXVal 数据不能大于 550,否则求 pow( 3.0, dXVal)越界出错! \n 请
重新输入!", "提示!", NULL);
    //return;
    //}
    CString csView = "结果是:\n 曲线的极限在:\n";
    CString strResultx1;
```

```
        strResultx1. Format(_T("%d"), number1);
        csView += "x=";
        csView += strResultx1;
        csView += "的极限是:\n";
        int nSel= mComboBox. GetCurSel();
        int nLeftandRight = 0;
        if(nSel == 0)
        {
            nLeftandRight = 1;//右极限
        }
        else
        {
            nLeftandRight = -1;//左极限
        }
        double dY0 = Get43326DerivativeFFunXValue(number1, nLeftandRight, 0);
        CString strResultx2;
        strResultx2. Format(_T("%. 18f\n"), dy0);
        csView += strResultx2;
        if(number1 > 100 || number1 < -100)
        {//说明是无穷大
            if(abs(dy0)< 100)
            {//说明是常数,有水平渐近线
                csView += "\n有水平渐近线为 y=" + strResultx2;
            }
        }
        if(abs(number1)< 100)
        {//说明是常数
            if(abs(dy0)> dcINF)
            {//说明是无穷大,有垂直渐近线
                csView += "\n有垂直渐近线为 x=" + strResultx1;
            }
        }
        CWnd * pWnd = GetDlgItem(IDC_STATIC_VIEW);
        pWnd->SetWindowText(csView);
        UpdateData(false);//把数据更新到界面,使得界面马上能够看到最新数据
}
BOOL CViewData::OnInitDialog()
{
    CDialogEx::OnInitDialog();
    //TODO:在此处添加额外的初始化
    mComboBox. AddString("左极限");
```

mComboBox. AddString("右极限");

mComboBox. SetCurSel(0);

return TRUE; // return TRUE unless you set the focus to a control

//异常：OCX 属性页应返回 FALSE

}

void CViewData∷OnStnClickedStaticView( )

{

//TODO：在此处添加控件通知处理程序代码

}

第十步,完成代码修改后,请同时按住键盘的"Ctrl"和"F7"键,即可以编译程序 Program4-9。编译通过后,我们可以直接按键盘的"F5"键来对程序进行调试运行。如果有问题,仔细核对以上代码,如果没有问题,调试通过,运行程序后我们可以看到运行的结果如图 4-42 所示。点击图 4-42 中的"查看",在弹出的对话框中输入或选择不同的数据,点击"查看结果",如图 4-43、图 4-44、图 4-45 和图 4-46 所示。

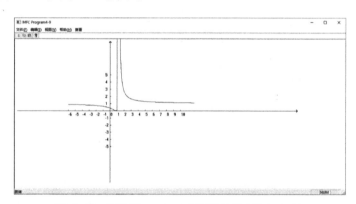

图 4-42　程序 Program4-9 运行结果(例 4-9-2)

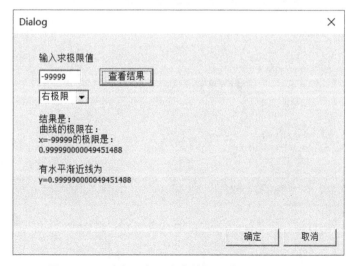

图 4-43　*x* 趋向于负无穷大的极限结果(例 4-9-2)

Dialog
输入求极限值
1
查看结果
左极限
结果是：
曲线的极限在：
x=1的极限是：
0.000000000000000000
确定
取消

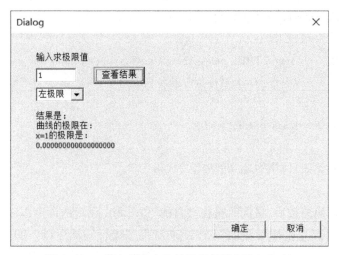

图 4-44　*x* 趋向于 1 左边的极限结果(例 4-9-2)

Dialog
输入求极限值
1
查看结果
右极限
结果是：
曲线的极限在：
x=1的极限是：
302912035948431490883244211713 2394
有垂直渐近线为x=1
确定
取消

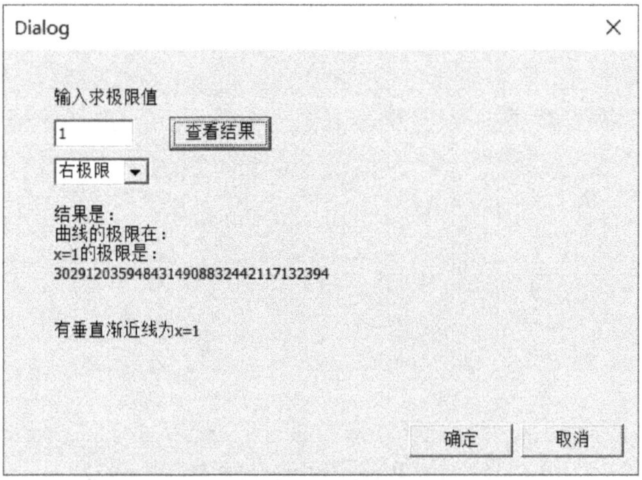

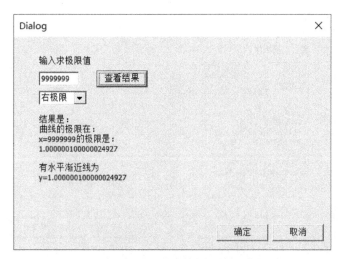

图 4-45　*x* 趋向于 1 右边的极限结果(例 4-9-2)

Dialog
输入求极限值
9999999
查看结果
右极限
结果是：
曲线的极限在：
x=9999999的极限是：
1.000000100000024927
有水平渐近线为
y=1.000000100000024927
确定
取消

图 4-46　*x* 趋向于正无穷大的极限结果(例 4-9-2)

经过以上一系列程序代码的修改和运行,我们能够看到实例与程序运行结果基本吻合,程序验证了实例的正确性。

4.3.4　解说函数图形的描绘

在很多工程领域,对于给定的函数 $f(x)$ 需要描绘出图形,大多情况下我们可以用描点法做出函数的大致图像。但是这样获得的图像一般是粗糙的,在有些关键点的附近曲线不一定能够画准,函数的变化情况也就不能完全地表现出来。现在我们已经掌握了函数的求导方法,以及函数导数及其某些特点,利用这些知识就能比较准确地描述函数性态了。

描绘函数图像的一般步骤如下:

(1)确定函数的定义域;

(2)确定函数的对称性、周期性等一般性质;

(3)计算一阶、二阶导数,求方程 $f'(x)=0$ 和 $f''(x)=0$ 的根及不可导点,并将定义域划分为不同的区间;

(4)确定每一个区间上函数的单调性、极值、凹凸性、拐点等;

(5)如果可以,就先求出函数曲线的水平渐近线、垂直渐近线和斜渐近线;

(6)将以上结果归类列表,并描出已求得的各点,必要时可补充曲线与坐标轴的交点等,最后作图描绘函数图形。

此部分的求解和程序与前面内容基本一致,不再叙述。

第五章 解说积分

前面章节讨论了一个已知函数求其导数的问题,而在实际生活和工作中,可能需要解决与其相反的问题,也就是已知函数的导数需要求出原来的函数,这就是积分。积分分为不定积分和定积分,本章继续用 C++ 分别来解说。

5.1 解说不定积分

如果物体的运动规律可以由 $s=f(t)$ 方程来描述,其中,t 代表时间,s 代表物体经过的路程,则有速度 v 与函数 $f(t)$ 对 t 的导数的关系式 $v=f'(t)$,其实这就是物体在 t 时刻运动的瞬时速度。

但是在物理领域经常遇到这样的问题,如果已知物体的运动速度 v 的函数关系 $f'(t)$,需要求物体的运动规律,也就是求函数 $s=f(t)$。

定义 5-1　设 $f(x)$ 是定义在某区间上的已知函数,如果存在一个函数 $F(x)$,对于该区间上的每一个点都满足 $F'(x)=f(x)$ 或 $\dfrac{\mathrm{d}F(x)}{\mathrm{d}x}=f(x)$ 或 $\mathrm{d}F(x)=f(x)\mathrm{d}x$,则称函数 $F(x)$ 是已知函数 $f(x)$ 在该区间上的一个原函数。我们知道常数的导数为 0,那么易知函数族 $F(x)+C$ 包含了 $f(x)$ 的所有原函数,也就是说,$f(x)$ 的原函数肯定是 $F(x)+C$ 的形式。

定义 5-2　函数 $f(x)$ 原函数的全体 $F(x)+C$ 称为 $f(x)$ 的不定积分,记作 $\int f(x)\mathrm{d}x$,其中,符号"$\int$"为积分号,它表示积分运算;$f(x)\mathrm{d}x$ 为被积表达式;$f(x)$ 为被积函数;x 为积分变量。

根据上面的定义可知,若 $F(x)$ 是 $f(x)$ 的一个原函数,则 $f(x)$ 的不定积分 $\int f(x)\mathrm{d}x$ 就是它的原函数的全体 $F(x)+C$,即 $\int f(x)\mathrm{d}x = F(x) + C$,其中,任意常数 C 为积分常数。因此,求不定积分时只需求出任意一个原函数,再加上任意常数 C 就行了。

分析上文可以得到不定积分是求导的逆过程,如果需要用程序解说,目前还没有很好的办法。第一种方法是把已知常用的不定积分导入函数库,直接调用,与套公式类似;第二种方法是 Risch 算法,即将一个初等函数的不定积分问题分解为几个简单初等函数不定积分求和的问题;第三种方法就是模式匹配化简方法。这些方法直接用一个简单的 C++ 程序解说比较困难,但是可以采用对不定积分进行验证的方式进行程序解说。验证即是把通过数学方法求出的结果进行求导,这种方法与前文的求导程序基本一致,故不再叙述。

5.2　解说定积分的概念与性质

在我们日常生活和工作中,经常会遇到这样一些需要计算的量:由不规则的线条围成图形的面积、由不规则图形旋转而成的几何体的体积、在变力作用下物体发生移动所做的功、变速直线运动物体的路程、密度不均匀物体的质量等,这其实是求一种特定和式的极限问题,也就是定积分。

5.2.1　解说两个问题

实例 5-1

例 5-1-1　求曲边梯形的面积。曲边梯形是由直线 $x=1$、$x=2$、$y=0$ 及连续曲线 $y=x^2$ 围成的图形,如图 5-1 所示。

为求得曲边梯形的面积,可以先将曲边梯形分割成许多小曲边梯形,如图 5-2 所示。每个小曲边梯形的面积可以用相应的小矩形面积近似代替,如图 5-3 所示。把这些小矩形的面积累加起来,就得到了曲边梯形面积的近似值。分割得越细,面积的近似值就会越接近曲边梯形的面积值。当分割为无限时,面积的近似值将会无限地接近曲边梯形的面积值。

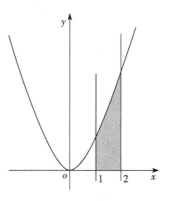

图 5-1　曲边梯形的面积

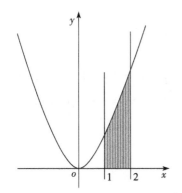 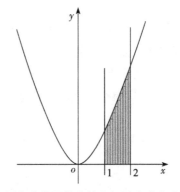

图 5-2　分成若干等分的曲边梯形面积　　图 5-3　用分成若干等分的小矩形来求曲边梯形面积

上面的分析可以具体归结为如下四步:

第一步,分割。用分点 $1=x_0<x_1<x_2<\cdots<x_{i-1}<x_i<\cdots<x_{n-1}<x_n=2$ 把区间 $[1,2]$ 分为 n 个小区间 Δx_1、Δx_2、$\cdots$、Δx_n,并用它们表示各小区间的长度 $\Delta x_i=x_i-x_{i-1}(i=1,2,\cdots,n)$,过各小区间的端点做 x 轴的垂线,把整个曲边梯形分为 n 个小的曲边梯形,小曲边梯形的面积用 ΔS_1、ΔS_2、$\cdots$、

ΔS_n 表示。

第二步，近似代替。用小的矩形面积代替小的曲边梯形面积。在小区间 $\Delta x_i (i=1,2,\cdots,n)$ 上任取一点 ξ_i，以 Δx_i 为底、$f(\xi_i)$ 为高的小矩形近似代替小曲边梯形，得到第 i 个小曲边梯形面积的近似值。

第三步，求和。把整个曲边梯形的面积 S 用 n 个小矩形面积之和近似代替，$S \approx \sum_{i=1}^{n} f(x_i) \Delta x_i$。

第四步，求极限。记小区间中长度最大者为 λ，若 $\lambda \rightarrow 0$ 时上面的和式极限存在，则曲边梯形面积为 $S = \lim_{\lambda \rightarrow 0} \sum_{i=1}^{n} f(x_i) \Delta x_i$。

例 5-1-2　一辆轿车从 A 点沿着直线移动到 B 点。A 点到 B 点的距离为1，轿车从 A 点到 B 点受到的牵引力为 F，F 与离 A 点距离 S 的关系为 $F(S) = \sqrt{1-(S-0.5)^2}$，如图5-4所示，从 A 点到 B 点轿车所做的功是多少？

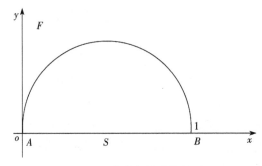

图 5-4　变力与位移的关系

解：

轿车所做的功为 $W = FS$。由于 F 是不断变化的，随着距离 S 而变化，可以将 S 分割成很多小份，通过求和再求极限来完成。

第一步，分割。在 A 点和 B 点中插入 $n-1$ 个点，把 AB 分成 n 个小区间，即 $0 = S_0 < S_1 < S_2 < \cdots < S_{i-1} < S_i < \cdots < S_{n-1} < S_n = 1$，每个小区间的长度是 ΔS_1、ΔS_2、$\cdots$、ΔS_n，$\Delta S_i = S_i - S_{i-1} (i=1,2,\cdots,n)$，如图5-5所示。

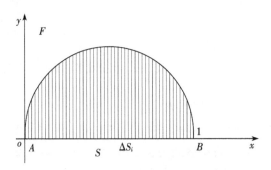

图 5-5　变力与若干等分位移的关系

第二步，近似代替。用"以不变代替变化"的规则来计算，即对应的每一个 S_i 取到确定的 F，则在 ΔS_i 内，可以近似认为做的功为 $F_i \Delta S_i$。

第三步，求和。轿车在 n 个小的路程区间相应的做功和为近似代替，即 $F \approx \sum\limits_{i=1}^{n} F(S_i)\, \Delta S_i$。

第四步，求极限。记小区间中长度最大者为 λ，若 $\lambda \to 0$ 时上面的和式极限存在，则整个路程做功 $F = \lim\limits_{\lambda \to 0} \sum\limits_{i=1}^{n} F(S_i)\, \Delta S_i$。

◉ 程序解说 5-1

针对上面的例题，可以用程序解说。前面的步骤请参照程序解说 1-1。在第 4 步，首先填写项目名称"Program5-1"，然后依次完成，最后在代码中修改。

针对例 5-1-1，可以把代码修改如下：

```cpp
// Program5-1.cpp：此文件包含"main"函数。程序执行将在此处开始并结束
//
#include <iostream>
#include <math.h>
using namespace std;//使用标准库时,需要加上这段代码
//求得 y=x^2 的值
double Get52111FunValue( double dX)
{
    double d0 = pow( dX,2.0);
    return d0;
}
//求得 s(x_i)=f(x_i)Δx_i 的值
double Get52112DeltaSValue( double dDeltaX, double dHighY)
{
    double d0 = dDeltaX   *   dHighY;
    return d0;
}
int main( )
{
    double dValNumber = 0;
    double dXBegin = 0;
    double dXEnd = 0;
    std::cout << "输入求 x 开始值:";
    std::cin >> dXBegin;
    std::cout << "输入求 x 结束值:";
    std::cin >> dXEnd;
    std::cout << "输入划分区域的数量:";
    std::cin >> dValNumber;
    double dDeltaX  = ( dXEnd - dXBegin)/ dValNumber;
```

```
        double dS = 0;
        for( double dl = dXBegin; dl < dXEnd; dl = dl + dDeltaX)
        {
            double dY = Get52111FunValue( dl);
            double dDeltaS = Get52112DeltaSValue( dDeltaX, dY);
            dS = dS + dDeltaS;
        }
        std::cout << " \n 所求面积值大约为:"<< dS;
    }
```

完成代码修改后,请同时按住键盘的"Ctrl"和"F7"键,即可以编译程序 Program5-1。编译通过后,我们可以直接按键盘的"F5"键来对程序进行调试运行。如果有问题,仔细核对以上代码,如果没有问题,调试通过,运行程序后我们可以看到运行的结果如图 5-6 所示。

图 5-6   程序 Program5-1 运行结果(例 5-1-1)

经过以上一系列程序代码的修改和运行,我们能够通过程序实现实例所要求出的结果。

针对例 5-1-2,可以把代码修改如下:

```
// Program5-1.cpp : 此文件包含"main"函数。程序执行将在此处开始并结束
//
#include <iostream>
#include <math.h>
using namespace std;//使用标准库时,需要加上这段代码
//设定一个非常小的值,用来做两个小数的相等比较
//在误差允许的范围内可认为两个数是相等的
double const dTininessVal = 0.00000000000001;//
//求得 F(S)=√(1-[(s-0.5)]^2)的值
double Get52121FunValue( double dS)
{
    double d0 = pow( dS-0.5,2.0);
    if( d0 >1)
    {//防止有异常数据传入出错
        std::cout << "传入的 dS 数据不能使得根式小于 0! \n";
        return 0;
    }
```

```cpp
    double d1 = 0;
    d1 = pow(1 - d0, 1.0 / 2);
    return d1;
}
//求得 F(S_i)ΔS_i 的值
double Get52122DeltaSValue(double dDeltaS, double dF)
{
    double d0 = dDeltaS  *   dF;
    return d0;
}
int main()
{
    double dValNumber = 0;
    double dSBegin = 0;
    double dSEnd = 0;
    std::cout << "输入求 S 开始值:";
    std::cin >> dSBegin;
    std::cout << "输入求 S 结束值:";
    std::cin >> dSEnd;
    std::cout << "输入划分区域的数量:";
    std::cin >> dValNumber;
    double dDeltaX = (dSEnd - dSBegin)/ dValNumber;
    while(abs(dDeltaX - 0)< dTininessVal)
    {
        std::cout << "输入划分区域的数量太大,超越精度,请重新输入较小的数:";
        std::cin >> dValNumber;
        dDeltaX = (dSEnd - dSBegin)/ dValNumber;
    }
    double dS = 0;
    for(double dl = dSBegin; dl < dSEnd; dl = dl + dDeltaX)
    {
        double dY = Get52121FunValue(dl);
        double dDeltaS = Get52122DeltaSValue(dDeltaX, dY);
        dS = dS + dDeltaS;
    }
    std::cout << "\n 所求做功的值大约为:"<< dS;
}
```

完成代码修改后,请同时按住键盘的"Ctrl"和"F7"键,即可以编译程序 Program5-1。编译通过后,我们可以直接按键盘的"F5"键来对程序进行调试运行。如果有问题,仔细核对以上代码,如果没有问题,调试通过,运行程序后我们可以看到运行的结果如图 5-7 所示。

图 5-7　程序 Program5-1 运行结果(例 5-1-2)

经过以上一系列程序代码的修改和运行,我们能够通过程序实现实例所要求出的结果。需要注意的是,在此程序中区间都是均分的。

5.2.2　解说定积分的概念

以上实例在解决实际问题的思路及数量关系上都有一个共同点,即都变成一个特定和式的极限来求解。相关的问题有许多种,可以抽象出它们数量上的相同关系,得出定积分的定义。

定义 5-3　设函数 $f(x)$ 在区间 $[a,b]$ 上有界,把 $[a,b]$ 任意分为小区间 Δx_1、Δx_2、$\cdots$、Δx_n,在小区间 $\Delta x_i(i=1,2,\cdots,n)$ 上任取点 x_i。记小区间中长度最大者为 λ,若 $\lambda \to 0$ 时和式极限 $f(x_i)\Delta x_i$ 为常数且与区间 $[a,b]$ 的分法及点 x_i 取法无关,则称函数 $f(x)$ 在区间 $[a,b]$ 上可积,此和式极限为 $f(x)$ 在区间 $[a,b]$ 上的定积分,记为:

$$\int_a^b f(x)\,\mathrm{d}x = \lim_{\lambda \to 0}\sum_{i=1}^n f(x_i)\,\Delta x_i。$$

其中,$f(x)$ 为被积函数,$f(x)\mathrm{d}x$ 为被积表达式,x 为积分变量,区间 $[a,b]$ 为积分区间,a 为积分下限,b 为积分上限。

由定义 5-3 可知,定积分是一个确定常数,它只与被积函数、积分区间有关,与积分变量的符号无关。

由定义 5-3 可知,当 $y \geq 0$ 时,定积分的几何意义是由 $y=f(x)$,$y=0$ 及 $x=a$,$x=b(a<b)$ 围成的曲边梯形面积;当 $y \leq 0$ 时,定积分的值为面积的负数。

如果 $f(x)$ 在区间 $[a,b]$ 上的值有正有负,则其定积分的值等于 x 轴上方面积减去下方曲边梯形面积。

实例 5-2

例 5-2　利用定积分的定义计算定积分 $\int_0^1 x\mathrm{d}x$ 的值。

解:

分析题目中的定积分,知道被积函数 $f(x)=x$ 是初等函数,在定义域上连续可导,在区间

$[0,1]$上也连续,因此一定可积分。

易知定积分定义中的和式极限与区间的分法和取点无关,可以把区间$[0,1]$分成n等分,则有$\Delta x_i = \dfrac{1}{n}, x_i = \dfrac{i}{n}$,于是有

$$\sum_{i=1}^{n} f(x_i)\Delta x_i = \sum_{i=1}^{n} \frac{i}{n}\frac{1}{n} = \frac{1}{n^2}\sum_{i=1}^{n} i = \frac{1}{n^2}(1+2+3+\cdots+n) = \frac{1}{n^2}\frac{n(n+1)}{2} = \frac{n+1}{2n},$$ 则有

$$\int_0^1 f(x)\,dx = \int_0^1 x\,dx = \lim_{\lambda\to0}\sum_{i=1}^{n} f(x_i)\Delta x_i = \lim_{n\to\infty}\sum_{i=1}^{n} f(x_i)\Delta x_i = \lim_{n\to\infty}\frac{n+1}{2n} = \lim_{n\to\infty}(\frac{1}{2}+\frac{1}{2n}) = \frac{1}{2}。$$

◉ 程序解说 5-2

针对上面的例题,可以用程序解说。前面的步骤请参照程序解说1-1。在第4步,首先填写项目名称"Program5-2",然后依次完成,最后在代码中修改。

针对例5-2,可以把代码修改如下:

```cpp
// Program5-2.cpp：此文件包含"main"函数。程序执行将在此处开始并结束
//
#include <iostream>
#include <math.h>
using namespace std;//使用标准库时,需要加上这段代码
//设定一个非常小的值,用来做两个小数的相等比较
//在误差允许的范围内可认为两个数是相等的
double const dTininessVal = 0.00000000000001;//
//设定一个较小的值,用来做直接和式求定积分与用定积分定义求解结果的相等比较
double const dMinorVal = 0.00001;//求极限比较精度不能要求太高
//求得 y=x 的值
double Get52211FunValue(double dX)
{
    double d0 = dX;
    return d0;
}
//求得 s(x_i)=f(x_i)Δx_i 的值
double Get52212DeltaSValue(double dDeltaX, double dHighY)
{
    double d0 = dDeltaX * dHighY;
    return d0;
}
//求得(n+1)/2n 的值
double Get52213LimtFunValue(long lN)
{
    if(lN == 0)
    {//防止有异常数据传入出错
        std::cout << "传入的数据不能使得分母等于0,否则将引发计算错误! \n";
```

```
        return 0;
    }
    double d0 = (lN + 1.0)/(2 * lN);
    return d0;
}
int main()
{
    long lValNumber = 0;
    double dXBegin = 0;
    double dXEnd = 0;
    std::cout << "输入求 x 开始值:";
    std::cin >> dXBegin;
    std::cout << "输入求 x 结束值:";
    std::cin >> dXEnd;
    std::cout << "输入划分区域的数量:";
    std::cin >> lValNumber;
    double dDeltaX = (dXEnd - dXBegin)/ lValNumber;
    while(abs(dDeltaX - 0) < dTininessVal)
    {
        std::cout << "\n 输入划分区域的数量太大,超越精度,请重新输入较小的数:";
        std::cin >> lValNumber;
        dDeltaX = (dXEnd - dXBegin)/ lValNumber;
    }
    double dS = 0;
    for(double dl = dXBegin; dl < dXEnd; dl = dl + dDeltaX)
    {
        double dY = Get52211FunValue(dl);
        double dDeltaS = Get52212DeltaSValue(dDeltaX, dY);
        dS = dS + dDeltaS;
    }
    std::cout << "\n 用和式的方式求出的结果是:" << dS;
    double dRightResult = dS;
    long lDeltaN = 0;//求极限的变量
    long lNUtmost = 0;
    std::cout << "\n 输入求极限 n 趋近的值:";
    std::cin >> lNUtmost;

    long lPrecision = lNUtmost / 2;
    lDeltaN = lNUtmost - lPrecision;//重新设定自变量的值,从常量左边开始求值
    double dNowYVal = Get52213LimtFunValue(lDeltaN);
    long lSpaceTempX = lPrecision;//重新设定自变量需要变化的值
    double dPreYVal = dNowYVal;//上一次求的 y 值
    lSpaceTempX = lSpaceTempX / 2;//靠近的距离的变化越来越小
```

```
lDeltaN = lDeltaN + lSpaceTempX;//变量不断靠近趋向值

double dVarYy = 0;
while(lDeltaN < lNUtmost)
{//找到极限
    double dTemp =    0 ;
    dTemp = Get52213LimtFunValue(lDeltaN);
    if(dTemp == 0)
    {//本次计算有误,用上次数据,计算完成
        dNowYVal = dPreYVal;
    }
    else
    {
        dNowYVal = dTemp;
    }
    if(abs(dPreYVal - dNowYVal)< dTininessVal)
    {//发现值不再变化,找到极限
        std::cout << "\n 极限是:" << dNowYVal << "\n";
        break;
    }
    dPreYVal = dNowYVal;//上一次求的 y 值
    lSpaceTempX = lSpaceTempX / 2;//靠近的距离的变化越来越小
    lDeltaN = lDeltaN + lSpaceTempX;//变量不断靠近趋向值
}
if(lDeltaN > lNUtmost || lDeltaN == lNUtmost)
{//如果 lDeltaN 已经移到 lNUtmost 了,肯定就找到极限了
        std::cout << "\n 极限是:" << dNowYVal << "\n";
}
double dLimitFunRightResult = dS;
int nRightResult = dRightResult;
if(abs(dLimitFunRightResult - nRightResult)< dMinorVal)//说明 dRightResult 值实际可认为是
整数
{
    int nNow = 0;
    if(dNowYVal > 0)
    {//保证 dNow 值转换为整数(四舍五入后),正数需要加 0.5,负数需要减 0.5
        nNow = dNowYVal + 0.5;
    }
    else
    {
        nNow = dNowYVal - 0.5;
    }
    if(nNow == nRightResult)
```

```
        {
            std::cout << "用定积分定义求得极限值与和式求得值一致！\n";
        }
        else
        {
            std::cout << "用定积分定义求得极限值与和式求得值不一致！\n";
        }
    }
    else
    {
        if( abs( dNowYVal - dLimitFunRightResult )< dMinorVal )
        {
            std::cout << "用定积分定义求得极限值与和式求得值一致！\n";
        }
        else
        {
            std::cout << "用定积分定义求得极限值与和式求得值不一致！\n";
        }
    }
}
```

完成代码修改后,请同时按住键盘的"Ctrl"和"F7"键,即可以编译程序 Program5-2。编译通过后,我们可以直接按键盘的"F5"键来对程序进行调试运行。如果有问题,仔细核对以上代码,如果没有问题,调试通过,运行程序后我们可以看到运行的结果如图 5-8 所示。

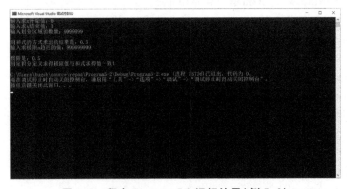

图 5-8 程序 Program5-2 运行结果(例 5-2)

经过以上一系列程序代码的修改和运行,我们能够看到实例与程序运行结果吻合,程序验证了实例的正确性。程序运用了两种方式进行计算,结果一致。

5.2.3 解说定积分的性质

根据定积分的定义,通过积分和的极限求定积分,在数学里直接求是比较困难的,为便于定积分计算及应用,归类出以下几种定积分的性质,前提是讨论的函数在区间上是可积的。

性质 5-3

性质 5-3-1 $\int_a^b mf(x)\,\mathrm{d}x = m\int_a^b f(x)\,\mathrm{d}x(m\ 为常数)$。

性质 5-3-2 如果在区间 $[a,b]$ 上有 $f(x) \equiv A$, $\int_a^b f(x)\,\mathrm{d}x = A(b-a)$, 特别有, $A = 1$ 时 $\int_a^b f(x)\,\mathrm{d}x = b - a$。

性质 5-3-3 $\int_a^b [f(x) \pm g(x)]\,\mathrm{d}x = \int_a^b f(x)\,\mathrm{d}x \pm \int_a^b g(x)\,\mathrm{d}x$。

性质 5-3-4 对于任意的实数 c, 有 $\int_a^b f(x)\,\mathrm{d}x = \int_a^c f(x)\,\mathrm{d}x + \int_c^b f(x)\,\mathrm{d}x$。

性质 5-3-5 假设有 $a<b$, 并且在区间 $[a,b]$ 上有 $f(x) \geq 0$, 则一定有 $\int_a^b f(x)\,\mathrm{d}x \geq 0$。

性质 5-3-6 假设有 $a<b$, 并且在区间 $[a,b]$ 上有 $f(x) \geq g(x)$, 则一定有 $\int_a^b f(x)\,\mathrm{d}x \geq \int_a^b g(x)\,\mathrm{d}x$。

性质 5-3-7 $|\int_a^b f(x)\,\mathrm{d}x| \leq \int_a^b |f(x)|\,\mathrm{d}x$, 其中, $a < b$。

性质 5-3-8 假设 M 是 $f(x)$ 在区间 $[a,b]$ 上的最大值, N 是 $f(x)$ 在区间 $[a,b]$ 上的最小值, 则有 $N(b-a) \leq \int_a^b f(x)\,\mathrm{d}x \leq M(b-a)$, 其中, $a < b$。

性质 5-3-9 假设 $f(x)$ 在区间 $[a,b]$ 上连续, 则其在区间 $[a,b]$ 上存在一个点 c, 使得 $\int_a^b f(x)\,\mathrm{d}x = f(c)(b-a)$ 成立, 其中, $a \leq c \leq b$。

程序解说 5-3

针对上面的性质,可以用程序解说。前面的步骤请参照程序解说 1-1。在第 4 步,首先填写项目名称"Program5-3",然后依次完成,最后在代码中修改。

针对性质 5-3-1,可以把代码修改如下:

```
// Program5-3. cpp : 此文件包含"main"函数。程序执行将在此处开始并结束
//
#include <iostream>
#include <math. h>
using namespace std;//使用标准库时,需要加上这段代码
//设定一个非常小的值,用来做两个小数的相等比较
//在误差允许的范围内可认为两个数是相等的
double const dTininessVal = 0. 00000000000001;//
//设定一个较小的值,用来做定积分定义所求结果的相等比较
double const dMinorVal = 0. 00001;//求极限比较精度不能要求太高
```

```cpp
int gnSign = 0;//设定一个全局变量
double dgPostboxData = 0;//存储一个数据
//求得 f(x)的值,f(x)可以变换成任何在定义域中连续的函数
double Get52311FunValue(double dX)
{
    double d0 = pow(dX, 2.0);
    if(gnSign == 1)
    {
        d0 = d0 * dgPostboxData;
    }
    return d0;
}
//求得 x_i 的值
double Get52312XiValue(double dA, double dB,long lI,long lN)
{
    if(lN == 0)
    {//防止有异常数据传入出错
        std::cout << "传入的数据不能使得分母等于0,否则将引发计算错误! \n";
        return 0;
    }
    double d0 =(dB-dA) * lI/lN;
    double d1 = dA + d0;
    return d1;
}
//求得 Δx_i 的值
double Get52313DeltaXiValue(double dA, double dB,long lN)
{
    if(lN == 0)
    {//防止有异常数据传入出错
        std::cout << "传入的数据不能使得分母等于0,否则将引发计算错误! \n";
        return 0;
    }
    double d0 =(dB - dA);
    double d1 = d0 / lN;
    return d1;
}
//求得定积分的值
double Get52314DefiniteIntegralValue(double dA, double dB, long lN)
{
    double dSum = 0;
    double di = dA;
    for(long li = 0; li < lN; li++)
    {
```

```
        double d1 = Get52313DeltaXiValue(dA, dB, lN);
        double d2 = Get52312XiValue(dA, dB, li, lN);
        double d3 = Get52311FunValue(d2);
        double d4 = d3 * d1;
        dSum = dSum + d4;
    }
    return dSum;
}
//nSign=1 说明是求等式左边的值,nSign=2 说明是求等式右边的值
//返回定积分极限的值
double Get52315LimitDefiniteIntegralValue(double dXBegin, double dXEnd, long lUtmostNumber, int
nSign)
{
    gnSign = nSign;
    long lSpaceNumber = lUtmostNumber / 10;
    long lVarNumber = lUtmostNumber - lSpaceNumber;//左边开始求值的变量
    double dPre = 0;//上一次求的 y 值
    double dNow = Get52314DefiniteIntegralValue(dXBegin, dXEnd, lVarNumber);//当前求得 y 值
    while(lVarNumber <lUtmostNumber)
    {
        dPre = dNow;//上一次求的 y 值
        lSpaceNumber = lSpaceNumber / 2;//靠近的距离的变化越来越小
        lVarNumber = lUtmostNumber - lSpaceNumber;
        double dTemp = Get52314DefiniteIntegralValue(dXBegin, dXEnd, lVarNumber);//当前求得
y 值
        if(dTemp == 0)
        {//本次计算有误,用上次数据,计算完成
            dNow = dPre;
        }
        else
        {
            dNow = dTemp;
        }
        if(abs(dPre - dNow)< dTininessVal)
        {//发现值不再变化,找到左极限
            break;
        }
    }
    gnSign = 0;//还原值到初始值
    return dNow;
}
```

```
    int main()
    {
        long lUtmostlNumber = 0;
        double dXBegin = 0;
        double dXEnd = 0;
        double dInvarM = 0;
        std::cout << "输入求 x 开始值:";
        std::cin >> dXBegin;
        std::cout << "输入求 x 结束值:";
        std::cin >> dXEnd;
        std::cout << "输入一个常数值:";
        std::cin >> dInvarM;
        dgPostboxData = dInvarM;
        std::cout << "输入求极限 n 趋近的值:";
        std::cin >> lUtmostlNumber;
        double dDeltaX = (dXEnd - dXBegin)/ lUtmostlNumber;
        while(abs(dDeltaX - 0)< dTininessVal)
        {
            std::cout << "\n输入求极限 n 趋近的值使得划分区域太小,超越精度,请重新输入较小
的数:";
            std::cin >> lUtmostlNumber;
            dDeltaX = (dXEnd - dXBegin)/ lUtmostlNumber;
        }
        double d1 = Get52315LimitDefiniteIntegralValue(dXBegin, dXEnd, lUtmostlNumber, 1);
        std::cout << "等式左边求出的值:"<<d1<<" \n";
        double d2 = dInvarM * Get52315LimitDefiniteIntegralValue(dXBegin, dXEnd, lUtmostlNumber,
2);
        std::cout << "等式右边求出的值:" << d2 << " \n";
        if(abs(d1 - d2)< dMinorVal)//
        {
            std::cout << "等式左边与右边求出的值一致! \n";
        }
        else
        {
            std::cout << "等式左边与右边求出的值不一致! \n";
        }
    }
```

完成代码修改后,请同时按住键盘的"Ctrl"和"F7"键,即可以编译程序 Program5-3。编译
通过后,我们可以直接按键盘的"F5"键来对程序进行调试运行。如果有问题,仔细核对以上
代码,如果没有问题,调试通过,运行程序后我们可以看到运行的结果如图 5-9 所示。

图 5-9　程序 Program5-3 运行结果（例 5-3-1）

经过以上一系列程序代码的修改和运行,我们能够看到通过程序验证了性质的正确性。程序中还可以任意修改各种参数,如"double Get52311FunValue(double dX)",即性质中的 $f(x)$,以及常数 m、积分上下限等进行验证。

其他性质的程序解说可以参照性质 5-3-1 的解说完成。

5.3　解说定积分的计算

根据定积分定义计算定积分是一件十分棘手的事情。我们可以根据定积分与不定积分的关系导出定积分的一般计算方法。

5.3.1　解说牛顿-莱布尼茨公式

由定积分的定义可知,定积分是一个确定的数,其值只与被积函数 $f(x)$、积分区间 $[a,b]$（积分上下限）有关。如果固定被积函数与积分下限,那么定积分的值就只与积分上限有关。假设积分上限为 x,定积分就变成了积分上限 $f(x)$ 的函数,记为 $\Phi(x)=\int_a^x f(t)\,dt$,通常称为积分上限函数。

定理 5-1　设函数 $f(x)$ 在区间 $[a,b]$ 上连续,$f(x)\in[a,b]$,则积分上限函数 $\Phi(x)=\int_a^x f(t)\,dt$ 在 $[a,b]$ 上可导且导数 $\Phi'(f(x))=f(x)$。

易知,只要 $f(x)$ 连续,$f(x)$ 的原函数总是存在的,那么积分上限函数 $\Phi(x)$ 就是 $f(x)$ 的一个原函数。

定理 5-2　假设函数 $\Phi(x)$ 为连续函数 $f(x)$ 在区间 $[a,b]$ 上的任意一个原函数,则 $\int_a^b f(x)\,dx=\Phi(b)-\Phi(a)=[\Phi(x)]_a^b$。

定理 5-2 表明:连续函数的定积分等于其任意一个原函数在积分区间上的改变量(任意一个原函数上限处的函数值减去下限处的函数值)。这个定理揭示了定积分与不定积分之间的联系,把定积分计算由求和式极限简化成求原函数的函数值,称为微积分基本定理,也称为牛顿-莱布尼茨公式。

实例 5-4

例 5-4　计算定积分 $\int_0^{\frac{\pi}{2}} \sin^2 x \cos x \, dx$ 。

解:

先化简题目得 $\int \sin^2 x \cos x \, dx = \int \sin^2 x \, d\sin x = \frac{1}{3}\sin^3 x + c$,所以题目可得 $\int_0^{\frac{\pi}{2}} \sin^2 x \cos x \, dx = \left[\frac{1}{3}\sin^3 x\right]_0^{\frac{\pi}{2}} = \frac{1}{3}$。

程序解说 5-4

针对上面的例题,可以用程序解说。前面的步骤请参照程序解说 1-1。在第 4 步,首先填写项目名称"Program5-4",然后依次完成,最后在代码中修改。

针对例 5-4,可以把代码修改如下:

```cpp
// Program5-4.cpp：此文件包含"main"函数。程序执行将在此处开始并结束
//
#include <iostream>
#include <math.h>
using namespace std;//使用标准库时,需要加上这段代码
//设定一个非常小的值,用来做两个小数的相等比较
//在误差允许的范围内可认为两个数是相等的
double const dTininessVal = 0.0000000000000000001;//
//设定一个较小的值,用来做定积分定义所求结果的相等比较
double const dMinorVal = 0.001;//求极限比较精度不能要求太高
int gnSign = 0;//设定一个全局变量
//求得 f(x)=[sin]^2 xcosx 的值
double Get5311FunValue(double dX)
{
    double d1 = pow(sin(dX), 2.0) * cos(dX);
    return d1;
}
//求得 x_i 的值
double Get5312XiValue(double dA, double dB, long lI, long lN)
{
    if(lN == 0)
    {//防止有异常数据传入出错
        std::cout << "传入的数据不能使得分母等于0,否则将引发计算错误！\n";
        return 0;
```

```
        }
        double d0 = (dB - dA) * lI / lN;
        double d1 = dA + d0;
        return d1;
    }
    //求得 Δx_i 的值
    double Get5313DeltaXiValue(double dA, double dB, long lN)
    {
        if(lN == 0)
        {//防止有异常数据传入出错
            std::cout << "传入的数据不能使得分母等于 0,否则将引发计算错误! \n";
            return 0;
        }
        double d0 = (dB - dA);
        double d1 = d0 / lN;
        return d1;
    }

    //求得定积分的值
    double Get5314DefiniteIntegralValue(double dA, double dB, long lN)
    {
        double dSum = 0;
        double di = dA;
        for(long li = 0; li < lN; li++)
        {
            double d1 = Get5313DeltaXiValue(dA, dB, lN);
            double d2 = Get5312XiValue(dA, dB, li, lN);
            double d3 = Get5311FunValue(d2);
            double d4 = d3 * d1;
            dSum = dSum + d4;
        }
        return dSum;
    }
    //nSign 保留参数,暂无意义
    //返回定积分极限的值
    double Get5315LimitDefiniteIntegralValue (double dXBegin, double dXEnd, long lUtmostNumber, int nSign = 0)
    {
        gnSign = nSign;
        long lSpaceNumber = lUtmostNumber / 10;
        long lVarNumber = lUtmostNumber - lSpaceNumber;//左边开始求值的变量
        double dPre = 0;//上一次求的 y 值
        double dNow = Get5314DefiniteIntegralValue(dXBegin, dXEnd, lVarNumber);//当前求得 y 值
        while(lVarNumber < lUtmostNumber)
```

```
    {
        dPre = dNow;//上一次求的 y 值
        lSpaceNumber = lSpaceNumber / 2;//靠近的距离的变化越来越小
        lVarNumber = lUtmostNumber - lSpaceNumber;
        double dTemp = Get5314DefiniteIntegralValue(dXBegin,dXEnd,lVarNumber);//当前求得 y 值
        if(dTemp == 0)
        {//本次计算有误,用上次数据,计算完成
            dNow = dPre;
        }
        else
        {
            dNow = dTemp;
        }
        if(abs(dPre - dNow)< dTininessVal)
        {//发现值不再变化,找到左极限
            break;
        }
    }
    gnSign = 0;
    return dNow;
}
int main()
{
    long lUtmostlNumber = 0;
    double dXBegin = 0;
    double dXEnd = 0;
    double dRightValue = 0;
    std::cout << "输入求 x 开始值:";
    std::cin >> dXBegin;
    std::cout << "输入求 x 结束值:";
    std::cin >> dXEnd;
    std::cout << "输入求极限 n 趋近的值:";
    std::cin >> lUtmostlNumber;
    double dDeltaX =(dXEnd - dXBegin)/ lUtmostlNumber;
    while(abs(dDeltaX - 0)< dTininessVal)
    {
        std::cout << "\n输入求极限 n 趋近的值使得划分区域太小,超越精度,请重新输入较小
的数:";
        std::cin >> lUtmostlNumber;
        dDeltaX =(dXEnd - dXBegin)/ lUtmostlNumber;
    }
    std::cout << "例中计算出的结果:";
    std::cin >> dRightValue;
```

double dDefiniteIntegralVal = Get5315LimitDefiniteIntegralValue(dXBegin, dXEnd, lUtmostlNumber, 0);

std::cout << "dDefiniteIntegralVal 定积分的值:" << dDefiniteIntegralVal << "\n";

if(abs(dRightValue − dDefiniteIntegralVal) < dMinorVal)

{

    std::cout << "验证例子答案正确! \n";

}

else

{

    std::cout << "验证例子答案不正确! \n";

}

}

完成代码修改后,请同时按住键盘的"Ctrl"和"F7"键,即可以编译程序 Program5-4。编译通过后,我们可以直接按键盘的"F5"键来对程序进行调试运行。如果有问题,仔细核对以上代码,如果没有问题,调试通过,运行程序后我们可以看到运行的结果如图 5-10 所示。

图 5-10 程序 Program5-4 运行结果(例 5-4)

经过以上一系列程序代码的修改和运行,我们能够看到实例与程序运行结果吻合,程序验证了实例的正确性。

5.3.2 解说定积分的换元积分法

牛顿-莱布尼茨公式是定积分计算的基本方法,但是很多时候求原函数比较复杂,需要加以变化,如换元。

定理 5-3 若函数 $f(x)$ 在区间 $[a,b]$ 上连续,函数 $x=\varphi(t)$ 满足条件:

(1) $\varphi(\alpha)=a,\varphi(\beta)=b$;

(2) $x=\varphi(t)$ 在 $[\alpha,\beta]$ 上单值且具有连续导数。

则称 $\int_a^b f(x)\,\mathrm{d}x = \int_\alpha^\beta f[\varphi(t)]\varphi'(t)\,\mathrm{d}t$ 为定积分换元公式。

实例 5-5

例 5-5　计算定积分 $\int_{\frac{1}{2}}^{\frac{\sqrt{2}}{2}} \dfrac{1}{x^2\sqrt{1-x^2}}dx$ 。

解：

分析题目,可设 $x=\sin t$,则 $t=\arcsin x$,$dx=\cos t dt$。当 $x=\dfrac{1}{2}$ 时,$t=\dfrac{\pi}{6}$;当 $x=\dfrac{\sqrt{2}}{2}$ 时,$t=\dfrac{\pi}{4}$。于是有

$$\int_{\frac{1}{2}}^{\frac{\sqrt{2}}{2}} \frac{1}{x^2\sqrt{1-x^2}}dx = \int_{\frac{\pi}{6}}^{\frac{\pi}{4}} \frac{\cos t}{\sin^2 t \cos t}dt = \int_{\frac{\pi}{6}}^{\frac{\pi}{4}} \frac{1}{\sin^2 t}dt = \int_{\frac{\pi}{6}}^{\frac{\pi}{4}} \cos^2 t dt = [-\cot t]_{\frac{\pi}{6}}^{\frac{\pi}{4}} = \sqrt{3}-1 。$$

● 程序解说 5-5

针对上面的例题,可以用程序解说。前面的步骤请参照程序解说1-1。在第4步,首先填写项目名称"Program5-5",然后依次完成,最后在代码中修改。

针对例5-5,可以把代码修改如下:

```
// Program5-5.cpp：此文件包含"main"函数。程序执行将在此处开始并结束
//
#include <iostream>
#include <math. h>
using namespace std;//使用标准库时,需要加上这段代码
//设定一个非常小的值,用来做两个小数的相等比较
//在误差允许的范围内可认为两个数是相等的
double const dTininessVal = 0.0000000000000000001;//
//设定一个较小的值,用来做定积分定义所求结果的相等比较
double const dMinorVal = 0.001;//求极限比较精度不能要求太高
int gnSign = 0;//设定一个全局变量
//求得 f(x)= 1/(x^2 √(1-x^2)) 的值
double Get5321FunValue(double dX)
{
    double d1 = 1 - pow(dX, 2.0);
    if(d1 < 0)
    {//防止有异常数据传入出错
        std::cout << "传入的数据不能使得根式小于0,否则将引发计算错误! \n";
        return 0;
    }
    double d2 = pow(dX, 2.0) * pow(d1, 1.0 / 2);
    if(d2 < 0 || d2 == 0)
    {//防止有异常数据传入出错
        std::cout << "传入的数据不能使得分母等于0,否则将引发计算错误! \n";
        return 0;
    }
}
```

```
        double d3 = 1.0 / d2;
        return d3;
}
//求得 x_i 的值
double Get5322XiValue(double dA, double dB, long lI, long lN)
{
    if(lN == 0)
    {//防止有异常数据传入出错
        std::cout << "传入的数据不能使得分母等于 0,否则将引发计算错误! \n";
        return 0;
    }
    double d0 =(dB − dA) * lI / lN;
    double d1 = dA + d0;
    return d1;

}
//求得 Δx_i 的值
double Get5323DeltaXiValue(double dA, double dB, long lN)
{
    if(lN == 0)
    {//防止有异常数据传入出错
        std::cout << "传入的数据不能使得分母等于 0,否则将引发计算错误! \n";
        return 0;
    }
    double d0 =(dB − dA);
    double d1 = d0 / lN;
    return d1;

}
//求得定积分的值
double Get5324DefiniteIntegralValue(double dA, double dB, long lN)
{
    double dSum = 0;
    double di = dA;
    for(long li = 0; li < lN; li++)
    {
        double d1 = Get5323DeltaXiValue(dA, dB, lN);
        double d2 = Get5322XiValue(dA, dB, li, lN);
        double d3 = Get5321FunValue(d2);
        double d4 = d3 * d1;
        dSum = dSum + d4;
    }
    return dSum;

}
//nSign 保留参数,暂无意义
```

```
//返回定积分极限的值
double Get5325LimitDefiniteIntegralValue ( double dXBegin, double dXEnd, long lUtmostNumber, int
nSign = 0)
{
    gnSign = nSign;
    long lSpaceNumber = lUtmostNumber / 10;
    long lVarNumber = lUtmostNumber - lSpaceNumber;//左边开始求值的变量
    double dPre = 0;//上一次求的 y 值
    double dNow = Get5324DefiniteIntegralValue(dXBegin, dXEnd, lVarNumber);//当前求得 y 值
    while(lVarNumber < lUtmostNumber)
    {
        dPre = dNow;//上一次求的 y 值
        lSpaceNumber = lSpaceNumber / 2;//靠近的距离的变化越来越小
        lVarNumber = lUtmostNumber - lSpaceNumber;
        double dTemp = Get5324DefiniteIntegralValue(dXBegin,dXEnd,lVarNumber);//当前求得 y 值
        if(dTemp == 0)
        {//本次计算有误,用上次数据,计算完成
            dNow = dPre;
        }
        else
        {
            dNow = dTemp;
        }
        if(abs(dPre - dNow)< dTininessVal)
        {//发现值不再变化,找到左极限
            break;
        }
    }
    gnSign = 0;
    return dNow;
}
int main( )
{
    long lUtmostlNumber = 0;
    double dXBegin = 0;
    double dXEnd = 0;
    double dRightValue = 0;
    std::cout << "输入求 x 开始值:";
    std::cin >> dXBegin;
    std::cout << "输入求 x 结束值:";
    std::cin >> dXEnd;
    std::cout << "输入求极限 n 趋近的值:";
    std::cin >> lUtmostlNumber;
```

```
double dDeltaX = (dXEnd - dXBegin)/ lUtmostlNumber;
while(abs(dDeltaX - 0)< dTininessVal)
{
    std::cout << "\n输入求极限 n 趋近的值使得划分区域太小,超越精度,请重新输入较小
的数:";
    std::cin >> lUtmostlNumber;
    dDeltaX = (dXEnd - dXBegin)/ lUtmostlNumber;
}
std::cout << "例中计算出的结果:";
std::cin >> dRightValue;
double dDefiniteIntegralVal = Get5325LimitDefiniteIntegralValue(dXBegin,dXEnd,lUtmostlNumber,0);
std::cout << "dDefiniteIntegralVal 定积分的值:" << dDefiniteIntegralVal << "\n";
if(abs(dRightValue - dDefiniteIntegralVal)< dMinorVal)
{
    std::cout << "验证例子答案正确! \n";
}
else
{
    std::cout << "验证例子答案不正确! \n";
}
}
```

完成代码修改后,请同时按住键盘的"Ctrl"和"F7"键,即可以编译程序 Program5-5。编译
通过后,我们可以直接按键盘的"F5"键来对程序进行调试运行。如果有问题,仔细核对以上
代码,如果没有问题,调试通过,运行程序后我们可以看到运行的结果如图 5-11 所示。

图 5-11　程序 Program5-5 运行结果(例 5-5)

经过以上一系列程序代码的修改和运行,我们能够看到实例与程序运行结果吻合,程序验
证了实例的正确性。

5.3.3　解说定积分的分部积分法

如果$f(x)$、$g(x)$在区间$[a,b]$上有连续的导数,由微分法可得$\mathrm{d}(f(x)g(x))=f(x)\mathrm{d}g(x)+$

$g(x)\mathrm{d}f(x)$，则可得 $f(x)\mathrm{d}g(x)=\mathrm{d}(f(x)g(x))-g(x)\mathrm{d}f(x)$。在区间$[a,b]$上积分，可得$\int_a^b f(x)$

$\mathrm{d}g(x)=\int_a^b \mathrm{d}f(x)g(x)-\int_a^b g(x)\mathrm{d}f(x)$，可以表达为$\int_a^b f(x)\mathrm{d}g(x)=f(x)g(x)\,|_a^b-\int_a^b g(x)\mathrm{d}f(x)$。

上述公式即为定积分的分部积分公式。

实例 5-6

例 5-6　验证 $\int_0^\pi x\cos x\mathrm{d}x=\int_0^\pi x\mathrm{d}\sin x=[x\sin x]_0^\pi-\int_0^\pi \sin x\mathrm{d}x=0+[\cos x]_0^\pi=-2$。

⊙ 程序解说 5-6

针对上面的例题，可以用程序解说。前面的步骤请参照程序解说 1-1。在第 4 步，首先填写项目名称"Program5-6"，然后依次完成，最后在代码中修改。

针对例 5-6，可以把代码修改如下：

```cpp
// Program5-6.cpp：此文件包含"main"函数。程序执行将在此处开始并结束
//
#include <iostream>
#include <math.h>
using namespace std;//使用标准库时,需要加上这段代码
//设定一个非常小的值,用来做两个小数的相等比较
//在误差允许的范围内可认为两个数是相等的
double const dTininessVal = 0.0000000000000000001;//
//设定一个较小的值,用来做定积分定义所求结果的相等比较
double const dMinorVal = 0.001;//求极限比较精度不能要求太高
int gnSign = 0;//设定一个全局变量
//求得 f(x)= xcosx 的值
double Get5331FunValue(double dX)
{
    return dX * cos(dX);
}
//求得 x_i 的值
double Get5332XiValue(double dA, double dB, long lI, long lN)
{
    if(lN == 0)
    {//防止有异常数据传入出错
        std::cout << "传入的数据不能使得分母等于0,否则将引发计算错误! \n";
        return 0;
    }
    double d0 =(dB - dA) * lI / lN;
    double d1 = dA + d0;
    return d1;
}
```

```
//求得 Δx_i 的值
double Get5333DeltaXiValue(double dA, double dB, long lN)
{
    if(lN == 0)
    {//防止有异常数据传入出错
        std::cout << "传入的数据不能使得分母等于 0,否则将引发计算错误! \n";
        return 0;
    }
    double d0 = (dB - dA);
    double d1 = d0 / lN;
    return d1;
}
//求得定积分的值
double Get5334DefiniteIntegralValue(double dA, double dB, long lN)
{
    double dSum = 0;
    double di = dA;
    for(long li = 0; li < lN; li++)
    {
        double d1 = Get5333DeltaXiValue(dA, dB, lN);
        double d2 = Get5332XiValue(dA, dB, li, lN);
        double d3 = Get5331FunValue(d2);
        double d4 = d3 * d1;
        dSum = dSum + d4;
    }
    return dSum;
}
//nSign 保留参数,暂无意义
//返回定积分极限的值
double Get5335LimitDefiniteIntegralValue (double dXBegin, double dXEnd, long lUtmostNumber, int nSign = 0)
{
    gnSign = nSign;
    long lSpaceNumber = lUtmostNumber / 10;
    long lVarNumber = lUtmostNumber - lSpaceNumber;//左边开始求值的变量
    double dPre = 0;//上一次求的 y 值
    double dNow = Get5334DefiniteIntegralValue(dXBegin, dXEnd, lVarNumber);//当前求得 y 值
    while(lVarNumber < lUtmostNumber)
    {
        dPre = dNow;//上一次求的 y 值
        lSpaceNumber = lSpaceNumber / 2;//靠近的距离的变化越来越小
        lVarNumber = lUtmostNumber - lSpaceNumber;
        double dTemp = Get5334DefiniteIntegralValue(dXBegin,dXEnd,lVarNumber);//当前求得 y 值
```

```
        if( dTemp == 0)
        {//本次计算有误,用上次数据,计算完成
            dNow = dPre;
        }
        else
        {
            dNow = dTemp;
        }
        if( abs( dPre − dNow)< dTininessVal)
        {//发现值不再变化,找到左极限
            break;
        }
    }
    gnSign = 0;
    return dNow;
}
int main( )
{
    long lUtmostlNumber = 0;
    double dXBegin = 0;
    double dXEnd = 0;
    double dRightValue = 0;
    std::cout << "输入求 x 开始值:";
    std::cin >> dXBegin;
    std::cout << "输入求 x 结束值:";
    std::cin >> dXEnd;
    std::cout << "输入求极限 n 趋近的值:";
    std::cin >> lUtmostlNumber;
    double dDeltaX =( dXEnd − dXBegin)/ lUtmostlNumber;
    while( abs( dDeltaX − 0)< dTininessVal)
    {
        std::cout << " \n 输入求极限 n 趋近的值使得划分区域太小,超越精度,请重新输入较小
的数:";
        std::cin >> lUtmostlNumber;
        dDeltaX =( dXEnd − dXBegin)/ lUtmostlNumber;
    }
    std::cout << "例中计算出的结果:";
    std::cin >> dRightValue;
    double dDefiniteIntegralVal = Get5335LimitDefiniteIntegralValue( dXBegin, dXEnd, lUtmostlNumber,
0);
    std::cout << "dDefiniteIntegralVal 定积分的值:" << dDefiniteIntegralVal << " \n";
    if( abs( dRightValue − dDefiniteIntegralVal)< dMinorVal)
    {
```

```
        std::cout << "验证例子答案正确! \n";
    }
    else
    {
        std::cout << "验证例子答案不正确! \n";
    }
}
```

完成代码修改后,请同时按住键盘的"Ctrl"和"F7"键,即可以编译程序 Program5-6。编译通过后,我们可以直接按键盘的"F5"键来对程序进行调试运行。如果有问题,仔细核对以上代码,如果没有问题,调试通过,运行程序后我们可以看到运行的结果如图 5-12 所示。

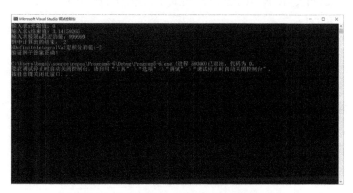

图 5-12　程序 Program5-6 运行结果(例 5-6)

经过以上一系列程序代码的修改和运行,我们能够看到实例与程序运行结果吻合,程序验证了实例的正确性。

5.4　解说定积分的应用

利用定积分除了可以求曲边梯形的面积外,还可以扩展到求其他图形的面积和体积,下面通过 2 个实例来体现。

5.4.1　解说求面积

实例 5-7

例 5-7　求由抛物线 $y=x^2$ 和 $y=\sqrt{x}$ 所围成平面图形的面积。

解:

根据题目画出图形,如图 5-13 所示。

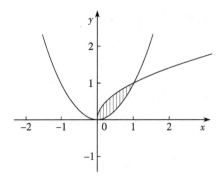

图 5-13 $y=x^2$ 和 $y=\sqrt{x}$ 围成的图形

根据定积分定义,可把求图形的面积转换成求定积分的形式:

$$\int_0^1 (\sqrt{x}-x^2)\,\mathrm{d}x = \frac{1}{3}\left[\left(2x^{\frac{3}{2}}-x^2\right)\right]_0^1 = \frac{1}{3}。$$

🌀 程序解说 5-7

针对上面的例题,可以用程序解说。前面的步骤请参照程序解说 1-1。在第 4 步,首先填写项目名称"Program5-7",然后依次完成,最后在代码中修改。

针对例 5-7,可以把代码修改如下:

```cpp
// Program5-7. cpp : 此文件包含"main"函数。程序执行将在此处开始并结束
//
#include <iostream>
#include <math. h>
using namespace std;//使用标准库时,需要加上这段代码
//设定一个非常小的值,用来做两个小数的相等比较
//在误差允许的范围内可认为两个数是相等的
double const dTininessVal = 0.0000000000000000001;//
//设定一个较小的值,用来做定积分定义所求结果的相等比较
double const dMinorVal = 0.001;//求极限比较精度不能要求太高
int gnSign = 0;//设定一个全局变量
//求得 f(x)=√x-x^2 的值
double Get5411FunValue(double dX)
{
    if(dX < 0)
    {//防止有异常数据传入出错
        std::cout << "传入的数据不能使得根式里面小于0,否则将引发计算错误! \n";
        return 0;
    }
    double d1 = pow(dX, 1.0 / 2)- pow(dX, 2.0);
    return d1;
}
//求得 x_i 的值,
```

```
double Get5412XiValue( double dA, double dB, long lI, long lN)
{
    if( lN == 0)
    {//防止有异常数据传入出错
        std::cout << "传入的数据不能使得分母等于 0,否则将引发计算错误! \n";
        return 0;
    }
    double d0 =( dB - dA) * lI / lN;
    double d1 = dA + d0;
    return d1;
}
//求得 Δx_i 的值,
double Get5413DeltaXiValue( double dA, double dB, long lN)
{
    if( lN == 0)
    {//防止有异常数据传入出错
        std::cout << "传入的数据不能使得分母等于 0,否则将引发计算错误! \n";
        return 0;
    }
    double d0 =( dB - dA);
    double d1 = d0 / lN;
    return d1;
}
//求得定积分的值
double Get5414DefiniteIntegralValue( double dA, double dB, long lN)
{
    double dSum = 0;
    double di = dA;
    for( long li = 0; li < lN; li++)
    {
        double d1 = Get5413DeltaXiValue( dA, dB, lN);
        double d2 = Get5412XiValue( dA, dB, li, lN);
        double d3 = Get5411FunValue( d2);
        double d4 = d3 * d1;
        dSum = dSum + d4;
    }
    return dSum;
}
//nSign 保留参数,暂无意义
//返回定积分极限的值
double Get5415LimitDefiniteIntegralValue ( double dXBegin, double dXEnd, long lUtmostNumber, int
nSign = 0)
{
```

```cpp
        gnSign = nSign;
        long lSpaceNumber = lUtmostNumber / 10;
        long lVarNumber = lUtmostNumber - lSpaceNumber;//左边开始求值的变量
        double dPre = 0;//上一次求的 y 值
        double dNow = Get5414DefiniteIntegralValue(dXBegin, dXEnd, lVarNumber);//当前求得 y 值
        while(lVarNumber < lUtmostNumber)
        {
            dPre = dNow;//上一次求的 y 值
            lSpaceNumber = lSpaceNumber / 2;//靠近的距离的变化越来越小
            lVarNumber = lUtmostNumber - lSpaceNumber;
            double dTemp = Get5414DefiniteIntegralValue(dXBegin, dXEnd, lVarNumber);//当前求得
y 值

            if(dTemp == 0)
            {//本次计算有误,用上次数据,计算完成
                dNow = dPre;
            }
            else
            {
                dNow = dTemp;
            }
            if(abs(dPre - dNow)< dTininessVal)
            {//发现值不再变化,找到左极限
                break;
            }
        }
        gnSign = 0;
        return dNow;
    }
    int main()
    {
        long lUtmostlNumber = 0;
        double dXBegin = 0;
        double dXEnd = 0;
        double dRightValue = 0;
        std::cout << "输入求 x 开始值:";
        std::cin >> dXBegin;
        std::cout << "输入求 x 结束值:";
        std::cin >> dXEnd;
        std::cout << "输入求极限 n 趋近的值:";
        std::cin >> lUtmostlNumber;
        double dDeltaX =(dXEnd - dXBegin)/ lUtmostlNumber;
        while(abs(dDeltaX - 0)< dTininessVal)
        {
```

```
        std::cout << " \n 输入求极限 n 趋近的值使得划分区域太小,超越精度,请重新输入较小
的数:";

        std::cin >> lUtmostlNumber;
        dDeltaX =(dXEnd − dXBegin)/ lUtmostlNumber;
    }
    dRightValue = 1.0 / 3;
    std::cout << " 例中计算出的结果是:"<< dRightValue<<" \n";

    double dDefiniteIntegralVal = Get5415LimitDefiniteIntegralValue(dXBegin, dXEnd, lUtmostlNumber,
0);
    std::cout << " dDefiniteIntegralVal 定积分的值:" << dDefiniteIntegralVal << " \n";
    if( abs( dRightValue − dDefiniteIntegralVal)< dMinorVal)
    {
        std::cout << " 验证例子答案正确! \n";
    }
    else
    {
        std::cout << " 验证例子答案不正确! \n";
    }
}
```

完成代码修改后,请同时按住键盘的"Ctrl"和"F7"键,即可以编译程序 Program5-7。编译通过后,我们可以直接按键盘的"F5"键来对程序进行调试运行。如果有问题,仔细核对以上代码,如果没有问题,调试通过,运行程序后我们可以看到运行的结果如图 5-14 所示。

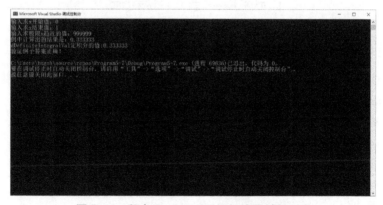

图 5-14　程序 Program5-7 运行结果(例 5-7)

经过以上一系列程序代码的修改和运行,我们能够看到实例与程序运行结果吻合,程序验证了实例的正确性。

5.4.2　解说求体积

实例 5-8

例 5-8　求由抛物线 $y=x^2$、$x=2$ 和 $y=0$ 围成的平面图形绕 x 轴旋转一周得到旋转体的体积,如图 5-15 所示。

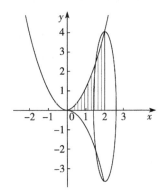

图 5-15　$y=x^2$、$x=2$ 和 $y=0$ 围成的图形绕 x 轴旋转一周得到的旋转体

解:

根据定积分定义,可把图形的体积转换成求定积分的形式:

$$\int_0^2 \pi(x^2)^2 \mathrm{d}x = \frac{1}{5}\pi[x^5]_0^2 = \frac{32}{5}\pi。$$

程序解说 5-8

针对上面的例题,可以用程序解说。前面的步骤请参照程序解说 1-1。在第 4 步,首先填写项目名称"Program5-8",然后依次完成,最后在代码中修改。

针对例 5-8,可以把代码修改如下:

```
// Program5-8.cpp：此文件包含"main"函数。程序执行将在此处开始并结束
//
#include <iostream>
#include <math.h>
using namespace std;//使用标准库时,需要加上这段代码
//设定一个非常小的值,用来做两个小数的相等比较
//在误差允许的范围内可认为两个数是相等的
double const dTininessVal = 0.0000000000000000001;//
//设定一个较小的值,用来做定积分定义所求结果的相等比较
double const dMinorVal = 0.001;//求极限比较精度不能要求太高
int gnSign = 0;//设定一个全局变量
double dcPI = 3.1415926535897932384626433832795;
```

```
//求得 f(x)= π〖(x^2)〗^2 的值
double Get5421FunValue(double dX)
{
    return dcPI * pow(pow(dX, 2.0), 2.0);
}
//求得 x_i 的值
double Get5422XiValue(double dA, double dB, long lI, long lN)
{
    if(lN == 0)
    {//防止有异常数据传入出错
        std::cout << "传入的数据不能使得分母等于0,否则将引发计算错误! \n";
        return 0;
    }
    double d0 = (dB - dA) * lI / lN;
    double d1 = dA + d0;
    return d1;
}
//求得 Δx_i 的值
double Get5423DeltaXiValue(double dA, double dB, long lN)
{
    if(lN == 0)
    {//防止有异常数据传入出错
        std::cout << "传入的数据不能使得分母等于0,否则将引发计算错误! \n";
        return 0;
    }
    double d0 = (dB - dA);
    double d1 = d0 / lN;
    return d1;
}
//求得定积分的值
double Get5424DefiniteIntegralValue(double dA, double dB, long lN)
{
    double dSum = 0;
    double di = dA;
    for(long li = 0; li < lN; li++)
    {
        double d1 = Get5423DeltaXiValue(dA, dB, lN);
        double d2 = Get5422XiValue(dA, dB, li, lN);
        double d3 = Get5421FunValue(d2);
        double d4 = d3 * d1;
        dSum = dSum + d4;
    }
    return dSum;
```

```
            }
        //nSign 保留参数,暂无意义
        //返回定积分极限的值
        double Get5425LimitDefiniteIntegralValue ( double dXBegin, double dXEnd, long lUtmostNumber, int
nSign = 0)
        {
            gnSign = nSign;
            long lSpaceNumber = lUtmostNumber / 10;
            long lVarNumber = lUtmostNumber - lSpaceNumber;//左边开始求值的变量
            double dPre = 0;//上一次求的 y 值
            double dNow = Get5424DefiniteIntegralValue(dXBegin, dXEnd, lVarNumber);//当前求得 y 值
            while(lVarNumber < lUtmostNumber)
            {
                dPre = dNow;//上一次求的 y 值
                lSpaceNumber = lSpaceNumber / 2;//靠近的距离的变化越米越小
                lVarNumber = lUtmostNumber - lSpaceNumber;
                double dTemp = Get5424DefiniteIntegralValue(dXBegin, dXEnd, lVarNumber);//当前求得
y 值
                if(dTemp == 0)
                {//本次计算有误,用上次数据,计算完成
                    dNow = dPre;
                }
                else
                {
                    dNow = dTemp;
                }
                if(abs(dPre - dNow)< dTininessVal)
                {//发现值不再变化,找到左极限
                    break;
                }
            }
            gnSign = 0;
            return dNow;
        }
    int main( )
    {
        long lUtmostlNumber = 0;
        double dXBegin = 0;
        double dXEnd = 0;
        double dRightValue = 0;
        std::cout << "输入求 x 开始值:";
        std::cin >> dXBegin;
        std::cout << "输入求 x 结束值:";
```

```
std::cin >> dXEnd;
std::cout << "输入求极限 n 趋近的值:";
std::cin >> lUtmostlNumber;
double dDeltaX =(dXEnd − dXBegin)／lUtmostlNumber;
while(abs(dDeltaX − 0)< dTininessVal)
{
    std::cout << "\n 输入求极限 n 趋近的值使得划分区域太小,超越精度,请重新输入较小
的数:";
    std::cin >> lUtmostlNumber;
    dDeltaX =(dXEnd − dXBegin)／lUtmostlNumber;
}
dRightValue = 32.0 ∗ dcPI／5;
std::cout << "例中计算出的结果是:" << dRightValue << "\n";
double dDefiniteIntegralVal = Get5425LimitDefiniteIntegralValue(dXBegin, dXEnd, lUtmostlNumber,
0);
std::cout << "dDefiniteIntegralVal 定积分的值:" << dDefiniteIntegralVal << "\n";
if(abs(dRightValue − dDefiniteIntegralVal)< dMinorVal)
{
    std::cout << "验证例子答案正确! \n";
}
else
{
    std::cout << "验证例子答案不正确! \n";
}
}
```

　　完成代码修改后,请同时按住键盘的"Ctrl"和"F7"键,即可以编译程序 Program5-8。编译通过后,我们可以直接按键盘的"F5"键来对程序进行调试运行。如果有问题,仔细核对以上代码,如果没有问题,调试通过,运行程序后我们可以看到运行的结果如图 5-16 所示。

图 5-16　程序 Program5-8 运行结果(例 5-8)

　　经过以上一系列程序代码的修改和运行,我们能够看到实例与程序运行结果吻合,程序验证了实例的正确性。

参考文献

[1] 刘锐宁,梁水,李伟明. Visual C++开发实战 1200 例:第Ⅰ卷[M].北京:清华大学出版社,2011.

[2] 谭浩强. C 程序设计[M]. 2 版.北京:清华大学出版社,1999.

[3] 丁有和. Visual C++实用教程[M]. 5 版.北京:电子工业出版社,2014.

[4] [日]结城浩.程序员的数学[M].管杰.译.北京:人民邮电出版社,2012.

[5] 赵战兴.计算机应用数学[M]. 2 版.大连:大连理工大学出版社,2014.

[6] 同济大学,天津大学,浙江大学,等. 高等数学[M]. 4 版.北京:高等教育出版社,2013.

[7] 蔡高厅,邱忠文. 高等数学专题辅导讲座[M]. 3 版.北京:国防工业出版社,2015.

[8] 陈笑缘.经济数学[M]. 2 版.北京:高等教育出版社,2014.